CCD/GNSS 多传感器融合导航定位的关键技术

李克昭　著

西北工業大學出版社
西　安

【内容简介】 导航技术是时空坐标信息化、智能化的重要内容。本书首先介绍了 CCD/GNSS 导航定位的坐标系及其转换;接着研究了基于几何代数的位姿表达和运算理论,推导并给出了基于四元数、对偶四元数以及共性几何代数体系的视觉导航定位模型;然后研究了 BDS MEO 精密定轨、GNSS 多系统选星、整周模糊度解算和周跳探测问题;最后构建了基于 CCD/GNSS 多传感器融合的动态导航定位模型,并通过实验进行了数据处理和分析,进一步验证了所建模型的正确性和有效性。

本书可供卫星导航、CCD 图像导航、空间操作等相关领域的科学研究人员和工程技术人员阅读,也可作为高等院校相关专业高年级本科生及研究生的教学参考书。

图书在版编目(CIP)数据

CCD/GNSS 多传感器融合导航定位的关键技术/李克昭著.—西安:西北工业大学出版社,2018.12

ISBN 978-7-5612-6411-9

Ⅰ.①C… Ⅱ.①李… Ⅲ.①卫星导航-全球定位系统 Ⅳ.①TN967.1 ②P228.4

中国版本图书馆 CIP 数据核字(2018)第 282868 号

CCD/GNSS DUOCHUANGANQI RONGHE DAOHANG DINGWEI DE GUANJIAN JISHU

CCD/GNSS 多传感器融合导航定位的关键技术

责任编辑: 何格夫　　**策划编辑:** 何格夫

责任校对: 张　潼　　**装帧设计:** 李　飞

出版发行: 西北工业大学出版社

通信地址: 西安市友谊西路 127 号　　邮编:710072

电　　话: (029)88491757, 88493844

网　　址: www.nwpup.com

印 刷 者: 陕西金德佳印务有限公司

开　　本: 787 mm×1 092 mm　　1/16

印　　张: 12.75

字　　数: 335 千字

版　　次: 2018 年 12 月第 1 版　　2018 年 12 月第 1 次印刷

定　　价: 45.00 元

前　言

随着科学技术的迅猛发展，人工智能、大数据已成为当今科技发展的风向标。无人驾驶、远程手术、智能交通、空间探索等诸多国计民生的大事，都离不开时空坐标信息化、智能化的强力支持。因此，离开实时高精度的导航技术谈人工智能、大数据，只能是空中楼阁。

本著作是在笔者多年一线教学科研工作的基础上，整理了包括本人及指导研究生在CCD图像导航/GNSS导航关键技术方面的研究成果而写成的，可作为从事卫星导航、CCD图像导航、空间操作等相关工作的科学研究人员和工程技术人员的专业参考书，也可作为高等院校相关专业高年级本科生及研究生的教学参考书。

全书共7章：第1章介绍卫星导航/CCD导航技术的国内外相关研究主要进展；第2章介绍卫星导航/CCD导航所涉及的时空坐标系及其转换理论；第3章研究基于几何代数的位姿表述和运算理论；第4章研究基于几何代数体系的视觉导航定位模型，结合实际应用问题，推导给出基于四元数、Rodrigues和对偶四元数的导航定位模型，并进行了仿真与实验验证与分析；第5章研究BDS中轨道卫星的精密定轨、多系统多可见星的选取、多频组合的整周模糊度确定和周跳探测与修复问题；第6章进行CCD/GNSS多传感器的动态估计研究；第7章展望多传感器融合导航的新技术。

本书的研究工作得到了国家自然科学基金项目“基于CGA初选和Helmert加权优化的北斗/GNSS选星算法研究(41774039)”“矿井多智体减灾/救灾协同作业的自主相对导航算法研究(41202245)”，以及北斗导航应用技术河南省协同创新中心项目“研究生联合培养基地建设”和“河南理工大学杰出青年基金(J2014-01)”课题的支持。除笔者外，袁建平教授、张勤教授、岳晓奎教授、王利教授、赵超英教授、柴霖研究员、张合兵教授、柴华彬教授，以及孟福军、韩梦泽、魏金本、赵磊杰、王云凯、李志伟、李龙、石俊鹏、王宁等硕士研究生也为相关研究做出了重要贡献，在此一并表示感谢！

由于水平有限，书中如有不妥之处，敬请批评指正。

著　者

2018年8月于河南理工大学

目　　录

第 1 章　绪论 …… 1

1.1　研究背景 …… 1
1.2　研究目的和意义 …… 1
1.3　国内外相关研究现状及分析 …… 1
1.4　主要研究工作 …… 9

第 2 章　导航定位坐标系理论基础 …… 10

2.1　CCD 导航基本坐标系 …… 10
2.2　GNSS 导航定位基本坐标系 …… 11
2.3　两种轨道坐标系和目标本体坐标系 …… 18
2.4　常用坐标系之间的转换模型 …… 19

第 3 章　几何代数理论基础 …… 22

3.1　几何代数及其运算 …… 22
3.2　共形几何代数及其运算 …… 25
3.3　四元数及其运算 …… 29
3.4　罗德里格矩阵 …… 30
3.5　对偶四元数 …… 30

第 4 章　基于几何代数体系的视觉导航定位 …… 34

4.1　基于四元数的导航定位模型 …… 34
4.2　基于 Rodrigues 的导航定位模型 …… 45
4.3　基于对偶四元数的相对导航算法 …… 51
4.4　导航算法的精度评定 …… 62
4.5　仿真计算与实验验证及分析 …… 62

第 5 章　GNSS 高精度定位关键技术 …… 113

5.1　基于星基测控站的 BDS 中轨道 MEO 星的精密定轨 …… 113
5.2　多系统多可见星的选星方法 …… 124
5.3　多系统多频观测值的载波相位整周模糊度快速确定 …… 134
5.4　多系统多频观测值的载波相位观测值的周跳探测与修复 …… 152

第 6 章　基于 CCD/GNSS 多传感器的动态估计 …… 169

6.1　北斗/GNSS 对分布式对地观测卫星导航覆盖及精度分析 …… 169
6.2　基于 C－W 方程的 GPS 载波相位差分模型 …… 172
6.3　基于相对位姿确定的立体视觉导航模型 …… 180
6.4　实验验证与分析 …… 183

第 7 章　多传感器融合导航的新技术展望 …… 189

7.1　导航技术的当前态势 …… 189
7.2　导航技术的发展趋势及新技术展望 …… 189

参考文献 …… 191

第1章 绪 论

1.1 研究背景

随着计算机技术、电荷耦合器件(CCD,Charged Coupled Device)成像技术、全球导航卫星系统(GNSS or GLONASS,Global Navigation Satellite System)及网络通信技术和数据融合处理技术的快速发展,为多传感器融合导航技术的发展与应用提供了硬件平台和技术支撑。本著作是在国家自然科学基金项目“基于 CGA 初选和 Helmert 加权优化的北斗/GNSS 选星算法研究(41774039)”“矿井多智体减灾/救灾协同作业的自主相对导航算法研究(41202245)”,以及北斗导航应用技术河南省协同创新中心项目“研究生联合培养基地建设”和“河南理工大学杰出青年基金(J2014－01)”的资助下进行的部分研究成果,主要进行基于 CCD/GNSS 多传感器融合导航定位的关键技术研究。

1.2 研究目的和意义

多传感器融合的导航技术可提高导航定位的可靠性能,近年来成为了多个学科的研究热点,如控制理论、信号处理、人工智能、概率和统计等学科及其交叉融合,成为了多传感器信息融合技术的理论基础。科技未来的发展趋势是大数据融合处理的智能化时代,自主智能化导航是其关键支撑技术之一。当前的自主导航技术主要有视觉导航、光发射导航、无线网络技术支撑的导航、惯性导航以及卫星导航。近年来,CCD 研制水平的不断进步和视觉导航算法的大量研究,极大地促进了视觉导航技术及应用的发展。但总体来说,视觉导航技术还存在数据处理算法的时效性差、导航范围较小等局限性,这就需要通过其他导航技术与其组合。卫星导航技术是当前应用最为广泛、技术最为成熟的一种自主导航技术。该技术将随着全球定位系统(GPS, Global Positioning System)、GLONASS 的现代化,特别是 Galileo 和我国北斗全球导航卫星系统(BDS,BeiDou Navigation Satellite System)的建设和即将全球组网运行而更为先进和普及。卫星导航定位是基于接收天空的导航卫星信号而实现的,在室内、地下、街道高楼、树林、隧道等环境下,由于对空可视条件受到影响,使得卫星导航定位失效或导航精度和可靠性能降低。因此,进行基于 CCD/GNSS 多传感器信息融合的导航关键技术研究具有很好的科研和应用价值。

1.3 国内外相关研究现状及分析

基于CCD/GNSS多传感器信息融合的导航关键技术主要涉及两大方面，一是基于CCD导航技术，二是基于卫星导航技术的理论和应用研究。以下分别对其进行阐述和分析。

1.3.1 基于CCD导航技术的相关研究状况及分析

1969年美国贝尔实验室研制了第一台CCD设备[1]。经过近40年的发展，该项技术已逐步取得了长足发展，20世纪80年代后期，CCD取代电子管应用于大多数视频制作中，到20世纪90年代后期，CCD进入电子领域并进行了成像分辨率和研制微小型化的改进，大大促进了高精度高分辨率大存储成像技术的发展，研究成果已在相机、导航、空间探索等领域得到了较好应用[2]。在CCD导航领域，更多学者和专家结合本行业的特色，进行了相关的导航算法和应用探索研究。

Cheon W. Shin 等人基于CCD传感器进行了机器人快速跟踪的导航研究[3]。其主要方法是通过一个道威棱镜和512像元宽度的CCD构成一个人工视膜网传感器解决视野中心区域影像像素密度较低问题，从而改进机器人跟踪导航的精度。Ho C. C. 和 McClamroch N. H. 通过利用单目CCD相机跟踪目标4个角点或其他特征点测定了飞行器间的空间相对方位和位置，并通过设计的姿态和旋转控制环以及平移速度控制环分别估计姿态、角速度和平移量[4-5]。在基于CCD传感器的恒星影像导航中，子图影像越多，特征识别越准确，但耗时很大。Liu Bo 等人利用局部敏感哈希(Locality Sensitive Hashing)法建立了桶状的四边形特征识别模型，提高了子图数量大引起的特征识别效率低问题[6]。Piotr Jasiobedzki 等人提到用二维的图像配准法结合相应的3D变换模型解决卫星捕获中的定姿与跟踪问题，并根据卫星间的距离，规划了长距(20～100 m)、中远距(1～20 m)和近距离(＜2m)的子系统[7]。该方法具有一定的参考价值，但难于操作且计算量大，无法保证其实时性。在利用影像数据进行定轨的研究问题中，捕获较多同步卫星影像存在较大困难，需要提高图像的识别和处理能力。Yang Huiling等人针对该问题，提出了一种基于三角形优化的图像识别方法，将恒星目录的CCD漂移扫描影像数据分为背景星和导航星两类，加快了特征识别速度，提高了导航效率[8]。Tzschichholz T. 等人将一个3D飞行相机和快速数据处理的灰值影像相机的数据信息进行融合处理，测距精度可达3 cm，进行了相应的交会对接仿真计算与模拟实验[9]。Matthew D. Lichter 和 Steven Dubowsky 提出了用 Kalman 滤波技术估计目标的空间状态、形状、内部参数和姿态的思路[10]，但该方法存在计算量大且对于空间高噪声干扰的图像问题处理不够理想的缺点。罗诗途等人[11]利用小波分形维数和分形拟合误差确定目标的可能区域，解决了车载CCD图像跟踪系统中复杂场景的目标特征提取问题。基于灰度的目标提取、匹配方法是：首先，在待识别图像中依次取大小与样本图像相同的窗口，然后，比较所取窗口图像与样本图像，当它们之间相似度满足一定阈值要求时，则认为所取窗口同样本图像包含相同的目标区域，且稳定性好[12]。自20世纪以来，南非 Stellenbosch 大学电子工程系一直在进行基于视觉的飞行器导航方面的相关研究，该系毕业的 Daniël François Malan 在其硕士论文中进行了基于单目视觉的三维卫星跟踪研究[13]，该论文将四元数与 C-W 方程简单结合，建立了飞行器相对导航的动态估计算法，但对飞行器间的相对姿态转换问题研究不足，且仅是从点估计的角度考虑飞行器的相对导航问题，而在基于视觉的相对导航问题中，特征点的提取要比特征线的提取困难得多。基于特征的目标提取、匹配方法则是分别从样本图像和待识别图像中提取特征，然后通过比较特征之间的相似性来提取出与样本图像相同的区域，由于特征提取本身就是图像匹配中的一个难点，且具有不稳定性，因此只能用在一些特征比较明显的样本匹配中[14]。高峰等人结合分形特征和灰度相关的理论提出了一种快速的图像匹配算法[15]。该方法首先指定样本图像和整个图像的分形特征，然后根据设定的阈值提取出全图中与样本图像分形特征相似的区域，最后利用灰度相关准则进一步进行图像匹配。这种策略既保证了匹配的稳定性，又提高了图像匹配的速度。在立体像对完成匹配后，就要根据一定的算法进行对地面目标物体的三维坐标计算。目前，常用的立体像对相对定向与绝对定向中的旋转参数都是通过 3 个欧拉角来表示的。常用的共线、共面条件方程解法、角锥体法都需要外方位线元素的初值，且两种方法均需要线性化，通过迭代计算完成。当初始值不准确或无法获得时，计算结果将会出现较大的偏差或根本无法解算。罗德里格矩阵法是由罗德里格(Rodrigues)于 1840 年提出的，主要解决几何意义下的连续两次绕轴旋转问题。后来，哈密顿(Hamilton William Rowan)在致力于创立超复数时，于 1843 年发明了四元数[16]。相对 Euler 角而言，四元数方法既避免了奇异问题，与 Hall 算法相比，四元数描述姿态的未知数只有 4 个，明显减少，其计算量也相应降低。因此，四元数在描述姿态的研究和应用中得到了广泛应用。Berthold K. P. Horn[17]、官云兰[18]、龚辉[19]等人将四元数应用到摄影测量的绝对定向研究中，进行了基于四元数的摄影测量外方位元素算法研究，推导、建立了基于点特征的相应解算模型，认为基于四元数的摄影测量外方位元素方法克服了对初值依赖的缺陷，算法相对稳定。在解决相对位姿确定问题时，四元数、Rodrigues 参数法需将姿态和位置(平移)参数分开处理，致使处理模型的描述复杂，解算效率也有所影响。对偶四元数正好能够弥补四元数、Rodrigues 参数法的不足，能够将姿态和平移综合起来考虑。1873 年，Clifford 在研究几何代数理论的基础上，提出了对偶四元数(Clifford 代数)。Study 和 McAulay 在 Clifford 研究基础上，进一步完善了对偶四元数的相关理论[20]。随着机械技术的发展和精密位姿确定需求，Yang 和 Freudenstein[21]将对偶四元数应用到机械的空间运动分析中，开启了对偶四元数在非数学领域的早期实际应用。1991 年，Walker 利用对偶四元数解决空间目标的三维定位问题，建立了相应模型并进行了误差分析[22]。美国宾夕法尼亚州大学费城实验室研究员 Daniilidis K. 一直进行着对偶四元数在相机标定、“手眼”校准等方面的位姿确定算法研究，并将其逐步应用到多机器人的无人驾驶导航中[23-25]。德国慕尼黑工业大学 Thomas H. Connolly 将微分对偶四元数应用于控制实验系统，测控目标运动轨迹[26]。法国人工智能及信息技术基础实验室研究成员 Thai Quynh Phongs 等人建立了基于对偶四元数的二次误差函数，以其作为二维到三维点、线匹配的约束条件，再利用牛顿迭代法求解目标定姿问题[27]。在深入研究相似变换、李群代数、螺旋理论在机器人链接运动问题的理论后，Nicholas A. Aspragathos 和 John K. Dimitros 认为在解决类似机器人链接运动的螺旋运动问题中，基于对偶四元数理论的表述具有结构紧凑、计算简单的优势[28]。田纳西大学毕业的 James Samuel Goddard 博士提出了基于对偶四元数和扩展 Kalman 滤波理论的空间目标的识别和姿态确定算法[29]，该算法对于确定运动目标的相对姿态是一种很好的思路，但在目标特征点的提取方面并没有考虑空间目标的相对运动导致特征点的动态变化问题。Alba Perez M. 的博士论文系统地进行了基于对偶四元数的机器人关节运动位姿确定研究，建立了位姿模型，并进行了仿真与实验验证研究[30]。我国国防科技大学毕业的武元新博士等人把对偶四元数用在捷联惯导算法研究中[31]。在空间刚体的高精度导航和高机动应用中，对偶四元数位姿一体化的表述具有简洁、高效的优势。共形几何代数 CGA 是由中国科学院数学与系统科学研究院李洪波博士/研究员主创，扩展了 Clifford 代数理论，为几何代数运算建立了新理论和计算框架[32-33]。自 2001 年创建以来，有关 CGA 的研究论文已达数千篇，若干重大国际学术会议连续数年设专题介绍 CGA，其理论已被用于计算机图形学、机器视觉、医学、航天、测绘等诸多学科或领域。2005 年，Dietmar Hildenbrand 博士将 CGA 应用到解决计算机图形学的几何计算问题中[34]，并于 2012 年，为纪念格拉斯曼(Hermann Günther Grassmann)的《扩张理论》(全面严格修订本)发表 150 周年，他出版了专著《几何代数计算基础》，其中大量介绍了 CGA 的相关理论及应用[35]。Gehová López - González 等人[36]利用 CGA 构建 k 重矢量作为 Hough 变换的几何实体，加速了几何体的特征提取。针对目标的姿态估计问题，Bodo Rosenhahn 和 Gerald Sommer 提出了基于 CGA 的 3D 投影簇或 3D 重构面的机器视觉方法，可进行目标的 2D 投影特征与目标的欧氏 3D 特征的比较，进而实现目标的姿态估计[37]。L. González - Jiménez 等人针对 6DOF 机器人的操作应用，设计了基于 CGA 的滑膜控制器，并进行了仿真实验验证[38]。曹文明等人[39]利用 CGA 构造了骨骼轮廓的共形几何体，实现了 3D 医学图像配准，较好地解决了组织器官的 3D 位置确定问题。李克昭将 CGA 应用于飞行器的位姿确定中，推导并建立了基于飞行器姿轨信息和 CGA 理论的相对位姿估计模型，并进行了仿真计算和实验验证[40]。陈明在其博士论文中详细研究了基于 CGA 理论的时空拓扑关系，构建了实用的时空拓扑关系算子及算法集，设计了时空统一的拓扑关系计算框架[41]。袁林旺等人将 CGA 应用到矢量时空数据的表达与建模，为 GIS 数据结构设计、数据存储、数据交互提供了新的技术手段[42]。刘建辉将 CGA 应用到摄影测量空间后方交会的建模中，推导了约束方程，并实现了基于点特征的空间后方交会几何代数解法[43]。

1.3.2 基于卫星导航技术的相关研究状况及分析

1.3.2.1 导航卫星空间段的相关研究状况及分析

1957 年苏联发射了第一颗人造卫星“斯普特尼克 1 号”，美国霍普金斯大学应用物理研究室的古尔博士和魏芬巴哈博士对该卫星的无线电信号的多普勒频移产生了浓厚的兴趣，他们的研究表明，利用地面跟踪站对“斯普特尼克 1 号”(Sputnik - 1)的多普勒测量资料可以精确确定其卫星轨道。在霍普金斯大学应用物理实验室工作的另外两名科学家麦克卢尔博士和克卜纳博士则认为：对一颗轨道已被确定的卫星进行多普勒测量，可以确定用户位置。在这个逆向观测方案和设想的研究基础上，1958 年 12 月，美国海军和霍普金斯大学物理实验室开始联合研制子午卫星系统(NNSS，Navy Navigation Satellite System)。子午卫星系统存在如下缺点：①卫星数量少，不能实现连续实时导航；②卫星轨道高度低，难以实现精密定轨；③信号频率低，难以补偿电离层效应的影响。因此，美国国防部于 1973 年 12 月批准陆海空三军联合研制新的军用卫星导航系统，即 GPS[44]。在美国研制了其第一代卫星导航系统后，苏联于 1965 年也研制了其第一代卫星导航系统——CICADA[45]。该系统类似于美国的子午卫星导航系统，也是一种基于多普勒频移测量的低轨卫星导航系统，该系统由12颗卫星构成星座，轨道高1 000 km，卫星运行周期约为107 min，卫星发送的信号频率同样为400 MHz和150 MHz，但只有150 MHz的信号作为载波来发送导航电文，而400 MHz的信号仅用于削弱电离层效应的影响。CICADA系统只能实现二维导航定位，且定位精度为500 m左右。因此，从1982年10月开始，苏联在全面总结CICADA卫星的不足及吸取美国GPS成功经验的基础上，研制了其第二代全球导航卫星系统——GLONASS。

GPS源于20世纪70年代技术基础上的规划设计，系统在抗干扰、安全性和对星座异常事件的快速反应能力等诸多方面存在着难以克服的缺陷，难以满足未来军用、民用和商业用户的更高要求。在海湾战争、南斯拉夫战争、阿富汗战争中，GPS发挥了重要作用，但也出现了由于GPS信号被干扰导致导弹误伤同盟军的情况。Galileo卫星导航系统的计划与实施、GLONASS的更新换代、中国北斗全球导航卫星系统的计划与实施，迫使美国提出了GPS现代化计划和坚定实施GPS现代化计划。这样，美国于1999年正式提出了对GPS的现代化，拟打造一个全新GPS的计划，即GPS Ⅲ。GPS现代化的内容主要涉及信号的现代化、空间卫星的现代化以及地面测控系统的现代化。要完成GPS现代化的内容，首先必须研制全新概念设计、寿命更长、功能更加完善的新型导航卫星。GPS现代化的进程安排可分为三个阶段[46]：①通过发射Block IIM－R卫星而增加播发民用L2C和军用M码信号，其中L2C信号在2016年进入全面运行状态；②通过发射Block IIF卫星而增加播发L5C信号，而L5C信号预计在2020年进入全面运行状态；③通过发射Block Ⅲ卫星而增加播发L1C信号。与当前GPS卫星星座相比，GPS Ⅲ计划实施完成后，卫星链路之间将具备自主导航功能。自主导航意味着卫星具有自主估计钟差和星历的能力。在空间部分引入卫星间测距交联链路，可满足系统自主监测的需求，同时，可降低地面主控站的工作负载，并且在某些特殊情况下（例如测控站故障），可确保用户获取高性能导航定位服务。在GPS卫星及信号进行现代化的同时，地面系统的现代化主要集中在控制段软件和硬件的升级、地面监测网络的完善以及同其他卫星导航系统协同工作的能力上。主要工作包括：更新GPS地面测控设备，增加地面测控站的数量；用新的数字接收机和计算机来更新专用的GPS监测站和有关的地面天线；采用新的算法和软件，提高测控系统的数据处理与传输能力等[47]。

与GPS一样，自2000年开始，俄罗斯政府也启动了GLONASS现代化计划。GLONASS现代化的内容大致也包括空间星座的补充与更新、导航信号的改进、地面测控系统的增加与改进三个方面。20世纪末期，由于当时俄罗斯经济困难无力补网，在轨可用卫星少，不能独立组网。为了改变GLONASS系统的窘境，1999年2月10日，俄罗斯总统叶利钦决定同意军民共享GLONASS，GLONASS现代化计划提上日程。2000年和2001年，采用“一箭三星”技术，先后补发了6颗GLONASS卫星。2001年8月，俄罗斯着手实施2002—2011年GLONASS系统发展计划，主要内容：发射GLONASS－M卫星，新增第二个民用导航L2信号。GLONASS－M卫星是格洛纳斯的重大改进版本，自1990年就开始研制，卫星质量约1.4 t，太阳能电池功率为1 600 W，原子钟精度达到10^{-13} s，通过天线馈线系统的改进使卫星寿命提高到7年；启动新一代的GLONASS－K卫星的研制工作。新的GLONASS－K卫星是全新的设计，卫星平台不密封，指标上和克拉斯诺亚尔斯克－26应用机械研究所设计的“快船－1000”平台基本一致。卫星设计寿命10年，质量开始报道为750 kg，到了2009年官方已经修正为995 kg。星载原子钟精度达到了10^{-14} s，为提高定位精度提供了潜力。在提高授时和定位精度方面，GLONASS－K 卫星不仅在原子钟上做了努力，还使用了高性能的温控系统，使原子钟温度波动在 0.1 ℃～0.5 ℃之间，降低了温度变化对原子钟精度的影响。此外，卫星还改进了姿控系统，提高了太阳能电池板的指向精度，也降低了令人头疼的微重力影响。全新的卫星平台配合这些改进措施，将 GLONASS 系统的定位精度提高到了一个新的水平，有望达到和超过现有 GPS 的标准。2008 年 GLONASS 在轨运行卫星数量终于增加到 18 颗，可以为俄罗斯提供全境卫星导航服务，这堪称 GLONASS 复兴道路上的里程碑。截至 2012 年底，GLONASS 的在轨卫星达到了 29 颗，实现了 100％的空间组网覆盖，导航定位精度达到了 2.8 m（2002 年 35 m）。2013 年，根据 GNSS 内参消息，俄罗斯联邦航天局于 2013 年 1 月 12 日发布了一份名为《俄罗斯 2013—2020 年空间活动》的文件，宣布从现在起至 2020 年还将建造并发射 13 颗 GLONASS－M 卫星以及 22 颗 GLONASS－K 卫星。该计划将使 GLONASS 的定位精度在 2015 年达到 1.4 m，在 2020 年达到 0.6 m。

为了打破 GPS 和 GLONASS 一统全球卫星导航天下的局面，更为了能在未来的太空舞台上承担重要角色，经过多年的协商讨论，欧盟首脑于 2002 年初正式签署协议开始建设欧洲自己的全球导航系统伽利略（Galileo）系统。然而，在系统开发过程中，Galileo 项目始终遭受经费不足的问题、外来政治因素和欧盟内部对系统领导权竞争等多方面的困扰，使其举步维艰，卫星发射不断延期，进入全面运行的预计日期也就一而再、再而三地被推迟。

我国为了满足国民经济和国防建设的需要，特别是为了克服对美国 GPS 导航定位系统的过度依赖，根据我国的国情，制定了北斗卫星导航系统（BDS）“三步走”的战略计划。第一步，北斗卫星导航试验系统。陈芳允院士于 1983 年提出了建设自己的双静止卫星导航定位系统的设想，经过十几年的论证与研制，于 2000 年 10 月和 12 月相继成功发射了两颗“北斗”导航定位卫星，并于 2003 年 5 月发射了第三颗“北斗”导航备份卫星，标志着我国已拥有了自主完善的第一代卫星导航定位系统，该系统就是一个有源导航定位与通信系统。第二步，北斗卫星导航系统区域服务。2004 年中国启动北斗卫星导航系统工程建设，2007 年 4 月发射试验卫星，全面验证了技术体制。2011 年 4 月建成“3GEO＋3IGSO”基本系统，并于 2011 年 12 月 27 日提供试运行服务。2012 年底构成“5GEO＋5IGSO＋4MEO”的星座结构，实现亚太地区组网运行。第三步，2020 年左右全面建成北斗卫星导航系统，构成“3GEO＋3IGSO＋24MEO”的 BDS－3 星座结构，提供全球导航定位服务能力。

1.3.2.2 卫星差分相对导航的国内外研究现状及分析

为了提高 GPS 的定位精度，出现了差分定位 DGPS(Differential GPS)[48]。从 20 世纪 80 年代至 90 年代约 10 年的时间，美国建立了海岸警备差分系统 USCG(US Coast Guard)。该系统主要向舰艇播发长波频率的广播信号，舰艇通过已装备的无线电话、GPS 设备接收这些差分信息，之后按照 GPS 差分原理与方法进行相应的差分修正，提高舰艇的导航精度。随着网络技术的迅速发展，USCG 迅速发展覆盖到美国的绝大多数港口。在地基差分系统中，差分修正的质量、差分信号的传输都涉及信号的传输距离、差分基准站所能覆盖范围影响。为了克服这一影响，美国联邦航空局利用商业地球静止轨道卫星播发差分修正数据，建立了 WAAS（Wide Area Augmentation System）广域增强差分系统或类似于此的伪卫星增强差分系统[49]。加拿大沿大西洋、太平洋、内陆湖、圣劳伦斯河等区域布设了 DGPS 系统[50]。英国、澳大利亚、日本等国都建设了本国的 DGPS 系统[51]。我国在 DGPS 的研究和应用方面也取得了显著的成绩。2003年在深圳建成了我国第一个实用化的实时动态差分系统(Shenzhen Continuous Operational Reference System, SZCORS),该系统的实时定位精度在平面方向可达±3cm,垂直方向±5cm[52]。此后,又相继建成武汉市连续运行卫星定位服务系统(WHCORS)、东莞市连续运行卫星定位服务系统(DGCORS)、南宁GPS连续运行跟踪站、广州市连续运行卫星定位城市测量综合服务系统(GZCORS)等,并已投入运行[53]。截至2014年底,我国各主要发达省市、省会城市、地级市基本上都建设了连续运行卫星定位服务系统,并已逐步实行与北斗卫星导航系统的结合和改进[54]。

1.3.2.3 多系统融合的多可见星选星算法的国内外研究现状及分析

从GNSS导航定位的解算可知,影响其精度的因素有两部分:①用户等效距离误差的标准差;②卫星的几何精度因子——GDOP(Geometric Dilution of Precision)。第一部分由伪码/相位测量精度、卫星星历精度以及大气折射等诸多因素决定。第二部分由参与解算的可见星空间几何分布结构决定,即GDOP值的大小决定,GDOP值越小导航精度越高。在接收机硬件、观测环境确定的情况下,只有通过选取合理的可见星来提高导航定位精度。一般以GDOP值、可见星构成的多面体体积,以及算法的计算量大小作为选星算法优劣的评定标准。Langley R. B.[55]、Yarlagadda R.[56]、李建文[57]等人针对GDOP值如何达到最小问题,详细地进行了数学推导和应用分析。薛树强、杨元喜[58]以几何代数为理论基础,分类给出了GDOP值最小情况下,锥体、规则多面体构型的选星综合模型。陈灿辉、张晓琳等人[59]为了克服矩阵求逆带来的计算量大和数值稳定性差的问题,利用测量矩阵的对称正定性,提出了一种基于矩阵UT分解的GDOP解算方法。单系统卫星定位中,通常选用四颗可见星进行位置解算。郑作亚等人[60]从数学角度证明了将最大四面体体积作为选星算法的依据。金玲、黄智刚等依据高度角信息,将可见星划分为高仰角区域、中仰角区域、低仰角区域,通过组合验证得出了最优卫星组合多集中在高仰角区域、低仰角区域,且其数目之比接近1∶3的结论[61]。Blanco-Delgado N.等人[62]将凸壳多边形理论运用到可见星的快速搜索与选取中,得到了一种多面体体积近似最大的选星方法。刘慧娟、党亚民等人[63]简化了凸壳算法,选取位于坐标极值处的卫星进行定位解算,提高了导航效率。针对我国BDS的异质星座特性,陈驵、刘建业等人[64]在分析卫星高度角对GDOP值的影响后,提出了将位于不同轨道的卫星划分为不同的组别来实现快速选星的方法。针对多系统的组合导航研究与应用,滕云龙、王金玲[65]给出了一组求解GDOP值封闭型公式,相对传统方法,该公式可降低计算量。为了削弱不同系统不同卫星的等效距离误差的标准偏差的影响,Won D. H.等人提出了用高度角确权,改善DOP精度的方法[66]。范龙、柴洪洲[67]给出了利用测距误差来确定观测权阵的方法。田安红等人[68]结合传统的行列式值最小选星原则上提出了加权选星算法,缩短了导航解算时间,改善了导航定位的精度。

近年来,将人工智能算法应用到选星问题的解决中,也是卫星导航定位研究的一大热点。1995年Dan Simon[69]提出了利用神经网络进行GNSS选星研究,利用观测矩阵的转置与自身乘积的逆矩阵的特征值进行训练、分析,并求解GDOP,这种方法训练时间略长,精度不高。Jwo D. J.等人[70]针对BP神经网络学习时间较长的问题,使用回归神经网络进行了GDOP值回归分析。李显等[71]提出了利用径向基函数网络计算GDOP的方法具有时间代价小、计算精度高、抗系统误差能力强的优点。Milad Azarbadb等人[72]提出了结合蜂群算法和径向神经网络来加快训练速度。魏金本、丁安民、李克昭等人[73]给出了基于广义回归神经网络的GDOP最优选星模型,并与传统的GDOP最优估计结果进行了比较,该算法具有较好的鲁棒性、实时性。Wu C. H.团队在2010年提出了使用遗传算法计算GDOP值的选星方法[74],并在2012年进行了算法改进[75],但由于遗传算子的训练不可能考虑过多或所有的数据特征,故其结果依然是局部最优。

如上所述,GDOP值最小、可见星所构成的多面体体积最大是选星的基本依据。传统的选星算法多是为GPS单系统设计,算法所涉及的分类、搜索、定权等理论体系还不够完善,且其稳定性有待于进一步提高。多系统选星是未来GNSS快速高精度导航服务首要解决的关键问题,系统间观测精度的定权问题需要进一步讨论,人工智能算法在GNSS选星中的应用还待商榷或进一步研究。

1.3.2.4 多系统融合的整周未知数算法的国内外研究现状及分析

GNSS载波相位测量,特别是利用载波相位相对定位技术,消除或消弱了多种误差影响,极大地提高了GNSS定位精度。但是,这种高精度定位是以正确求定整周未知数和彻底消除周跳为前提的[76]。解算整周未知数的方法主要有平差参数待定法、三差法、快速求解法[77-78],以及多频组合观测值求解法[79-80]。平差参数待定法是把GNSS载波相位整周未知数作为基线向量平差计算中的待定参数,在平差过程中与其他参数一起求解确定。GNSS载波相位观测值的线性组合求差,一般采用在测站、卫星、历元间求三差后的方程求解坐标未知数并将其作为未知参数的初始值,代入双差模型再求解整周未知数,该法称为三差法求解整周未知数。由于利用三差法求出的坐标估值是具有较好近似度的初始值,因此有益于提高双差求解整周未知数的精度。另外,因为三差法利用了连续跟踪卫星的两个历元间的相位差等于多普勒积分值这一性质,所以也称该方法为多普勒法。1990年Frei E.和Beuler G.[81]提出了基于FARA(Fast Ambiguity Resolution Approach)的快速静态相对定位法,与确定整周未知数常规方法相比,所需的观测时间大大缩短,当两站相距10 km以内时,则仅需几分钟的观测数据,就可求得整周未知数,且精度与常规静态相对定位精度大致相当。FARA算法的基本思想是:以数理统计理论的假设检验为基础,利用初次平差提供的所有信息,包括基线向量、相应的协因数阵和单位权中误差,确定在某一置信区间整周未知数所有可能的整数解组合,并依次将该整周未知数的组合作为已知值代入方程通过平差进行搜索,寻求平差后方差和最小的一组整周未知数作为最优解。之后,出现了很多关于实时解算整周未知数的具体方法,如模糊度搜索法、FARA法、快速模糊度搜索滤波法、LAMBDA法(the Least - square AMBiguity Decorreclation Adjustment)以及某些特殊约束条件的整周未知数确定方法等[82],这些快速求解整周未知数的方法都是依据某种准则通过搜索的方式来确定模糊度。近年来,随着多卫星导航系统的研究,不同频段的观测值数量大大增加,出现了利用不同伪距和相位观测值组合快速求解整周未知数的方法。如CAR(Cascading Ambiguity Resolution)法,就是依据多频组合观测值波长不同的特点“逐级”确定模糊度。最为著名的是TCAR(Three Carrier Ambiguity Resolution)和CIR(Cascade Interger Resolution)。

1.4 主要研究工作

从上述国内外相关研究的现状综述可见，随着CCD研制水平的不断提高，基于CCD视觉导航技术已应用于空间科学、国防安全、国计民生等诸多行业和领域，基于CCD导航技术的位姿算法，与其他元器件数据的融合技术是未来发展的主要方向。GNSS技术已经过了40多年的发展，在诸多行业和领域已得到了较好的应用，GPS、GLONASS的现代化，特别是Galileo和我国北斗BDS的建设和即将全球组网运行，将会给卫星导航技术的研究和应用带来新的机遇和挑战，如可见导航星的成倍增加，将会产生新的选星准则和算法，多系统相位观测值的增加将会为高精度快速导航定位提供更多的有效数据，如何有机地融合处理各卫星导航系统的数据是需要研究的新课题，以及融合处理CCD观测数据是处理GNSS“最后一公里”的有效手段。因此，顾及CCD/GNSS导航定位所涉及的主要问题和关键技术，本著作的主要研究内容如下：

(1)导航定位坐标系理论基础。在描述空间某一目标相对另一目标的相对位姿时，需要定义相应的坐标系。对于不同的目标，为了便于解决问题，选择的坐标系有所不同，但最终可通过坐标的相互转换，实现计算结果的统一。主要介绍CCD视觉导航和GNSS卫星导航所涉及的各种坐标系及其相互转换。

(2)几何代数理论基础。几何代数能够形象简洁地表达空间目标之间的相对位姿关系，是CCD和GNSS导航坐标系表述和转换的有效工具。主要介绍基于几何代数的位姿表述和运算理论。

(3)基于几何代数体系的视觉导航定位模型。结合实际应用问题，推导给出基于四元数、Rodrigues和对偶四元数的导航定位模型，并进行仿真和实验验证与分析。

(4)GNSS高精度定位模型。针对BDS的MEO定轨问题，给出基于星基测控站的定轨模型；针对多系统多可见星的选星问题，给出选星策略和算法；针对多系统载波相位整周未知数的解算问题，进行多频组合研究。

(5)基于CCD/GNSS多传感器的动态估计模型。以几何代数理论为坐标表述和运算理论，推导并给出基于CCD/GNSS多传感器的动态估计模型和组合方案，并进行仿真和实验验证与分析。

(6)多传感器融合导航的新技术展望。结合大数据和人工智能的发展方向，讨论多传感器融合导航技术的发展方向和涉及的关键技术。

第 2 章 导航定位坐标系理论基础

坐标系是描述空间目标相对位置的参考依据。以下首先介绍 CCD 导航所涉及的像平面坐标系、摄像机坐标系和目标参考坐标系，其次，介绍 GNSS 导航所涉及的天球坐标系、地球坐标系及其各自的协议坐标系，最后以飞行器应用为例，给出第二轨道坐标系和本体坐标系的定义。

2.1 CCD 导航基本坐标系

2.1.1 像平面坐标系

像平面坐标系用以表示目标所成像点在像平面上的位置。根据单位的不同，像平面坐标系一般分为：图像像素坐标系 $O_I uv$ 和图像物理坐标系 $O_i x_i y_i$，如图 2-1 所示。图像像素坐标系是以图像左上角像素点为原点 O_I，向右为 u 轴，向下为 v 轴，u、v 分别表示该像素点在数字图像中的列数和行数。图像物理坐标系是以物理长度为单位的坐标系，通常以像主点作为其坐标原点 O_i，x_i，y_i 轴分别平行于像框的 u、v 轴。

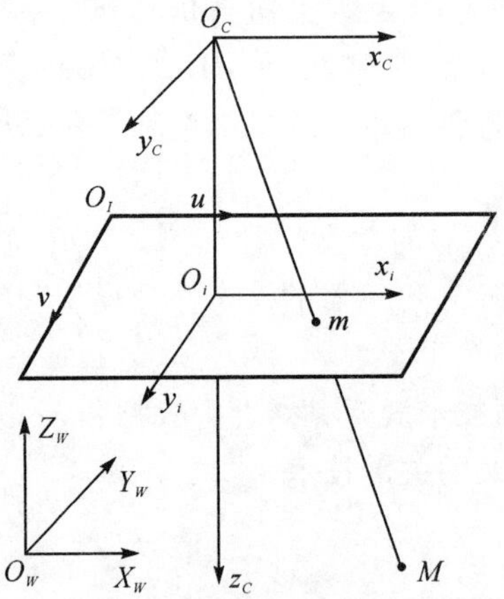

图 2-1 像平面坐标系、摄像机坐标系、物方坐标系

2.1.2 摄像机坐标系

摄像机坐标系在基于机器视觉的导航中起着纽带的作用，通过它实现了 3D 欧氏空间中目标坐标系与像平面坐标系的转换。摄像机坐标系 $O_C x_C y_C z_C$ 的原点一般选取为摄像机光心，x_C、y_C 轴分别与像平面坐标系的 x_i，y_i 轴相平行，z_C 轴与摄像机的光轴重合，与 x_C、y_C 轴符合右手法则，如图 2-1 所示。通过摄像机坐标系实现了 3D 空间中目标坐标系与像平面坐标系的转换，其在基于机器视觉的导航中起着纽带的作用。

2.1.3　物方坐标系

物方坐标系也称目标坐标系。在基于机器视觉的相对导航中，目标与摄像机的相对位姿关系一般通过求解所选的物方坐标系（目标参考坐标系）$O_W X_W Y_W Z_W$ 与摄像机坐标系的相对关系得到（图 2-1 表示了目标参考坐标系、像平面坐标系及摄像机坐标系之间的关系）。对于一个参考系的定义，可以根据实际需要定义。

2.2　GNSS 导航定位基本坐标系

2.2.1　天球坐标系

天球坐标系是一种惯性坐标系，其坐标原点和各坐标轴的指向在空间保持不动，可较方便地描述卫星的运行位置和状态。天球坐标系有天球空间坐标系和天球球面坐标系两种。

天球空间直角坐标系的定义是：以地球质量中心 O 作为原点，z 轴指向天球北天极 P_n，x 轴指向春分点，y 轴垂直于 xOz 平面，与 x、z 轴构成右手坐标系。任一天体 S 的位置，用坐标 $[x \quad y \quad z]^{\mathrm{T}}$ 表示，如图 2-2 所示。

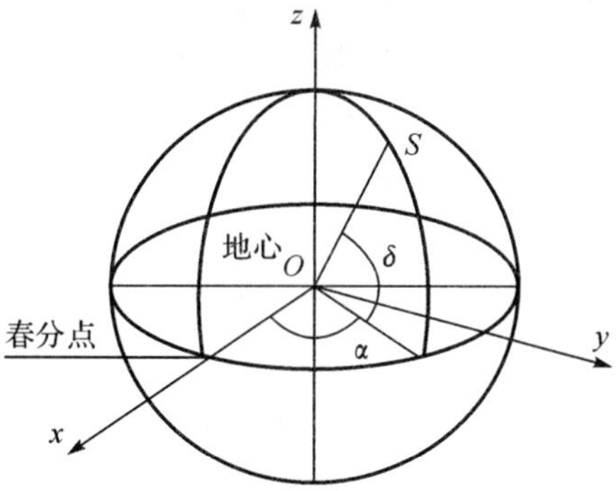

图 2-2　天球坐标系定义示意图

天球球面坐标系的定义是：以地球质量中心 O 作为原点，以过春分点的天体子午面和赤道面作为基准面。任一天体 S 的位置用$[\alpha \quad \delta \quad r]$表示，其中：

赤经 α：天体子午面与春分点子午面的夹角；

赤纬 δ：天体与地心连线和天球赤道面的夹角；

向径 r：天体到地心的距离。

在实际研究与应用中，天球空间直角坐标系与天球球面坐标系之间又可以实现相互转换，其转换公式为

$$\begin{bmatrix} x \\ y \\ z \end{bmatrix} = r \begin{bmatrix} \cos\delta\cos\alpha \\ \cos\delta\sin\alpha \\ \sin\delta \end{bmatrix} \tag{2-1}$$

$$\left.\begin{aligned} r &= \sqrt{x^2+y^2+z^2} \\ \alpha &= \arctan\frac{y}{x} \\ \delta &= \arctan\frac{z}{\sqrt{x^2+y^2}} \end{aligned}\right\} \tag{2-2}$$

天球空间直角坐标系和天球球面坐标系是以天轴为基准轴，以春分点为基准点而定义的坐标系，其定义都是基于假设地球为均质的球体，且没有其他天体摄动力影响的理想情况，即假定地球的自转轴在空间的指向是固定的，春分点在天球上的位置保持不变。而由于地球形状接近于一个两极扁平赤道隆起的椭球体，因此在日月及其他天体的作用力下，地球在绕太阳运行时，其自转轴方向并不保持恒定，而是绕着北黄极缓慢地旋转(从北天极上观察为顺时针方向)。地球自转轴的这种旋转运动，使地球绕太阳的运动状态像一只巨大的陀螺，使北天极绕北黄极产生旋转，使春分点在黄道上产生缓慢的西移。天文学中把这种现象称为日月岁差。因此，在高精度导航定位中，必须考虑岁差和章动的影响。

为了建立一个统一的且与惯性坐标系相接近的天球坐标系，人们通常以某一观测历元 t_0 作为标准参考历元，将此历元的地球自转轴和春分点方向分别扣除此瞬间的章动值后作为 Z 轴和 X 轴的指向，Y 轴与 X 轴、Z 轴符合右手法则构成某一特定的天球坐标系。这样构成的天球坐标系，实际上就是 t_0 历元的瞬时平天球坐标系，称为标准参考历元 t_0 平天球坐标系或协议天球坐标系，也称为协议惯性坐标系(CIS，Conventional Inertial System)。国际大地测量协会和国际天文学联合会决定，从 1984 年 1 月 1 日起启用的协议天球坐标系，其坐标轴的指向是以 2000 年 1 月 15 日的质心力学时(BDT，Barycentric Dynamic Time)为标准参考历元(标以 J2000.0)的赤道和春分点所定义的，称为 J2000.0 协议天球坐标系。该坐标系的定义：坐标系原点位于地球质心，Z 轴向北指向 J2000.0 平赤道的极点，X 轴指向 J2000.0 平春分点，Y 轴与 X、Z 轴符合构成右手坐标系法则。

在卫星的实际定轨问题中，要解决瞬时天球坐标系与 J2000.0 协议天球坐标系间的转换，通常分为两步转换：首先将 J2000.0 协议天球坐标系的坐标，转换到瞬时平天球坐标系；再将瞬时平天球坐标系的坐标转换到瞬时天球坐标系(瞬时真天球坐标系)。

2.2.2 地球坐标系

由于广大卫星导航用户在地球表面或近地空间，因此，为了便于广大用户使用，还须建立地球参照系。地球参照系是一种固定在地球上，随地球一同旋转的坐标系，又称为地球固连坐标系，简称地固系。

地心空间直角坐标系：以地球质量中心 O 作为坐标系的原点，Z 轴指向地球北极，X 轴指向格林尼治子午面与地球赤道的交点 E，Y 轴垂直于 XOZ 平面，并与 X、Z 轴构成右手坐标系，

如图 2-3 所示。地面或近地空间某点 P 的空间直角坐标可表示为$[X \quad Y \quad Z]$。

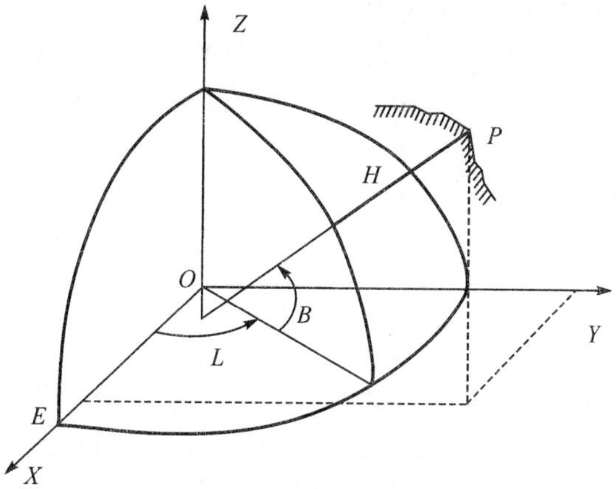

图 2-3　地心大地坐标系与空间直角坐标系

地心大地坐标系：地面或近地空间某点 P 的大地坐标可表示为$[B \quad L \quad H]^{T}$：大地经度 L 为过该点的椭球子午面与格林尼治起始子午面间的二面夹角；大地纬度 B 为该点的椭球法线与椭球赤道面的线面夹角；大地高 H 是该点沿椭球法线方向至椭球面的距离。

空间任一点 P 在地球坐标系中的位置，既可表示为$[B \quad L \quad H]^{T}$，又可表示为$[X \quad Y \quad Z]^{T}$，二者是等价的。在同一地球椭球下定义的这两种坐标系均属同一地球坐标系，其变换关系为

$$\left.\begin{aligned} X &= (N+H)\cos B\cos L \\ Y &= (N+H)\cos B\sin L \\ Z &= [N(1-e^{2})+H]\sin B \end{aligned}\right\} \tag{2-3}$$

式中　N—— 地球椭球的卯酉圈曲率半径；

e—— 地球椭球的第一偏心率。

$$N = \frac{a}{\sqrt{1-e^{2}\sin^{2}B}} \tag{2-4}$$

式中　a—— 地球椭球的长半径。

$$e^{2} = \frac{a^{2}-b^{2}}{a^{2}} \tag{2-5}$$

式中　b—— 地球椭球的短半径。

反之，空间直角坐标系的坐标也可通过下式变换为大地坐标系的坐标：

$$\left.\begin{aligned} B &= \arctan\left[\tan\frac{1}{\sqrt{X^{2}+Y^{2}}}\left(Z+\frac{ce^{\prime 2}\tan B}{\sqrt{1+e^{\prime 2}\tan^{2}B}}\right)\right] \\ L &= \arcsin\left(\frac{Y}{\sqrt{X^{2}+Y^{2}}}\right) \\ H &= \frac{\sqrt{X^{2}+Y^{2}}}{\cos B}-N \end{aligned}\right\} \tag{2-6}$$

式中　c—— 极点处的子午线曲率半径，$c=a^{2}/b$；

e'—— 地球椭球第二偏心率，$e'^{2}=(a^{2}-b^{2})/b^{2}$。

式(2-6)中,大地纬度B需要迭代计算,但其收敛速度很快,迭代4次,大地纬度B的精度可达$0.000\ 01''$,大地高H的精度可达1 mm。

地球坐标系均是以地球自转轴为坐标定义的基准轴。当地球自转轴在地球内的位置固定不变时,可唯一的定义地球坐标系。但根据大量实测资料证明,地球自转轴相对于地球的位置并不是固定不变的,因而地极点在地球表面上的位置是随时间而变化的,把这种现象称为地极移动,简称极移。观测瞬间地球自转轴所处的位置,称为瞬时地球自转轴,相应的极点称为瞬时极。由于极移引起地球坐标系的Z轴方向变化,从而使地球赤道和起始子午面的位置均有所变化。

由于极移将使得地球坐标系的轴向发生变化,因此以瞬时地极定义的地球坐标系是一种变化的坐标系,这将给实际工作造成许多困难。为解决这一问题,通常都选定某一固定的平极P_0来建立地球坐标系。选择P_0的方法有两种,一种是历元平极;另一种是国际协议平极。历元平极是该历元的瞬时极消除了极移周期运动后的平均位置。国际协议平极是在1967年国际天文学会和国际大地测量与地球物理联合会共同召开的第32次讨论会上建议采用的平均地极。该地极是根据国际上5个纬度服务站,于1900年至1905年的纬度观测结果所确定的平均地极位置,通常称为国际协议原点(CIO,Conventional International Origin),又称为协议地极(CTP,Conventional Terrestrial Pole),两者实质上是一回事。与协议地极相对应的地球赤道称为平赤道或协议赤道面。

在确定协议地极、协议赤道面后,关于起始子午线是这样规定的:1968年国际时间局(BIH,Bureau International de I'Heure)决定通过国际协议原点和格林尼治天文台的子午线作为起始子午线,该起始子午线与协议赤道面的交点E_{CTP}作为经度零点。故该起始子午线称为BIH零子午线,它是与协议地极相对应的。目前,该起始子午线是由国际若干个天文台来保持的,故又称为格林尼治平均天文台起始子午线,简称格林尼治平均起始子午线。

瞬时地球坐标系是根据历元t的瞬时地极P_t定义的。该坐标系的定义:以地球质量中心O为原点,Z_t指向地球的瞬时地极P_t(真地极),X_t轴指向瞬时极和E_{CTP}构成的格林尼治平均起始子午线与真赤道的交点E,Y_t轴垂直于X_tOZ_t平面,并与X_t、Z_t构成右手坐标系,如图2-4所示。

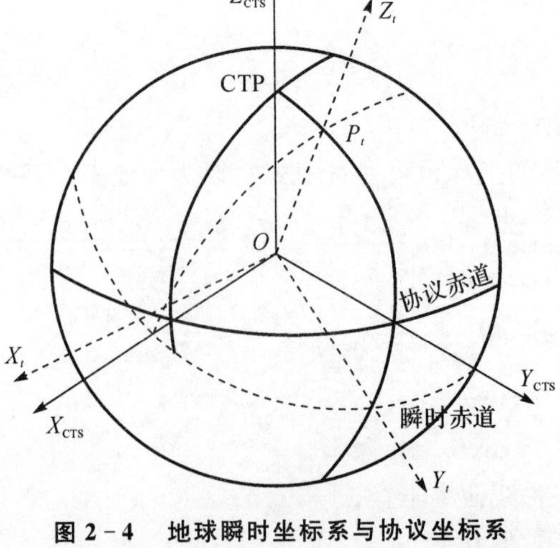

图2-4　地球瞬时坐标系与协议坐标系

协议地球坐标系(CTS,Conventional Terrestrial System)的定义:以地球质量中心 O 为原点,Z_{CTS} 指向地球的协议地极 CTP,X_{CTS} 轴指向 BIH 经度零点 E_{CTP},Y_{CTS} 轴垂直于 $X_{CTS}OZ_{CTS}$ 平面,并与 X_{CTS}、Z_{CTS} 轴构成右手坐标系,如图 2-4 所示。

下面讨论瞬时地球坐标系与协议地球坐标系的转换关系。

当两坐标系采用的尺度基准相同时,两坐标系的空间直角坐标系的转换关系如图 2-4 所示,其转换模型为

$$\begin{bmatrix} X \\ Y \\ Z \end{bmatrix}_{CTS} = \boldsymbol{R}_Y(-x_P)\boldsymbol{R}_X(-y_P)\begin{bmatrix} X \\ Y \\ Z \end{bmatrix}_t = \boldsymbol{A}\begin{bmatrix} X \\ Y \\ Z \end{bmatrix}_t \tag{2-7}$$

式中　$\boldsymbol{R}_Y(-x_P)$,$\boldsymbol{R}_X(-y_P)$——坐标系转换的旋转矩阵。

$$\boldsymbol{R}_Y(-x_P) = \begin{bmatrix} \cos x_P & 0 & \sin x_P \\ 0 & 1 & 0 \\ -\sin x_P & 0 & \cos x_P \end{bmatrix} \tag{2-8}$$

$$\boldsymbol{R}_X(-y_P) = \begin{bmatrix} \cos y_P & 0 & \sin y_P \\ 0 & 1 & 0 \\ -\sin y_P & 0 & \cos y_P \end{bmatrix} \tag{2-9}$$

考虑到地极坐标为微小量,如果仅取至一次微小量,则有

$$\boldsymbol{A} = \begin{bmatrix} 1 & 0 & x_P \\ 0 & 1 & -y_P \\ -x_P & y_P & 1 \end{bmatrix} \tag{2-10}$$

地极的瞬时坐标$[x_P \quad y_P]$是由 BIH 根据所属台站的观测资料推算的,并定期出版公报提供给用户。

在卫星导航定位中,GPS 采用 WGS-84,GLONASS 采用 PZ-90,Galileo 采用 GTRF,与 ITRF 紧密相关,北斗采用 CGCS2000,它们均属于地球协议坐标系。

2.2.2.1　WGS-84

WGS-84(World Geodetic System 1984,1984 世界大地坐标系)由美国国防部研制,自 1987 年 1 月 10 日开始起用。WGS-84 的原点为地球质心 O;Z 轴指向 BIH 1984.0 定义的 CTP;X 轴指向 BIH 1984.0 定义的零子午面与 CTP 相应的赤道的交点;Y 轴垂直于 XOZ 平面,且与 X、Z 轴构成右手系。

WGS-84 采用的地球椭球,称为 WGS-84 椭球,其常数为国际大地测量学与地球物理学联合会(IUGG)第 17 届大会的推荐值。

2.2.2.2　ITRF

协议惯性坐标系(CIS)和协议地球坐标系(CTS)又称为国际天球参考系(ICRS)和国际地球参考系(ITRS)。国际天球参考系(ICRS,International Celestial Reference System)的实现方式是国际天球参考框架(ICRF,International Celestial Reference Frame),它由空间均匀分布的 608 个河外射电源的甚长基线干涉测量(VLBI,Very Long Baseline Interferometry)坐标组成;国际地球参考系(ITRS,International Terrestrial Reference System)的实现方式是国际

地球参考框架(ITRF,International Terrestrial Reference Frame),即它是由一组固定于地球表面而且只作线性运动的大地点的坐标及坐标变化速率组成的。

ITRF是国际上公认的精度最高、稳定性最好的参考框架,是利用全球测站观测资料成果推算所得到的地心坐标系统。确切地说,ITRF是一个四维地心坐标参考框架,除了空间直角坐标形式的坐标外,还给出了台站的漂移速度,其坐标精度为毫米级至厘米级。ITRF采用甚长基线干涉测量(VLBI)、卫星激光测距(SLR,Satellite Laser Ranging)、激光测月(LLR,Lunar Laser Ranging)、全球定位系统(GPS)、星基多普勒轨道和无线电定位组合系统(DORIS,Doppler Orbitograph and Radio Positioning Intergrated by Satellite)等多种空间观测技术,综合多个数据分析中心的解算结果构制地球参考框架,它由一系列测站相对于某一参考历元的坐标和位移速度构成。

2.2.2.3 PZ-90

PZ-90(Parametry Zemli 1990)或称为PE-90(Parameter of the Earth 1990),类似于GPS采用的WGS-84,也属于地心地固坐标系,是俄罗斯进行地面网与空间网联合攻关平差后建立的。GLONASS卫星系统在1993年以前采用苏联的1985年地心坐标系(Sovit Geodetic System 1985,SGS-85),1993年后改为PZ-90。PZ-90定义如下:坐标原点位于地球质心O;Z轴指向国际地球自转服务组织(IERS,International Earth Rotation and Reference Systems Service)推荐的协议地极(CTP,Conventional Terrestrial Pole),即1900—1905年的平均北极;X轴指向地球赤道与BIH定义的零子午线的交点,Y轴满足右手坐标系。由该定义知,PZ-90与国际地球参考框架ITRF是一致的。

PZ-90采用的参考椭球参数:

参考椭球半径:$a=6\ 378\ 136$ m。

地球重力场二阶带球谐系数:$J_2=1.082\ 63\times 10^{-3}$。

扁率:$f=1/298.257\ 222\ 101$。

地心引力常数:$GM=3.986\ 004\ 4\times 10^{14}\ \mathrm{m^3/s^2}$。

地球自转角速度:$\dot{\Omega}_e=7.292\ 115\times 10^{-5}$ rad/s。

2.2.2.4 GTRF

Galileo地球参考框架(GTRF,Galileo Terrestrial Reference Frame)与国际地球参考框架(ITRF)紧密相关,更确切地说是与ITRF2005相一致,而与最新版的ITRF之间的差异(2δ)最大不超过3 cm。如今的WGS-84与ITRF(或GTRF)坐标系统之间的差异非常细微,在10 cm之内,甚至小于WGS-84本身的系统误差。因此,对导航等绝大多数非精密定位应用来讲,WGS-84、GTRF和ITRF三个空间坐标系通常被认为是相互一致的,它们的任意两两之间无须坐标转换;然而,对于测绘等精密定位应用来讲,进行GPS/Galileo组合定位有必要进行WGS-84与GTRF之间的坐标转换。

2.2.2.5 CGCS2000

北斗系统采用CGCS2000(China Geodetic Coordinate System 2000,2000中国大地坐标系),属于地心协议坐标系。CGCS2000定义如下:坐标原点位于地球质量中心O;Z轴指向

IERS 定义的参考极(IRP,IERS Reference Pole)方向;X 轴为 IERS 定义的参考子午面(IRM,IERS Reference Meridian)与通过原点且同 Z 轴正交的赤道面的交线;Y 轴垂直于 XOZ 平面,且与 X、Z 轴构成右手直角坐标系。

CGCS2000 原点也用作 CGCS2000 椭球的几何中心,Z 轴用作该旋转椭球的旋转轴。CGCS2000 参考椭球定义的基本常数:

长半轴:$a=6\ 378\ 137.0$ m。

地球(包含大气层)引力常数:$\mu=3.986\ 004\ 418\times10^{14}$ m^3 /s^2

扁率:$f=1/298.257\ 222\ 101$。

地球自转角速度:$\dot{\Omega}_e=7.292\ 115\ 0\times10^{-5}$ rad/s。

CGCS2000 是通过中国 GPS 连续运行基准站、空间大地控制网以及天文大地网与空间地网联合平差建立的地心大地坐标系统。三网平差后得到 2000 国家 GPS 大地网点的地心坐标在 ITRF97 坐标框架内,历元为 2000.0 时的中误差应在 ±3 cm 以内。

2.2.3　协议地球坐标系与协议天球坐标系的转换

在卫星精密定轨和 GNSS 精密定位中,卫星运动方程解算和卫星位置计算,是在协议天球坐标系中进行的;而测站点位置用协议地球坐标系的坐标表示,要用卫星坐标求测站坐标,需将协议天球坐标系的坐标转换成协议地球坐标系的坐标。

由这两种坐标系的定义可得,其坐标系的原点均为地球质量中心 O,但各自坐标轴的指向不同。两坐标系的转换基本方法是:首先将协议天球坐标系转换为瞬时天球坐标系;然后,将瞬时天球坐标系转换为瞬时地球坐标系;最后,将瞬时地球坐标系转换为协议地球坐标系。

根据定义,瞬时(真)天球坐标系和瞬时(真)地球坐标系的原点都是地心 O,且其 Z 轴指向都与地球瞬时(真)自转轴重合。它们之间的差异,仅在于 X 轴的指向不同。瞬时(真)天球坐标系的 X_{at} 轴指向瞬时(真)春分点,而瞬时(真)地球坐标系的 X_{et} 轴指向平格林尼治起始子午面和地球瞬时(真)赤道的交点,两者之间的夹角为格林尼治真恒星时 GAST,也称为平格林尼治起始子午面的真春分点时角,如图 2-5 所示。

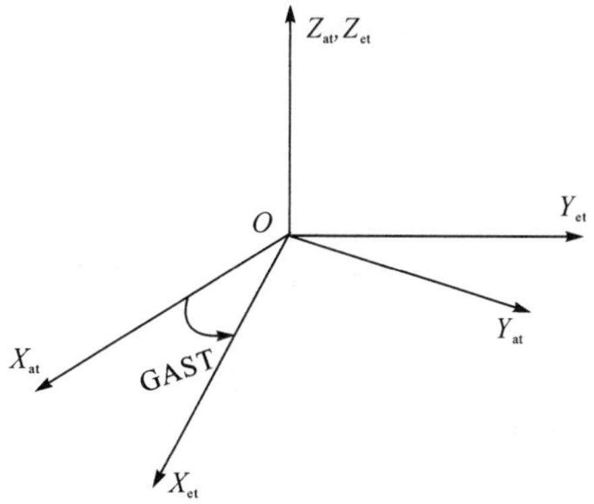

图 2-5　瞬时天球坐标系与瞬时地球坐标系的关系

因此,由瞬时(真)天球坐标系到瞬时(真)地球坐标系的变换,仅需绕 Z 轴逆时针转动 GAST 角,其相应的转换模型为

$$\begin{bmatrix} X \\ Y \\ Z \end{bmatrix}_{\text{et}} = \boldsymbol{R}_Z(\text{GAST}) \begin{bmatrix} X \\ Y \\ Z \end{bmatrix}_{\text{at}} = \boldsymbol{B} \begin{bmatrix} X \\ Y \\ Z \end{bmatrix}_{\text{at}} \tag{2-11}$$

进一步可得由协议天球坐标系转换为协议地球坐标系的转换公式为

$$\begin{bmatrix} X \\ Y \\ Z \end{bmatrix}_{\text{CTS}} = \boldsymbol{ABCD} \begin{bmatrix} X \\ Y \\ Z \end{bmatrix}_{\text{CIS}} = \boldsymbol{W} \begin{bmatrix} X \\ Y \\ Z \end{bmatrix}_{\text{CIS}} \tag{2-12}$$

其逆变换公式为

$$\begin{bmatrix} X \\ Y \\ Z \end{bmatrix}_{\text{CIS}} = \boldsymbol{W}^{\text{T}} \begin{bmatrix} X \\ Y \\ Z \end{bmatrix}_{\text{CTS}} \tag{2-13}$$

2.3 两种轨道坐标系和目标本体坐标系

2.3.1 地心轨道坐标系

地心轨道坐标系(geocentric orbital coordinate system) $Ox_Oy_Oz_O$，标记为 S_O，如图 2-6 所示。原点 O 在地球中心；x_O 轴沿着轨道矢径 $\boldsymbol{r}$ 方向，指向飞行器；z_O 轴沿着轨道平面正法线方向，即与动量矩矢量 $\boldsymbol{H}$ 一致；y_O 轴在轨道平面内，垂直于矢径 $\boldsymbol{r}$。该坐标系是一个活动坐标系，通过它可以实现飞行器在赤道惯性坐标系与第二轨道坐标系的转换，见后述。

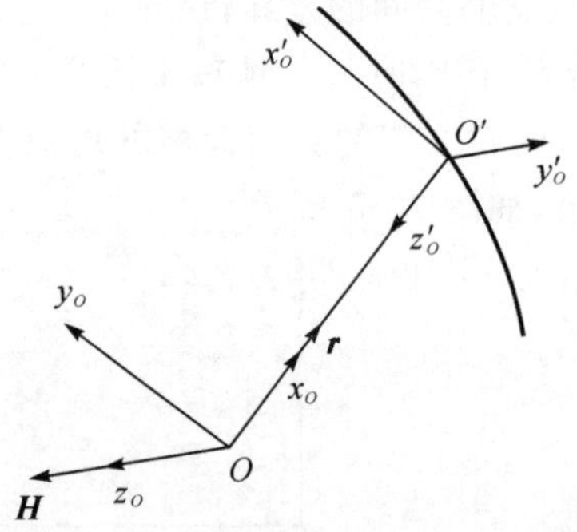

图 2-6　地心轨道(第一轨道)坐标系和第二轨道坐标系

2.3.2 第二轨道坐标系

为了描述飞行器的姿态，通常以第二轨道坐标系作为参考坐标系。第二轨道坐标系 $O'x'_Oy'_Oz'_O$，标记为 S'_O。原点 O' 为飞行器的质心；x'_O 轴在轨道平面内，垂直于矢径 $\boldsymbol{r}$，向前；z'_O 在轨道平面内，指向地心；y'_O 轴垂直于轨道平面，向右，如图 2-6 所示。

2.3.3　本体坐标系

本体坐标系 $Ox_by_bz_b$(标记为 S_b)是与飞行器本体固联的,如图 2-7 所示。原点 O 在飞行器的质心;纵向轴 x_b 沿飞行器结构纵轴,指向前;竖向轴 z_b 在对称平面内,垂直于纵向轴,指向下;横向轴 y_b 垂直于对称平面,指向右方。在飞行器的姿态描述中,一般通过本体系坐标轴与第二轨道坐标系的相应轴夹角表示飞行器的姿态。

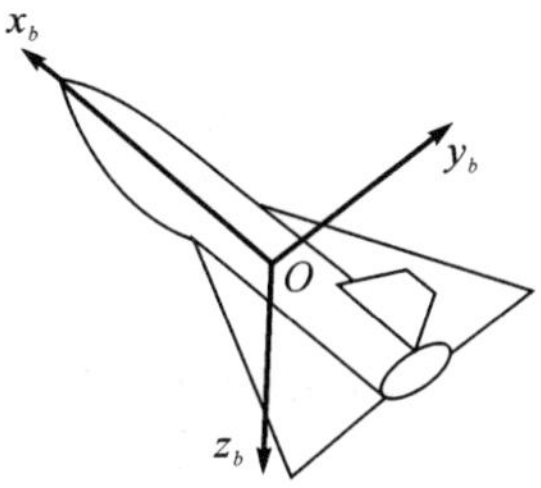

图 2-7　本体坐标系

2.4　常用坐标系之间的转换模型

在应用包括 GNSS、CCD 在内的空间导航定位技术进行测量时,往往需要进行不同基准间的转换,如空间 CCD 视觉导航内部坐标系之间的转换,GNSS 导航定位技术内部的成果转换,以及 CCD 与 GNSS 导航定位之间的坐标基准转换。进行基准转换的算法很多,空间三维坐标系之间的转换常用方法为布尔萨-沃尔夫(Bursa - Wolf) 模型,二维平面坐标系之间的转换常采用四参数模型。

2.4.1　Bursa - Wolf 七参数转换模型

布尔萨-沃尔夫模型(在我国常被简称为布尔萨模型)又被称为七参数转换(7 - Parameter Transformation)或七参数赫尔墨特变换(7 - Parameter Helmert Transformation),设有两个三维空间直角坐标系 $O_Cx_Cy_Cz_C$ 和 $O_Sx_Sy_Sz_S$,它们有图 2-8 所示的关系,其坐标系原点不一致,存在三个平移量 $\Delta x_0, \Delta y_0, \Delta z_0$。且通常各坐标轴之间相互不平行,对应的坐标轴之间存在三个微小的旋转角 $\varepsilon_x, \varepsilon_y, \varepsilon_z$,两个坐标系的尺度也不一致,设 $O_Sx_Sy_Sz_s$ 的尺度为 1,而 $O_Cx_Cy_Cz_C$ 的尺度为 $1+m$。

由图 2-8 知,任意点 i 在两坐标系中的坐标之间有如下关系:

$$\begin{bmatrix} x_i \\ y_i \\ z_i \end{bmatrix}_C = \begin{bmatrix} \Delta x_0 \\ \Delta y_0 \\ \Delta z_0 \end{bmatrix} + (1+m)\boldsymbol{R}_x(\varepsilon_x)\boldsymbol{R}_y(\varepsilon_y)\boldsymbol{R}_z(\varepsilon_z) \begin{bmatrix} x_i \\ y_i \\ z_i \end{bmatrix}_S \tag{2-14}$$

式中　$[x_i \quad y_i \quad z_i]_C^{\mathrm{T}}$——点 i 在坐标系 $O_Cx_Cy_Cz_C$ 中的坐标;

$[x_i \quad y_i \quad z_i]_S^{\mathrm{T}}$——点 i 在坐标系 $O_Sx_Sy_Sz_S$ 中的坐标。

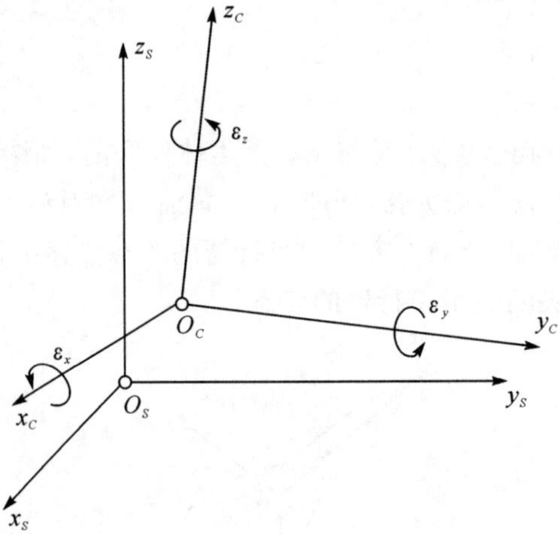

图 2-8　两空间直角坐标系的关系

考虑到两坐标轴定向的差别一般很小，因此欧拉角 $\varepsilon_x,\varepsilon_y,\varepsilon_z$ 通常都是微小量，有

$$\boldsymbol{R}(\varepsilon)=\boldsymbol{R}_x(\varepsilon_x)\boldsymbol{R}_y(\varepsilon_y)\boldsymbol{R}_z(\varepsilon_z)=\begin{bmatrix}1 & \varepsilon_z & -\varepsilon_y\\ -\varepsilon_z & 1 & \varepsilon_x\\ \varepsilon_y & -\varepsilon_x & 1\end{bmatrix} \tag{2-15}$$

令 $\boldsymbol{I}=\begin{bmatrix}1 & 0 & 0\\ 0 & 1 & 0\\ 0 & 0 & 1\end{bmatrix}$，$\boldsymbol{Q}(\varepsilon)=\begin{bmatrix}0 & \varepsilon_z & -\varepsilon_y\\ -\varepsilon_z & 0 & \varepsilon_x\\ \varepsilon_y & -\varepsilon_x & 0\end{bmatrix}$，有 $\boldsymbol{R}(\varepsilon)=\boldsymbol{I}+\boldsymbol{Q}(\varepsilon)$，将其代入式(2-14)则有

$$\begin{bmatrix}x_i\\ y_i\\ z_i\end{bmatrix}_C=\begin{bmatrix}\Delta x_0\\ \Delta y_0\\ \Delta z_0\end{bmatrix}+(1+m)\boldsymbol{R}(\varepsilon)\begin{bmatrix}x_i\\ y_i\\ z_i\end{bmatrix}_S \tag{2-16}$$

舍去 $m\boldsymbol{Q}(\varepsilon)$ 项，可得

$$\begin{bmatrix}x_i\\ y_i\\ z_i\end{bmatrix}_C=\begin{bmatrix}\Delta x_0\\ \Delta y_0\\ \Delta z_0\end{bmatrix}+(1+m)\begin{bmatrix}x_i\\ y_i\\ z_i\end{bmatrix}_S+\begin{bmatrix}0 & \varepsilon_z & -\varepsilon_y\\ -\varepsilon_z & 0 & \varepsilon_x\\ \varepsilon_y & -\varepsilon_x & 0\end{bmatrix}\begin{bmatrix}x_i\\ y_i\\ z_i\end{bmatrix}_S \tag{2-17}$$

式(2-17)含有 7 个转换参数($\Delta x_0,\Delta y_0,\Delta z_0,\varepsilon_x,\varepsilon_y,\varepsilon_z,m$)，称为布尔萨(Bursa)七参数转换模型。

2.4.2　四参数转换模型

平面四参数坐标转换方法是一种降维的坐标转换方法，即由三维空间的坐标转换转化为二维平面的坐标，避免了由于已知点高程系统不一致而引起的误差。如图 2-9 所示，在两平面直角坐标系之间进行转换，需要有 4 个转换参数。

转换公式为

$$\begin{bmatrix}X\\ Y\end{bmatrix}=\begin{bmatrix}X_0\\ Y_0\end{bmatrix}+k\begin{bmatrix}\cos\varepsilon & \sin\varepsilon\\ -\sin\varepsilon & \cos\varepsilon\end{bmatrix}\begin{bmatrix}x\\ y\end{bmatrix} \tag{2-18}$$

式中　X,Y—— 新坐标系下的坐标；

x,y—— 旧坐标系下的坐标；

X_0,Y_0—— 原始坐标平移参数；

ε—— 旧坐标轴旋转至新坐标轴的角度，以坐标方位角增大的方向为正，反向为负；

k—— 新坐标系与旧坐标系的尺度比。

式(2-18)含有 4 个转换参数(X_0,Y_0,ε,k)，称为平面直角坐标四参数转换模型。

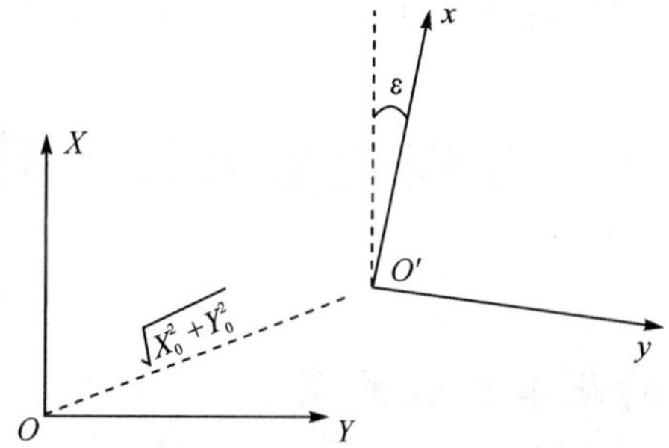

图 2-9　两平面直角坐标系的关系

第3章　几何代数理论基础

几何代数可将“数”与“形”的问题综合处理，可用来描述和解决飞行器力学和相对运动、机器人运动、图像处理等问题，将来也会在人工智能和大数据应用中进一步发挥其优势。

3.1　几何代数及其运算

3.1.1　几何代数的基本代数元素

基本矢量 $\boldsymbol{e}_1,\boldsymbol{e}_2,\cdots,\boldsymbol{e}_n$ 是 n 维矢量代数的基本代数元素，仅是 n 维几何代数的代数要素部分。片积（blades）是几何代数的基本代数元素[83]。一个 n 维几何代数由片积和阶数（grades）构成。0 阶片积（blade）是一个标量，1 阶片积（blades）是 n 个基本矢量 $\boldsymbol{e}_1,\boldsymbol{e}_2,\cdots,\boldsymbol{e}_n$，2 阶片积（blades）$\boldsymbol{e}_i \wedge \boldsymbol{e}_j$ 是由两个 1 阶片积张成，依次类推。最大 n 阶数的片积（glade）$I=\boldsymbol{e}_1 \wedge \boldsymbol{e}_2 \cdots \wedge \boldsymbol{e}_n$，由于该片积唯一，与 0 阶片积相似，故称其为伪标量。

k 阶片积的线性组合为 k 阶（k 重）矢量，例如，$\boldsymbol{e}_2 \wedge \boldsymbol{e}_3+\boldsymbol{e}_1 \wedge \boldsymbol{e}_2$ 是一个二阶（二重）矢量。由不同阶数片积的线性组合构成的片积称为多重矢量。多重矢量也是几何代数的一般元素。n 维几何代数包含 2^n 个片积。例如，对于3D欧几里得几何代数，就包含 2^3 个片积，见表3-1。

表 3-1　3D 欧几里得几何代数的片积(blades)

片积(blade)	阶数(grade)
1	0
$\boldsymbol{e}_1$	1
$\boldsymbol{e}_2$	1
$\boldsymbol{e}_3$	1
$\boldsymbol{e}_1 \wedge \boldsymbol{e}_2$	2
$\boldsymbol{e}_1 \wedge \boldsymbol{e}_3$	2
$\boldsymbol{e}_2 \wedge \boldsymbol{e}_3$	2
$\boldsymbol{e}_1 \wedge \boldsymbol{e}_2 \wedge \boldsymbol{e}_3$	3

3.1.2　几何代数的乘积

几何代数的主要乘积称为几何积，其他的乘积，如外积、内积都可由其派生。

3.1.2.1　外积

由于叉积只在三维空间内有效的局限性，几何代数引入了外积。矢量 $\boldsymbol{u}$、$\boldsymbol{v}$ 是两矢量在空间张成的有方向并且有边界的平面区域，称为二重矢量或二元矢量。表 3－2 给出了外积的运算法则。

表 3－2　外积运算法则

运算名称	运算法则
交换律	$\boldsymbol{u} \wedge \boldsymbol{v} = -(\boldsymbol{v} \wedge \boldsymbol{u})$
分配律	$\boldsymbol{u} \wedge (\boldsymbol{v}+\boldsymbol{z}) = \boldsymbol{u} \wedge \boldsymbol{v}+\boldsymbol{u} \wedge \boldsymbol{z}$
结合律	$\boldsymbol{u} \wedge (\boldsymbol{v} \wedge \boldsymbol{z}) = (\boldsymbol{u} \wedge \boldsymbol{v}) \wedge \boldsymbol{z}$

两个平行矢量的外积等于 0，即

$$\boldsymbol{u} \wedge \boldsymbol{v} = -(\boldsymbol{v} \wedge \boldsymbol{u}) = 0 \tag{3-1}$$

3.1.2.2　内积

在 3D 欧几里得空间，两个矢量的内积和两个矢量的标量内积是一样的。对于垂直的矢量，其内积为 0，例如：$\boldsymbol{e}_i \cdot \boldsymbol{e}_j = 0$。然而，对于几何代数，内积定义不仅仅是矢量间的，例如，对于二阶片积和一阶片积的内积结果是一个一阶片积，起到降阶作用。几何代数的内积包含了度量衡信息，利用共形几何代数和它的内积可以计算角度和距离。

3.1.2.3　几何积

几何积具有很强的运算功能，通过它可以实现转换。矢量的几何积是外积和内积的组合。$\boldsymbol{u}$ 和 $\boldsymbol{v}$ 的几何积可以表述成 $\boldsymbol{uv}$，可以定义为

$$\boldsymbol{uv} = \boldsymbol{u} \wedge \boldsymbol{v} + \boldsymbol{u} \cdot \boldsymbol{v} \tag{3-2}$$

结合表 3－2，可进一步推导内积和外积的表达式为

$$\boldsymbol{u} \cdot \boldsymbol{v} = \frac{1}{2}(\boldsymbol{uv} + \boldsymbol{vu}) \tag{3-3}$$

$$\boldsymbol{u} \wedge \boldsymbol{v} = \frac{1}{2}(\boldsymbol{uv} - \boldsymbol{vu}) \tag{3-4}$$

3.1.2.4　可逆性

片积 $\boldsymbol{B}$ 的逆可定义为

$$\boldsymbol{BB}^{-1} = 1 \tag{3-5}$$

对于矢量 $\boldsymbol{v}$，它的逆可表达为

$$\boldsymbol{v}^{-1} = \frac{\boldsymbol{v}}{\boldsymbol{v} \cdot \boldsymbol{v}} \tag{3-6}$$

证明

$$\boldsymbol{v}\frac{\boldsymbol{v}}{\boldsymbol{v} \cdot \boldsymbol{v}} = \frac{\boldsymbol{v} \cdot \boldsymbol{v}}{\boldsymbol{v} \cdot \boldsymbol{v}} = 1 \tag{3-7}$$

3.1.2.5　对偶性

因为几何积是可倒的，通过代数除法的表达是可能的。代数的对偶表达可通过它自己除以标量计算得到。平面 $\alpha = \boldsymbol{e}_2 \wedge (\boldsymbol{e}_1 + \boldsymbol{e}_3)$ 的对偶可表达为

$$
\begin{aligned}
(\boldsymbol{e}_2 \wedge (\boldsymbol{e}_1 + \boldsymbol{e}_3))^* &= (\boldsymbol{e}_2 \wedge (\boldsymbol{e}_1 + \boldsymbol{e}_3))/(\boldsymbol{e}_1\boldsymbol{e}_2\boldsymbol{e}_3)^{-1} = (\boldsymbol{e}_2 \wedge (\boldsymbol{e}_1 + \boldsymbol{e}_3))(-\boldsymbol{e}_1\boldsymbol{e}_2\boldsymbol{e}_3) = \\
&\quad -(\boldsymbol{e}_2 \wedge (\boldsymbol{e}_1 + \boldsymbol{e}_3))(\boldsymbol{e}_1\boldsymbol{e}_2\boldsymbol{e}_3) = -\boldsymbol{e}_2\boldsymbol{e}_1\boldsymbol{e}_1\boldsymbol{e}_2\boldsymbol{e}_3 - \boldsymbol{e}_2\boldsymbol{e}_3\boldsymbol{e}_1\boldsymbol{e}_2\boldsymbol{e}_3 = \\
&\quad -\boldsymbol{e}_2\boldsymbol{e}_2\boldsymbol{e}_3 + \boldsymbol{e}_3\boldsymbol{e}_2\boldsymbol{e}_1\boldsymbol{e}_2\boldsymbol{e}_3 = -\boldsymbol{e}_3 - \boldsymbol{e}_3\boldsymbol{e}_1\boldsymbol{e}_2\boldsymbol{e}_2\boldsymbol{e}_3 = -\boldsymbol{e}_3 - \boldsymbol{e}_3\boldsymbol{e}_1\boldsymbol{e}_3 = \\
&\quad -\boldsymbol{e}_3 + \boldsymbol{e}_1\boldsymbol{e}_3\boldsymbol{e}_3 = -\boldsymbol{e}_3 + \boldsymbol{e}_1
\end{aligned}
\tag{3-8}
$$

3.1.3　欧几里得几何代数

欧几里得几何代数包括向量代数，其运算处理由三个欧几里得基本矢量 $\boldsymbol{e}_1, \boldsymbol{e}_2, \boldsymbol{e}_3$ 构成。通过这三个基本矢量的线性组合可以表达 3D 矢量和 3D 点。标量积可通过两矢量的内积表达，叉积可通过两个欧几里得矢量 $\boldsymbol{u}$ 和 $\boldsymbol{v}$ 表达为几何代数的运算形式：

$$
\boldsymbol{u} \times \boldsymbol{v} = -(\boldsymbol{u} \wedge \boldsymbol{v})\boldsymbol{e}_{123} \tag{3-9}
$$

式中　$\boldsymbol{e}_{123}$—— 欧几里得伪标量(3 阶片积)，$\boldsymbol{e}_{123} = \boldsymbol{e}_1 \wedge \boldsymbol{e}_2 \wedge \boldsymbol{e}_3$。

表 3-3 给出了 3D 欧几里得几何代数的 8 个片积(blades)。

表 3-3　3D 欧几里得几何代数片积(blades)

阶数(Grade)	项目	片积(blades)	数量
0	标量	1	1
1	矢量	$\boldsymbol{e}_1, \boldsymbol{e}_2, \boldsymbol{e}_3$	3
2	二重矢量	$\boldsymbol{e}_1 \wedge \boldsymbol{e}_2, \boldsymbol{e}_1 \wedge \boldsymbol{e}_3, \boldsymbol{e}_2 \wedge \boldsymbol{e}_3$	3
3	伪标量	$\boldsymbol{e}_1 \wedge \boldsymbol{e}_2 \wedge \boldsymbol{e}_3$	1

3.1.4　几何代数射影

几何代数射影是一个 4D 几何代数，包括 16 个片积(blades)，见表 3-4。

表 3-4　4D 几何代数的 16 个片积(blades)

阶数(Grade)	项目	片积(blades)	数量
0	标量	1	1
1	矢量	$\boldsymbol{e}_1, \boldsymbol{e}_2, \boldsymbol{e}_3$	4
2	二重矢量	$\boldsymbol{e}_1 \wedge \boldsymbol{e}_2, \boldsymbol{e}_1 \wedge \boldsymbol{e}_3, \boldsymbol{e}_1 \wedge \boldsymbol{e}_0$ $\boldsymbol{e}_2 \wedge \boldsymbol{e}_3, \boldsymbol{e}_2 \wedge \boldsymbol{e}_0, \boldsymbol{e}_3 \wedge \boldsymbol{e}_0$	6
3	三重矢量	$\boldsymbol{e}_1 \wedge \boldsymbol{e}_2 \wedge \boldsymbol{e}_3, \boldsymbol{e}_1 \wedge \boldsymbol{e}_2 \wedge \boldsymbol{e}_0$ $\boldsymbol{e}_1 \wedge \boldsymbol{e}_3 \wedge \boldsymbol{e}_0, \boldsymbol{e}_2 \wedge \boldsymbol{e}_3 \wedge \boldsymbol{e}_0$	4
4	伪标量	$\boldsymbol{e}_1 \wedge \boldsymbol{e}_2 \wedge \boldsymbol{e}_3 \wedge \boldsymbol{e}_0$	1

非齐次点表述为

$$\boldsymbol{x} = \boldsymbol{x}_1 \boldsymbol{e}_1 + \boldsymbol{x}_1 \boldsymbol{e}_2 + \boldsymbol{x}_1 \boldsymbol{e}_3 \tag{3-10}$$

通过下式可将其转换为齐次点：

$$\boldsymbol{X} = \boldsymbol{x} + \boldsymbol{e}_0 \tag{3-10}$$

这就是所谓的齐次变换。

3.2　共形几何代数及其运算

共形几何代数(CGA，Conformal Geometric Algebra)是在几何代数理论上发展起来的，它利用矢量(一阶(Grade)片积(blades)的线性组合)将空间点、球、面简洁地表达，将“数”与“形”变换问题有机地综合处理。

共形几何代数是利用三个欧几里得基本矢量 $\boldsymbol{e}_1,\boldsymbol{e}_2,\boldsymbol{e}_3$ 和两个增加的矢量 $\boldsymbol{e}_+,\boldsymbol{e}_-$，以及其他两个基本矢量 $\boldsymbol{e}_0,\boldsymbol{e}_\infty$ 综合表述空间目标及其变换。

$$\boldsymbol{e}_+^2 = 1,\quad \boldsymbol{e}_-^2 = -1,\quad \boldsymbol{e}_+ \cdot \boldsymbol{e}_- = 0 \tag{3-11}$$

$$\boldsymbol{e}_0 = \frac{1}{2}(\boldsymbol{e}_- - \boldsymbol{e}_+),\quad \boldsymbol{e}_\infty = \boldsymbol{e}_- + \boldsymbol{e}_+ \tag{3-12}$$

式中　$\boldsymbol{e}_0$——3D 坐标原点；

$\boldsymbol{e}_\infty$—— 无限、无穷远。

$$\boldsymbol{e}_0^2 = \boldsymbol{e}_\infty^2 = 0 \tag{3-13}$$

$$\boldsymbol{e}_\infty \cdot \boldsymbol{e}_0 = -1 \tag{3-14}$$

3.2.1　基于 CGA 的点表达

为了在 5D 共形空间表达点，需要利用 CGA 的 5D 基本矢量 $\boldsymbol{e}_1,\boldsymbol{e}_2,\boldsymbol{e}_3,\boldsymbol{e}_0,\boldsymbol{e}_\infty$，将 3D 点矢量 $\boldsymbol{x}$ 射影拓展成 5D 矢量，其方程为

$$\boldsymbol{P} = \boldsymbol{x} + \frac{1}{2}\boldsymbol{x}^2 \boldsymbol{e}_\infty + \boldsymbol{e}_0 \tag{3-15}$$

式中　$\boldsymbol{x}^2$——$\boldsymbol{x}$ 与 $\boldsymbol{x}$ 的标量积。

3D 空间坐标原点 $[0\quad 0\quad 0]^{\mathrm{T}}$ 的 CGA 表达为

$$\boldsymbol{P}_{0,0,0} = \boldsymbol{e}_0 \tag{3-16}$$

3D 空间点 $[0\quad 1\quad 0]^{\mathrm{T}}$ 的 CGA 表达为

$$\boldsymbol{P}_{0,1,0} = \boldsymbol{e}_2 + \frac{1}{2}\boldsymbol{e}_\infty + \boldsymbol{e}_0 \tag{3-17}$$

3.2.2　基于 CGA 的球表达

在 CGA 中，球可以通过它的中心点 $\boldsymbol{P}$ 和矢径 $\boldsymbol{r}$ 表示为

$$\boldsymbol{S} = \boldsymbol{P} - \frac{1}{2}\boldsymbol{r}^2 \boldsymbol{e}_\infty \tag{3-18}$$

将式(3-15)代入式(3-18),可得

$$\boldsymbol{S}=\boldsymbol{x}+\frac{1}{2}(\boldsymbol{x}^2-\boldsymbol{r}^2)\boldsymbol{e}_\infty+\boldsymbol{e}_0 \tag{3-19}$$

3.2.3 基于CGA的平面表达

在CGA中,平面Ξ定义为

$$\boldsymbol{\Xi}=\boldsymbol{n}+d\boldsymbol{e}_\infty \tag{3-20}$$

式中 $\boldsymbol{n}$—— 垂直于平面$\boldsymbol{\Xi}$的3D矢量;

d——3D坐标原点到平面$\boldsymbol{\Xi}$的距离。

另外,根据三点可确定一个平面,平面$\boldsymbol{\Xi}$又可定义为

$$\boldsymbol{\Xi}=\boldsymbol{P}_1\wedge\boldsymbol{P}_2\wedge\boldsymbol{P}_3\wedge\boldsymbol{e}_\infty \tag{3-21}$$

3.2.4 基于CGA的距离、角度表达及其运算

在空间目标相对位姿确定问题中,涉及点与点、点与面、面与球、球与球、点与球之间的距离关系问题,还存在目标之间的角度关系,以下介绍基于CGA的距离、角度表达及其运算。

在CGA中,两个矢量$\boldsymbol{P}$和$\boldsymbol{S}$的内积可定义为

$$\boldsymbol{P}\cdot\boldsymbol{S}=(\boldsymbol{p}+p_4\boldsymbol{e}_\infty+p_5\boldsymbol{e}_0)\cdot(\boldsymbol{s}+s_4\boldsymbol{e}_\infty+s_5\boldsymbol{e}_0)=\boldsymbol{p}\cdot\boldsymbol{s}-p_5s_4-p_4s_5 \tag{3-22}$$

式中 $\boldsymbol{p},\boldsymbol{s}$——3D矢量。

3.2.4.1 两点之间的距离

若式(3-22)中$\boldsymbol{P}$和$\boldsymbol{S}$都表述CGA中的两个点,则有

$$\left.\begin{aligned}p_4&=\frac{1}{2}\boldsymbol{p}^2,\quad p_5=1\\ s_4&=\frac{1}{2}\boldsymbol{s}^2,\quad s_5=1\end{aligned}\right\} \tag{3-23}$$

两点之间的距离为

$$\begin{aligned}\boldsymbol{P}\cdot\boldsymbol{S}=\boldsymbol{p}\cdot\boldsymbol{s}-\frac{1}{2}\boldsymbol{s}^2-\frac{1}{2}\boldsymbol{p}^2=p_1s_1+p_2s_2+p_3s_3-\frac{1}{2}(s_1^2+s_2^2+s_3^2)-\\ \frac{1}{2}(p_1^2+p_2^2+p_3^2)=-\frac{1}{2}((s_1-p_1)^2+(s_2-p_2)^2+(s_3-p_3)^2)=\\ -\frac{1}{2}(\boldsymbol{s}-\boldsymbol{p})^2\end{aligned} \tag{3-24}$$

3.2.4.2 点与面之间的距离

若式(3-22)中$\boldsymbol{P}$表述CGA点,$\boldsymbol{S}$表述CGA平面,则有

$$\left.\begin{aligned}&p_4=\frac{1}{2}\boldsymbol{p}^2,\quad p_5=1\\ &\boldsymbol{s}=\boldsymbol{n},\quad s_4=d,\quad s_5=0\end{aligned}\right\} \tag{3-25}$$

点和平面之间的距离可表达为$\boldsymbol{P}$和$\boldsymbol{S}$的内积:

$$\boldsymbol{P}\cdot\boldsymbol{S}=\boldsymbol{p}\cdot\boldsymbol{n}-d \tag{3-26}$$

点和面的关系讨论：

(1) 当 $\boldsymbol{P}\cdot\boldsymbol{S}>0$ 时，3D 矢量 $\boldsymbol{p}$ 在正交矢量 $\boldsymbol{n}$ 的方向上；

(2) 当 $\boldsymbol{P}\cdot\boldsymbol{S}=0$ 时，3D 矢量 $\boldsymbol{p}$ 在 $\boldsymbol{S}$ 平面上；

(3) 当 $\boldsymbol{P}\cdot\boldsymbol{S}<0$ 时，3D 矢量 $\boldsymbol{p}$ 不在正交矢量 $\boldsymbol{n}$ 的方向上。

3.2.4.3　球和平面之间的距离

若 $\boldsymbol{U}$ 表述 CGA 球，$\boldsymbol{V}$ 表述 CGA 平面，结合上述内容则有

$$\left.\begin{array}{l} u_4=\dfrac{1}{2}(\boldsymbol{s}^2-\boldsymbol{r}^2),\quad u_5=1 \\ \boldsymbol{v}=\boldsymbol{n},\quad v_4=d,\quad v_5=0 \end{array}\right\} \tag{3-27}$$

球和平面之间的距离则表达为

$$\boldsymbol{V}\cdot\boldsymbol{U}=\boldsymbol{\Xi}\cdot\boldsymbol{S}=\boldsymbol{n}\cdot\boldsymbol{s}-d \tag{3-28}$$

3.2.4.4　两球之间的距离

$\boldsymbol{S}_1$ 和 $\boldsymbol{S}_2$ 表示 CGA 中的两个球，结合式(3-22)和式(3-23)，可令

$$\left.\begin{array}{l} u_4=\dfrac{1}{2}(\boldsymbol{s}_1^2-\boldsymbol{r}_1^2),\quad u_5=1 \\ v_4=\dfrac{1}{2}(\boldsymbol{s}_2^2-\boldsymbol{r}_2^2),\quad v_5=1 \end{array}\right\} \tag{3-29}$$

则两球之间的距离可表示为

$$\begin{aligned} \boldsymbol{S}_1\cdot\boldsymbol{S}_2&=\boldsymbol{s}_1\cdot\boldsymbol{s}_2-\frac{1}{2}(\boldsymbol{s}_2^2-\boldsymbol{r}_2^2)-\frac{1}{2}(\boldsymbol{s}_1^2-\boldsymbol{r}_1^2)=\boldsymbol{s}_1\cdot\boldsymbol{s}_2-\frac{1}{2}\boldsymbol{s}_2^2+\frac{1}{2}\boldsymbol{r}_2^2-\frac{1}{2}\boldsymbol{s}_1^2+\frac{1}{2}\boldsymbol{r}_1^2= \\ &\frac{1}{2}(\boldsymbol{r}_1^2+\boldsymbol{r}_2^2)-\frac{1}{2}(\boldsymbol{s}_2-\boldsymbol{s}_1)^2 \end{aligned} \tag{3-30}$$

3.2.4.5　点球之间的关系

若 $\boldsymbol{P}$ 表示 CGA 中的点，$\boldsymbol{S}$ 表示 CGA 中的球，则有

$$\left.\begin{array}{l} p_4=\dfrac{1}{2}\boldsymbol{p}^2,\quad p_5=1 \\ v_4=\dfrac{1}{2}(\boldsymbol{s}_1^2-\boldsymbol{r}_2^2)=\dfrac{1}{2}(\boldsymbol{s}_1^2+\boldsymbol{s}_2^2+\boldsymbol{s}_3^2-\boldsymbol{r}_2^2),\quad v_5=1 \end{array}\right\} \tag{3-31}$$

点球之间的距离为

$$\begin{aligned} \boldsymbol{P}\cdot\boldsymbol{S}&=\boldsymbol{p}\cdot\boldsymbol{s}-\frac{1}{2}(\boldsymbol{s}^2-\boldsymbol{r}_1^2)-\frac{1}{2}\boldsymbol{p}^2=\boldsymbol{p}\cdot\boldsymbol{s}-\frac{1}{2}\boldsymbol{s}^2+\frac{1}{2}\boldsymbol{r}_1^2-\frac{1}{2}\boldsymbol{p}^2= \\ &\frac{1}{2}\boldsymbol{r}_1^2-\frac{1}{2}(\boldsymbol{s}^2-2\boldsymbol{p}\cdot\boldsymbol{s}-\boldsymbol{p}^2)=\frac{1}{2}\boldsymbol{r}_1^2-\frac{1}{2}(\boldsymbol{s}-\boldsymbol{p})^2 \end{aligned} \tag{3-32}$$

点和球的关系讨论：

(1) 当 $\boldsymbol{P}\cdot\boldsymbol{S}>0$ 时，3D 矢量 $\boldsymbol{p}$ 在球 $\boldsymbol{S}$ 里面；

(2) 当 $\boldsymbol{P}\cdot\boldsymbol{S}=0$ 时，3D 矢量 $\boldsymbol{p}$ 在球 $\boldsymbol{S}$ 表面；

(3) 当 $\boldsymbol{P}\cdot\boldsymbol{S}<0$ 时，3D 矢量 $\boldsymbol{p}$ 在球 $\boldsymbol{S}$ 外面。

3.2.4.6 CGA 中的角度表达

对于空间两个目标(点、线、面、球),可通过其 CGA 表达的$\boldsymbol{o}_1$ 和$\boldsymbol{o}_2$ 的内积和其模的函数表达为

$$\cos\theta = \frac{\boldsymbol{o}_1 \cdot \boldsymbol{o}_2}{|\boldsymbol{o}_1||\boldsymbol{o}_2|} \tag{3-33}$$

3.2.4.7 CGA 中的转换运算

利用 CGA 可方便地描述所有的转换。对于 CGA 目标 $\boldsymbol{o}$ 的各种变换都可通过下述几何积表达和处理:

$$\boldsymbol{o}_{\text{Transformed}} = \boldsymbol{V}\boldsymbol{o}\boldsymbol{V}^T \tag{3-34}$$

式中 $\boldsymbol{V}$—— 转换算子;

$\boldsymbol{V}^{\mathrm{T}}$——$\boldsymbol{V}$ 的转置。

下面主要讨论 CGA 转换中的旋转和平移。

在 CGA 中,旋转运算算子可定义为

$$\boldsymbol{R} = \mathrm{e}^{-\left(\frac{\varphi}{2}\right)\boldsymbol{L}} \tag{3-35}$$

式中 $\boldsymbol{L}$—— 旋转轴,是一个正交化的二重矢量;

φ—— 绕 $\boldsymbol{L}$ 旋转的角度。

式(3-35) 表述的旋转运动又可表达为

$$\boldsymbol{R} = \cos\left(\frac{\varphi}{2}\right) - \boldsymbol{L}\sin\left(\frac{\varphi}{2}\right) \tag{3-36}$$

在 CGA 中,平移转换可定义为

$$\boldsymbol{T} = \mathrm{e}^{-\frac{1}{2}\boldsymbol{t}\boldsymbol{e}_\infty} \tag{3-37}$$

式中 $\boldsymbol{t}$—— 矢量,$\boldsymbol{t} = t_1\boldsymbol{e}_1 + t_2\boldsymbol{e}_2 + t_3\boldsymbol{e}_3$。

式(3-37) 的泰勒级数形式为

$$\boldsymbol{T} = \mathrm{e}^{-\frac{1}{2}\boldsymbol{t}\boldsymbol{e}_\infty} = 1 + \frac{-\frac{1}{2}\boldsymbol{t}\boldsymbol{e}_\infty}{1!} + \frac{\left(-\frac{1}{2}\boldsymbol{t}\boldsymbol{e}_\infty\right)^2}{2!} + \frac{\left(-\frac{1}{2}\boldsymbol{t}\boldsymbol{e}_\infty\right)^3}{3!} + \cdots \tag{3-38}$$

因为$(\boldsymbol{e}_\infty)^2 = 0$,所以式(3-38) 可化简为

$$\boldsymbol{T} = 1 - \frac{1}{2}\boldsymbol{t}\boldsymbol{e}_\infty \tag{3-39}$$

3.2.4.8 刚体运动表达

在 CGA 中,刚体的运动包括旋转和平移,可表示为旋转变换 $\boldsymbol{R}$ 和平移变换 $\boldsymbol{T}$ 的几何积:

$$\boldsymbol{D} = \boldsymbol{R}\boldsymbol{T} \tag{3-40}$$

这样,一个刚体的运动就可描述为

$$\boldsymbol{o}_{\text{rigid-body-motion}} = \boldsymbol{D}\boldsymbol{o}\boldsymbol{D}^{\mathrm{T}} \tag{3-41}$$

3.3 四元数及其运算

四元数(Quaternion)在描述目标的姿态方面具有独特的优势,它既可以避免由Euler角所产生的奇异问题,又具有简单、系统的运算法则,也属于CGA系列,在空间刚体运动、机器人、人工智能领域有广泛应用。

3.3.1 四元数的定义及其性质

用一个标量和一个三维向量的组合可以把四元数$\boldsymbol{Q}$定义为

$$\boldsymbol{Q}=(q_0,\boldsymbol{q}) \tag{3-42}$$

也可以表示为如下形式:

$$\boldsymbol{Q}=q_0+\boldsymbol{q} \tag{3-43}$$

或者定义为超复数的形式:

$$\boldsymbol{Q}=q_0+q_1\boldsymbol{i}+q_2\boldsymbol{j}+q_3\boldsymbol{k} \tag{3-44}$$

$$\left.\begin{aligned}\boldsymbol{i}&=\boldsymbol{e}_3\wedge\boldsymbol{e}_2\\ \boldsymbol{j}&=\boldsymbol{e}_1\wedge\boldsymbol{e}_3\\ \boldsymbol{k}&=\boldsymbol{e}_2\wedge\boldsymbol{e}_1\end{aligned}\right\} \tag{3-45}$$

$$\left.\begin{aligned}\boldsymbol{i}^2&=(\boldsymbol{e}_3\wedge\boldsymbol{e}_2)^2=\boldsymbol{e}_3\boldsymbol{e}_2\boldsymbol{e}_3\boldsymbol{e}_2=-\boldsymbol{e}_3\boldsymbol{e}_2\boldsymbol{e}_2\boldsymbol{e}_3=-\boldsymbol{e}_3\boldsymbol{e}_3=-1\\ \boldsymbol{j}^2&=(\boldsymbol{e}_1\wedge\boldsymbol{e}_3)^2=\boldsymbol{e}_1\boldsymbol{e}_3\boldsymbol{e}_1\boldsymbol{e}_3=-\boldsymbol{e}_1\boldsymbol{e}_3\boldsymbol{e}_3\boldsymbol{e}_1=-\boldsymbol{e}_1\boldsymbol{e}_1=-1\\ \boldsymbol{k}^2&=(\boldsymbol{e}_2\wedge\boldsymbol{e}_1)^2=\boldsymbol{e}_2\boldsymbol{e}_1\boldsymbol{e}_2\boldsymbol{e}_1=-\boldsymbol{e}_2\boldsymbol{e}_1\boldsymbol{e}_1\boldsymbol{e}_2=-\boldsymbol{e}_2\boldsymbol{e}_2=-1\end{aligned}\right\} \tag{3-46}$$

$\boldsymbol{i}$和$\boldsymbol{j}$的乘积为

$$\boldsymbol{ij}=(\boldsymbol{e}_3\wedge\boldsymbol{e}_2)(\boldsymbol{e}_1\wedge\boldsymbol{e}_3)=\boldsymbol{e}_3\boldsymbol{e}_2\boldsymbol{e}_1\boldsymbol{e}_3=\boldsymbol{e}_2\boldsymbol{e}_3\boldsymbol{e}_3\boldsymbol{e}_1=\boldsymbol{e}_2\boldsymbol{e}_1=\boldsymbol{e}_2\wedge\boldsymbol{e}_1=\boldsymbol{k} \tag{3-47}$$

类似地,可以推导出

$$\left.\begin{aligned}\boldsymbol{jk}&=\boldsymbol{i}\\ \boldsymbol{ki}&=\boldsymbol{j}\\ \boldsymbol{ijk}&=-1\end{aligned}\right\} \tag{3-48}$$

四元数$\boldsymbol{Q}$的共轭数定义为

$$\boldsymbol{Q}^*=q_0-\boldsymbol{q}=q_0-(q_1\boldsymbol{i}+q_2\boldsymbol{j}+q_3\boldsymbol{k}) \tag{3-49}$$

3.3.2 四元数的基本运算

若$\boldsymbol{Q}_a$和$\boldsymbol{Q}_b$为两个四元数,$\boldsymbol{Q}_a=q_{a0}+\boldsymbol{q}_a=q_{a0}+q_{a1}\boldsymbol{i}+q_{a2}\boldsymbol{j}+q_{a3}\boldsymbol{k}$,$\boldsymbol{Q}_b=q_{b0}+\boldsymbol{q}_b=q_{b0}+q_{b1}\boldsymbol{i}+q_{b2}\boldsymbol{j}+q_{b3}\boldsymbol{k}$,则四元数加法运算可表述为

$$\boldsymbol{Q}_a+\boldsymbol{Q}_b=(q_{a0}+q_{b0})+(\boldsymbol{q}_a+\boldsymbol{q}_b)=(q_{a0}+q_{b0})+(q_{a1}+q_{b1})\boldsymbol{i}+(q_{a2}+q_{b2})\boldsymbol{j}+(q_{a3}+q_{b3})\boldsymbol{k} \tag{3-50}$$

数ρ与四元数$\boldsymbol{Q}$的乘积为

$$\rho\boldsymbol{Q}=\rho(q_0+\boldsymbol{q})=\rho q_0+\rho q_1\boldsymbol{i}+\rho q_2\boldsymbol{j}+\rho q_3\boldsymbol{k} \tag{3-51}$$

两个四元数 $\boldsymbol{Q}_a$ 和 $\boldsymbol{Q}_b$ 的乘积为

$$\boldsymbol{Q}_a\boldsymbol{Q}_b=(q_{a0}+\boldsymbol{q}_a)(q_{b0}+\boldsymbol{q}_b)=q_{a0}q_{b0}-\boldsymbol{q}_a\cdot\boldsymbol{q}_b+\boldsymbol{q}_a\times\boldsymbol{q}_b+q_{b0}\boldsymbol{q}_a+q_{a0}\boldsymbol{q}_b \tag{3-52}$$

四元数 $\boldsymbol{Q}_a\boldsymbol{Q}_b$ 和 $\boldsymbol{Q}_b\boldsymbol{Q}_a$ 的矩阵表示形式为

$$\boldsymbol{Q}_a\boldsymbol{Q}_b=\begin{bmatrix}q_{a0} & -q_{a1} & -q_{a2} & -q_{a3}\\ q_{a1} & q_{a0} & -q_{a3} & q_{a2}\\ q_{a2} & q_{a3} & q_{a0} & -q_{a1}\\ q_{a3} & -q_{a2} & q_{a1} & q_{a0}\end{bmatrix}\begin{bmatrix}q_{b0}\\ q_{b1}\\ q_{b2}\\ q_{b3}\end{bmatrix}=\boldsymbol{M}_{Q_a}^{+}\boldsymbol{Q}_b \tag{3-53}$$

$$\boldsymbol{Q}_b\boldsymbol{Q}_a=\begin{bmatrix}q_{a0} & -q_{a1} & -q_{a2} & -q_{a3}\\ q_{a1} & q_{a0} & q_{a3} & -q_{a2}\\ q_{a2} & -q_{a3} & q_{a0} & q_{a1}\\ q_{a3} & q_{a2} & -q_{a1} & q_{a0}\end{bmatrix}\begin{bmatrix}q_{b0}\\ q_{b1}\\ q_{b2}\\ q_{b3}\end{bmatrix}=\boldsymbol{M}_{Q_a}^{-}\boldsymbol{Q}_b \tag{3-54}$$

3.4 罗德里格矩阵

1840 年，针对连续两次绕轴旋转问题，罗德里格(Rodrigues) 提出了相应的解决方法，称该方法为罗德里格矩阵法。罗德里格矩阵的推导如下：

给出凯莱(Arthur Cayley) 公式为

$$\boldsymbol{R}=(\boldsymbol{I}-\boldsymbol{S})(\boldsymbol{I}+\boldsymbol{S})^{-1} \tag{3-55}$$

式中 $\boldsymbol{S}$—— 实反对称矩阵；

$\boldsymbol{I}$—— 单位矩阵。

从式(3-55) 可知，$\boldsymbol{R}$ 为正交矩阵，即旋转矩阵。

若取 a,b,c 为参数，组成一个反对称矩阵为

$$\boldsymbol{S}=\begin{bmatrix}0 & -c & b\\ c & 0 & -a\\ -b & a & 0\end{bmatrix} \tag{3-56}$$

将式(3-56) 代入式(3-55)，经整理后得到罗德里格矩阵为

$$\boldsymbol{R}=\frac{1}{\Delta}\begin{bmatrix}1+a^2-b^2-c^2 & 2(ab+c) & 2(ac-b)\\ 2(ab-c) & 1-a^2+b^2-c^2 & 2(bc+a)\\ 2(ac+b) & 2(bc-a) & 1-a^2-b^2+c^2\end{bmatrix}=\begin{bmatrix}l_{11} & l_{12} & l_{13}\\ l_{21} & l_{22} & l_{23}\\ l_{31} & l_{32} & l_{33}\end{bmatrix} \tag{3-57}$$

式中 Δ——$\Delta=|\boldsymbol{I}+\boldsymbol{S}|=1+a^2+b^2+c^2$。

3.5 对偶四元数

对偶四元数(DQ，Dual Quaternion) 是在对偶数和普吕克(Plüker) 坐标理论的发展基础上逐步建立而成的。

3.5.1　对偶数

对偶数的定义为

$$\boldsymbol{d} = a + \boldsymbol{\varepsilon} b \tag{3-58}$$

式中　a, b—— 标量；

$\boldsymbol{\varepsilon}$——$\boldsymbol{\varepsilon}^2 = 0$。

在 CGA 中，定义 $\boldsymbol{\varepsilon}$ 为

$$\boldsymbol{\varepsilon} = \boldsymbol{e}_1 \wedge \boldsymbol{e}_2 \wedge \boldsymbol{e}_3 \wedge \boldsymbol{e}_\infty \tag{3-59}$$

因此，式(3-58) 又可写为

$$\boldsymbol{d} = a + \boldsymbol{e}_1 \wedge \boldsymbol{e}_2 \wedge \boldsymbol{e}_3 \wedge \boldsymbol{e}_\infty b \tag{3-60}$$

若$\boldsymbol{d}_1$ 和$\boldsymbol{d}_1$ 为两个对偶数，其加法运算定义为

$$\boldsymbol{d}_1 + \boldsymbol{d}_2 = (a_1 + \boldsymbol{\varepsilon} b_1) + (a_2 + \boldsymbol{\varepsilon} b_2) = (a_1 + a_2) + \boldsymbol{\varepsilon}(b_1 + b_2) \tag{3-61}$$

对偶数的乘法运算可表述为

$$\boldsymbol{d}_1 \boldsymbol{d}_2 = (a_1 + \boldsymbol{\varepsilon} b_1)(a_2 + \boldsymbol{\varepsilon} b_2) = a_1 a_2 + \boldsymbol{\varepsilon}(a_2 b_1 + a_1 b_2) \tag{3-62}$$

从上述对偶数的加法和乘法运算可知，其运算符合交换律和结合律。也容易推导得出，对偶数乘法和加法的复合运算还符合分配律。

对偶四元数 $\boldsymbol{d}$ 的共轭定义为

$$\boldsymbol{d}^* = a - \boldsymbol{\varepsilon} b \tag{3-63}$$

对偶数和它的共轭之乘积为

$$\boldsymbol{d}\boldsymbol{d}^* = a^2 \tag{3-64}$$

对偶四元数 $\boldsymbol{d}$ 的模定义为

$$|\boldsymbol{d}| = a \tag{3-65}$$

注：对偶四元数 $\boldsymbol{d}$ 的模可以为负。

关于对偶数的函数可以通过泰勒展开，且由于$\boldsymbol{\varepsilon}^2 = 0$，其泰勒级数展开形式相对简单，下式给出了其函数关系式：

$$f(a + \boldsymbol{\varepsilon} b) = f(a) + \boldsymbol{\varepsilon} b f'(a) \tag{3-65}$$

3.5.2　普吕克(Plüker) 坐标

当式(3-58) 的标量 a、b 换为矢量 $\boldsymbol{l}$、$\boldsymbol{m}$ 时，对偶数就成了对偶向量，因此，对偶向量是对偶数的特殊情况。一个单位对偶向量可以表示空间直线，这就是著名的普吕克(Plüker) 坐标，如图 3-1 所示，一个过 P 点的单位矢量 $\boldsymbol{l}$ 可以用普吕克坐标表示为

$$\hat{\boldsymbol{l}} = \boldsymbol{l} + \boldsymbol{\varepsilon m} \tag{3-66}$$

式中　$\boldsymbol{m}$——$\boldsymbol{m} = \boldsymbol{l} \times \boldsymbol{p}$ 表示直线 $\boldsymbol{l}$ 的运动，垂直与过直线和坐标原点的平面向外。

用普吕克表达的直线之间的对偶角 $\hat{\theta} = \theta + \varepsilon d$ 有清晰的物理意义，如图 3-2 所示。θ 是两条直线的交角，d 是它们之间公垂线的长度。

根据图 3-2 所示的关系，结合普吕克坐标，可有

$$\hat{\boldsymbol{l}}_1 \cdot \hat{\boldsymbol{l}}_2 = \cos\hat{\theta} \tag{3-67}$$

式中　$\hat{\boldsymbol{l}}_1$——$\hat{\boldsymbol{l}}_1=\boldsymbol{l}_1+\boldsymbol{\varepsilon}\boldsymbol{m}_1$；

$\hat{\boldsymbol{l}}_2$——$\hat{\boldsymbol{l}}_2=\boldsymbol{l}_2+\boldsymbol{\varepsilon}\boldsymbol{m}_2$。

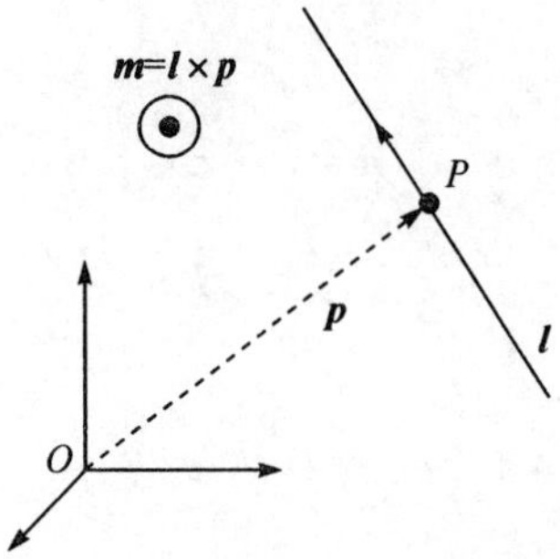

图 3-1　普吕克坐标示意图

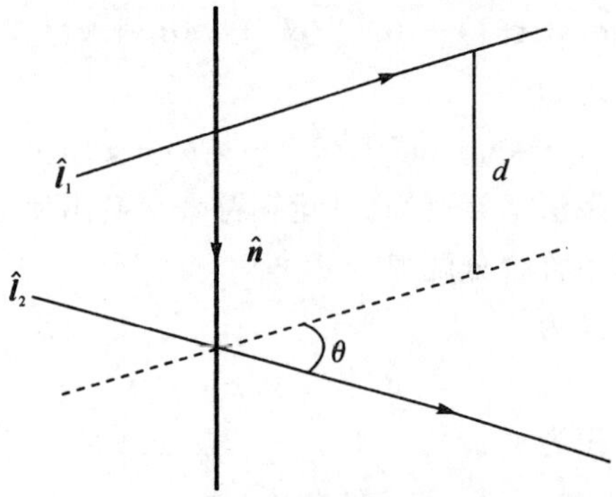

图 3-2　两条空间直线相对关系示意图

3.5.3　对偶四元数定义及其性质

将对偶数的概念引入四元数、向量和矩阵时，便产生了对偶四元数。对偶四元数可以定义为

$$\hat{\boldsymbol{q}}=\boldsymbol{r}+\boldsymbol{\varepsilon}\boldsymbol{s} \tag{3-68}$$

式中　$\boldsymbol{r},\boldsymbol{s}$—— 四元数。

参照对对偶数的理解，可视 $\boldsymbol{r}$ 为对偶四元数的实部，$\boldsymbol{s}$ 为其对偶部分。

显然，当式(3-68) 中四元数 $\boldsymbol{r},\boldsymbol{s}$ 的实部均为零时，其成为纯四元数，构成的对偶四元数 $\hat{\boldsymbol{q}}$ 就成了对偶向量。

结合四元数、对偶数的基本运算法则，对偶四元数的加法、数乘、乘法运算如下：

$$\hat{\boldsymbol{q}}_1+\hat{\boldsymbol{q}}_2=(\boldsymbol{r}_1+\boldsymbol{r}_2)+\boldsymbol{\varepsilon}(\boldsymbol{s}_1+\boldsymbol{s}_2) \tag{3-69}$$

$$\rho\hat{\boldsymbol{q}}=\rho\boldsymbol{r}+\rho\boldsymbol{\varepsilon}\boldsymbol{s} \tag{3-70}$$

$$\hat{\boldsymbol{q}}_1\hat{\boldsymbol{q}}_2=(\boldsymbol{r}_1\boldsymbol{r}_2)+\boldsymbol{\varepsilon}(\boldsymbol{r}_1\boldsymbol{s}_2+\boldsymbol{s}_1\boldsymbol{r}_2) \tag{3-71}$$

对偶四元数 $\hat{\boldsymbol{q}}$ 的共轭定义为

$$\hat{\boldsymbol{q}}^*=\boldsymbol{r}^*+\boldsymbol{\varepsilon}\boldsymbol{s}^* \tag{3-72}$$

对偶四元数 $\hat{\boldsymbol{q}}$ 的范数定义为

$$\|\hat{\boldsymbol{q}}\|^2=\hat{\boldsymbol{q}}\hat{\boldsymbol{q}}^*=(\boldsymbol{r}\boldsymbol{r}^*)+\boldsymbol{\varepsilon}(\boldsymbol{r}\boldsymbol{s}^*+\boldsymbol{s}\boldsymbol{r}^*) \tag{3-73}$$

假如对偶四元数的实部不为零,则其逆存在,可以表示为

$$\hat{\boldsymbol{q}}^{-1}=\frac{\hat{\boldsymbol{q}}^*}{\|\hat{\boldsymbol{q}}\|^2} \tag{3-74}$$

单位对偶四元数具有如下性质:

$$\boldsymbol{r}\cdot\boldsymbol{r}=1,\quad \boldsymbol{r}\cdot\boldsymbol{s}=0 \tag{3-75}$$

式中　$\boldsymbol{r}$,$\boldsymbol{s}$—— 四元数 $\boldsymbol{r}$,$\boldsymbol{s}$ 的向量部分。

第 4 章　基于几何代数体系的视觉导航定位

在空间科学、国防应用与日常生活中，都要涉及目标的相对运动，需要进行目标之间的相对位置和姿态确定。基于几何代数、共形几何代数理论体系的四元数、Rodrigues 和对偶四元数，在位姿确定问题中具有描述简洁、数形结合的优势。以下针对一些应用问题，给出其相应的导航定位模型。

4.1　基于四元数的导航定位模型

基于图像信息的相对位姿确定是目前国内外研究的热点，是解决空间目标相对位姿确定问题的有效方法。采用四元数作为机器视觉中的位姿确定算法，相对 Hall 算法[84]而言，四元数位姿确定中只有 7 个参数，而 Hall 算法有 12 个参数，因此，四元数算法降低了雅可比矩阵的阶数，从而减少了计算量。

4.1.1　四元数描述 3D 物体旋转变换

假设 $\boldsymbol{x}$ 表示 3D 空间矢量，经过旋转矩阵 $\boldsymbol{R}$ 变换为 $\boldsymbol{x}'$，根据前面所述四元数的定义和性质有如下关系：

$$X=(0,\boldsymbol{x}) \tag{4-1}$$

$$X'=(0,\boldsymbol{x}') \tag{4-2}$$

$$Q=(q_0,\boldsymbol{q})=q_0+q_1\boldsymbol{i}+q_2\boldsymbol{j}+q_3\boldsymbol{k} \tag{4-3}$$

$$X'=QXQ^{-1}=QX\bar{Q} \tag{4-4}$$

式中　X,X',Q—— 四元数；

$Q^{-1},\bar{Q}$—— 四元数 Q 的逆和共轭四元数。

Q 表示旋转变换矩阵 $\boldsymbol{R}$ 所对应的四元数。$\boldsymbol{R}$ 与四元数 Q 的关系可以由式(4-4) 推导得出：

$$\boldsymbol{x}'=(q_0^2-\boldsymbol{q}\cdot\boldsymbol{q})\boldsymbol{x}+2q_0(\boldsymbol{q}\times\boldsymbol{x})+2(\boldsymbol{q}\cdot\boldsymbol{x})\boldsymbol{q}=\boldsymbol{R}\boldsymbol{x} \tag{4-5}$$

式(4-5) 中的 $\boldsymbol{R}$ 可由四元数 Q 的标量元素表示为如下矩阵形式：

$$\boldsymbol{R}=\begin{pmatrix} l_{11} & l_{12} & l_{13} \\ l_{21} & l_{22} & l_{23} \\ l_{31} & l_{32} & l_{33} \end{pmatrix} \tag{4-6}$$

式(4-6) 中的矩阵元素 $l_{ij}\,(i=1,2,3;j=1,2,3)$ 可用四元数各分量表达为

$$\left.\begin{aligned} l_{11} &= q_0^2 + q_1^2 - q_2^2 - q_3^2 \\ l_{12} &= 2(q_1 q_2 + q_0 q_3) \\ l_{13} &= 2(q_3 q_1 - q_0 q_2) \\ l_{21} &= 2(q_1 q_2 - q_0 q_3) \\ l_{22} &= q_0^2 - q_1^2 + q_2^2 - q_3^2 \\ l_{23} &= 2(q_2 q_3 + q_0 q_1) \\ l_{31} &= 2(q_3 q_1 + q_0 q_2) \\ l_{32} &= 2(q_2 q_3 - q_0 q_1) \\ l_{33} &= q_0^2 - q_1^2 - q_2^2 + q_3^2 \end{aligned}\right\} \tag{4-7}$$

4.1.2　基于四元数的机器视觉位姿确定模型

在确定目标的相对位姿问题中，独立的参数有 6 个，即 3 个旋转和 3 个平移参数。传统的 Hall 算法是将 $l_{ij}(i=1,2,3;j=1,2,3)$ 和 $t_i(i=1,2,3)$ 全部作为参数，这样就有 12 个参数，当观测点个数 $n\geqslant 6$ 时，方程才有解。这里引入四元数算法，利用式(4-7)将 $l_{ij}(i=1,2,3;j=1,2,3)$ 替换为四元数的各分量元素，则就由 Hall 方法的 12 个参数变为 7 个参数。令

$$\begin{aligned} \overline{X} = l_{11}x_W + l_{12}y_W + l_{13}z_W + t_1 = (q_0^2 + q_1^2 - q_2^2 - q_3^2)x_W + \\ 2(q_1q_2 + q_0q_3)y_W + 2(q_3q_1 - q_0q_2)z_W + t_1 \end{aligned} \tag{4-8}$$

$$\begin{aligned} \overline{Y} = l_{21}x_W + l_{22}y_W + l_{23}z_W + t_2 = 2(q_1q_2 - q_0q_3)x_W + \\ (q_0^2 - q_1^2 + q_2^2 - q_3^2)y_W + 2(q_2q_3 + q_0q_1)z_W + t_2 \end{aligned} \tag{4-9}$$

$$\begin{aligned} \overline{Z} = l_{31}x_W + l_{32}y_W + l_{33}z_W + t_3 = 2(q_3q_1 + q_0q_2)x_W + \\ 2(q_2q_3 - q_0q_1)y_W + (q_0^2 - q_1^2 - q_2^2 + q_3^2)z_W + t_3 \end{aligned} \tag{4-10}$$

则可得到物方坐标系和像平面坐标之间的关系为

$$\left.\begin{aligned} x &= f\,\frac{\overline{X}}{\overline{Z}} \\ y &= f\,\frac{\overline{Y}}{\overline{Z}} \end{aligned}\right\} \tag{4-11}$$

式(4-11)是非线性函数，为了便于计算机编程计算，需对其进行泰勒级数展开，并取小值一次项，使之线化，可得

$$\left.\begin{aligned} x &= Fx_0 + \Delta Fx \\ y &= Fy_0 + \Delta Fy \end{aligned}\right\} \tag{4-12}$$

Fx_0, Fy_0 是将 $q_0, q_1, q_2, q_3, t_1, t_2, t_3$ 的初始值代入式(4-11)所得，$\Delta Fx, \Delta Fy$ 的具体表达式为

$$\Delta Fx = \frac{\partial x}{\partial q_0}\Delta q_0 + \frac{\partial x}{\partial q_1}\Delta q_1 + \frac{\partial x}{\partial q_2}\Delta q_2 + \frac{\partial x}{\partial q_3}\Delta q_3 + \frac{\partial x}{\partial t_1}\Delta t_1 + \frac{\partial x}{\partial t_2}\Delta t_2 + \frac{\partial x}{\partial t_3}\Delta t_3 \tag{4-13}$$

$$\Delta Fy = \frac{\partial y}{\partial q_0}\Delta q_0 + \frac{\partial y}{\partial q_1}\Delta q_1 + \frac{\partial y}{\partial q_2}\Delta q_2 + \frac{\partial y}{\partial q_3}\Delta q_3 + \frac{\partial y}{\partial t_1}\Delta t_1 + \frac{\partial y}{\partial t_2}\Delta t_2 + \frac{\partial y}{\partial t_3}\Delta t_3 \tag{4-14}$$

其中 $\Delta q_0, \Delta q_1, \Delta q_2, \Delta q_3, \Delta t_1, \Delta t_2, \Delta t_3$ 为 $q_0, q_1, q_2, q_3, t_1, t_2, t_3$ 初始值的相应改正值，$\frac{\partial x}{\partial q_0}$，$\frac{\partial x}{\partial q_1}$，

$\frac{\partial x}{\partial q_2},\frac{\partial x}{\partial q_3},\frac{\partial y}{\partial q_0},\frac{\partial y}{\partial q_1},\frac{\partial y}{\partial q_2},\frac{\partial y}{\partial q_3},\frac{\partial x}{\partial t_1},\frac{\partial x}{\partial t_2},\frac{\partial x}{\partial t_3},\frac{\partial y}{\partial t_1},\frac{\partial y}{\partial t_2},\frac{\partial y}{\partial t_3}$ 为偏导数，其具体表达式为

$$\frac{\partial x}{\partial q_0}=\frac{2}{\overline{Z}}[f(q_0X_W+q_3Y_W-q_2Z_W)-(q_2X_W-q_1Y_W+q_0Z_W)x] \tag{4-15}$$

$$\frac{\partial x}{\partial q_1}=\frac{2}{\overline{Z}}[f(q_1X_W+q_2Y_W+q_3Z_W)-(q_3X_W-q_0Y_W-q_1Z_W)x] \tag{4-16}$$

$$\frac{\partial x}{\partial q_2}=\frac{2}{\overline{Z}}[f(-q_2X_W+q_1Y_W-q_0Z_W)-(q_0X_W+q_3Y_W-q_2Z_W)x] \tag{4-17}$$

$$\frac{\partial x}{\partial q_3}=\frac{2}{\overline{Z}}[f(-q_3X_W+q_0Y_W+q_1Z_W)-(q_1X_W+q_2Y_W+q_3Z_W)x] \tag{4-18}$$

$$\frac{\partial x}{\partial t_1}=\frac{f}{\overline{Z}} \tag{4-19}$$

$$\frac{\partial x}{\partial t_2}=0 \tag{4-20}$$

$$\frac{\partial x}{\partial t_3}=-\frac{x}{\overline{Z}} \tag{4-21}$$

$$\frac{\partial y}{\partial q_0}=\frac{2}{\overline{Z}}[f(-q_3X_W+q_0Y_W+q_1Z_W)-(q_2X_W-q_1Y_W+q_0Z_W)y] \tag{4-22}$$

$$\frac{\partial y}{\partial q_1}=\frac{2}{\overline{Z}}[f(q_2X_W-q_1Y_W+q_0Z_W)-(q_3X_W-q_0Y_W-q_1Z_W)y] \tag{4-23}$$

$$\frac{\partial y}{\partial q_2}=\frac{2}{\overline{Z}}[f(q_1X_W+q_2Y_W+q_3Z_W)-(q_0X_W+q_3Y_W-q_2Z_W)y] \tag{4-24}$$

$$\frac{\partial y}{\partial q_3}=\frac{2}{\overline{Z}}[f(-q_0X_W-q_3Y_W+q_2Z_W)-(q_1X_W+q_2Y_W+q_3Z_W)y] \tag{4-25}$$

$$\frac{\partial y}{\partial t_1}=0 \tag{4-26}$$

$$\frac{\partial y}{\partial t_2}=\frac{f}{\overline{Z}} \tag{4-27}$$

$$\frac{\partial y}{\partial t_3}=-\frac{y}{\overline{Z}} \tag{4-28}$$

在计算机编程计算中，以上的求解过程需要反复迭代趋近，直至改正数小于设定某一阈值为止。最后得出 $q_0,q_1,q_2,q_3,t_1,t_2,t_3$ 的计算值为

$$\begin{bmatrix}\hat{q}_0\\\hat{q}_1\\\hat{q}_2\\\hat{q}_3\\\hat{t}_1\\\hat{t}_2\\\hat{t}_3\end{bmatrix}=\begin{bmatrix}q_0\\q_1\\q_2\\q_3\\t_1\\t_2\\t_3\end{bmatrix}_{\text{初值}}+\begin{bmatrix}\Delta q_{0-1}+\Delta q_{0-2}+\cdots\\\Delta q_{1-1}+\Delta q_{1-2}+\cdots\\\Delta q_{2-1}+\Delta q_{2-2}+\cdots\\\Delta q_{3-1}+\Delta q_{3-2}+\cdots\\\Delta t_{1-1}+\Delta t_{1-2}+\cdots\\\Delta t_{2-1}+\Delta t_{2-2}+\cdots\\\Delta t_{3-1}+\Delta t_{3-2}+\cdots\end{bmatrix} \tag{4-29}$$

当观测点的个数 $n>4$ 时，应按最小二乘原理计算，根据测量平差知识，直接给出参数的最小二乘解为

$$\boldsymbol{X}=-(\boldsymbol{A}^{\mathrm{T}}\boldsymbol{P}\boldsymbol{A})^{-}\boldsymbol{A}^{\mathrm{T}}\boldsymbol{P}\boldsymbol{l} \tag{4-30}$$

式中　$\boldsymbol{X}$——$\boldsymbol{X}=[\Delta q_0 \quad \Delta q_1 \quad \Delta q_2 \quad \Delta q_3 \quad \Delta t_1 \quad \Delta t_2 \quad \Delta t_3]^{\mathrm{T}}$；

$$\boldsymbol{A}——\boldsymbol{A}=\begin{bmatrix} \frac{\partial x_1}{\partial q_0} & \frac{\partial x_1}{\partial q_1} & \frac{\partial x_1}{\partial q_2} & \frac{\partial x_1}{\partial q_3} & \frac{\partial x_1}{\partial t_1} & \frac{\partial x_1}{\partial t_2} & \frac{\partial x_1}{\partial t_3} \\ \frac{\partial y_1}{\partial q_0} & \frac{\partial y_1}{\partial q_1} & \frac{\partial y_1}{\partial q_2} & \frac{\partial y_1}{\partial q_3} & \frac{\partial y_1}{\partial t_1} & \frac{\partial y_1}{\partial t_2} & \frac{\partial y_1}{\partial t_3} \\ \vdots & \vdots & \vdots & \vdots & \vdots & \vdots & \vdots \\ \frac{\partial x_n}{\partial q_0} & \frac{\partial x_n}{\partial q_1} & \frac{\partial x_n}{\partial q_2} & \frac{\partial x_n}{\partial q_3} & \frac{\partial x_n}{\partial t_1} & \frac{\partial x_n}{\partial t_2} & \frac{\partial x_n}{\partial t_3} \\ \frac{\partial y_n}{\partial q_0} & \frac{\partial y_n}{\partial q_1} & \frac{\partial yx_n}{\partial q_2} & \frac{\partial y_n}{\partial q_3} & \frac{\partial y_n}{\partial t_1} & \frac{\partial y_n}{\partial t_2} & \frac{\partial y_n}{\partial t_3} \end{bmatrix}_{2n\times 7};$$

$$\boldsymbol{l}——\boldsymbol{l}=\begin{bmatrix} (Fx_0)_1 \\ (Fy_0)_1 \\ \vdots \\ (Fx_0)_n \\ (Fy_0)_n \end{bmatrix}_{2n\times 1}-\begin{bmatrix} x_1 \\ y_1 \\ \vdots \\ x_n \\ y_n \end{bmatrix}_{2n\times 1}。$$

注：目标相对位姿确定的独立参数只有 6 个，而上述求解模型中，四元数改正参数 4 个，平移量改正参数 3 个，共 7 个参数，因此构成的方程组为相容方程组。($\boldsymbol{A}^{\mathrm{T}}\boldsymbol{P}\boldsymbol{A}$) 的一般逆矩阵不存在，为了求解，只能求解($\boldsymbol{A}^{\mathrm{T}}\boldsymbol{P}\boldsymbol{A}$) 的广义逆，这里($\boldsymbol{A}^{\mathrm{T}}\boldsymbol{P}\boldsymbol{A}$)$^{-}$ 表示广义逆。$\boldsymbol{P}$ 为观测权阵，对于像点坐标的观测值，一般认为是等权的(此时，可视 $\boldsymbol{P}$ 为单位矩阵)，则式(4－30) 可写为

$$\boldsymbol{X}=-(\boldsymbol{A}^{\mathrm{T}}\boldsymbol{A})^{-}\boldsymbol{A}^{\mathrm{T}}\boldsymbol{l} \tag{4-31}$$

4.1.3　基于四元数和空间目标姿轨信息的相对导航算法

在利用基于四元数的最小二乘法求解位姿参数时，其计算的速度与初值的选取有关，这里提出将空间目标姿轨先验信息作为计算初值的方法，即空间目标间的相对位置作为平移量，相对姿态作为旋转量。以下就如何求解空间目标间的相对位置和相对姿态分别进行讨论。

4.1.3.1　利用求差法计算相对位置

设有主动目标 A 和被动目标 P，它们的轨道要素通过其他观测方法得到近似值，根据卫星轨道理论，可以求出主动目标 A 和被动目标 P 在惯性坐标系中的坐标(x_A，y_A，z_A) 和(x_P，y_P，z_P)，被动目标 P 相对于主动目标 A 在惯性坐标系中的相对位置如下：

$$\begin{bmatrix} \Delta x_{AP} \\ \Delta y_{AP} \\ \Delta z_{AP} \end{bmatrix}=\begin{bmatrix} x_P \\ y_P \\ z_P \end{bmatrix}-\begin{bmatrix} x_A \\ y_A \\ z_A \end{bmatrix} \tag{4-32}$$

然后可以根据坐标转换相关知识将$[\Delta x_{AP} \quad \Delta y_{AP} \quad \Delta z_{AP}]^{\mathrm{T}}$ 转换到主动目标 A 的本体坐标系，得到被动目标 P 在主动目标 A 本体坐标系的坐标，即确定了它们的相对位置。

4.1.3.2　直接利用四元数关系确定相对姿态

设主动目标 A 的本体坐标系为 S_A，被动目标 P 的本体坐标系为 S_P，根据轨道理论知识和

四元数理论，S_A、S_P 与地心赤道惯性坐标系 S_i 的关系用四元数可以表示为

$$Q_{AP}=Q_{iP}Q_{Ai}=Q_{Pi}^{*}Q_{Ai} \tag{4-33}$$

式(4－33)就是主动目标 A 本体系相对于被动目标 P 本体系的相对姿态四元数阵。

一般情况下，摄像机都是安装在主动目标 A 上，摄像机坐标系 $O_Cx_Cy_Cz_C$ 与主动目标 A 本体坐标系 $O_bx_by_bz_b$ 之间存在如下关系：

$$\begin{bmatrix} x_C \\ y_C \\ z_C \end{bmatrix}=\boldsymbol{M}\begin{bmatrix} x_b \\ y_b \\ z_b \end{bmatrix}+\boldsymbol{T} \tag{4-34}$$

式(4－34)中 $\boldsymbol{M}$ 表示旋转阵，$\boldsymbol{T}$ 表示平移参数。$\boldsymbol{M}$ 和 $\boldsymbol{T}$ 在摄像机安装后将会因设计和测定而已知。

到此为止，已经解算出了被动空间目标 P 相对于摄像机坐标系的位姿参数，将其作为 q_0，q_1，q_2，q_3，t_1，t_2，t_3 的初始值代入式(4－30)或式(4－31)，便能够很快求得空间目标间的相对位姿参数的最小二乘解。

4.1.4 基于四元数和 EKF 的飞行器相对位姿动态确定算法(QEKF)

4.1.4.1 QEKF 状态方程的建立

在基于扩展卡尔曼滤波(EKF)的动态估计问题中，首先要建立状态方程，这就首先涉及状态量如何选择的问题。选择状态量的基本原则是：在能够解决问题的前提下，状态量个数越少越好。在利用四元数的姿态确定中，在相对位姿的确定问题中，James Samuel Goddard[29] 选择了 13 个状态参数，它们的共同之处在于角速度都视为定常值。而在空间目标相对位姿确定问题中，相对角速度$(\boldsymbol{\omega}_{AP})_b$ 将随着$\boldsymbol{L}_{AP}$ 的变化而变化，因此，相对角速度是一个变量，作为定常值处理显然不合理。

在本书中，首先计算主动空间目标 A 相对被动空间目标 P 在主动空间目标 A 本体坐标系的相对角速度$(\boldsymbol{\omega}_{AP})_b$ 后，将其作为基于 EKF 的动态估计对应时刻的一个输入，这样，既解决了实际问题，又使得模型简化，使得状态量个数从 13 个降为 10 个，即 3 个相对位置、3 个相对速度，4 个姿态参数。以下部分首先讨论如何根据实际问题选择这 10 个状态量，然后将进一步讨论如何根据所选状态量建立状态方程。

1. 状态量的选择

(1) 相对位置和相对速度状态量的选择。由于 C－W 方程的条件之限，选择被动空间目标作为参考飞行器，其相对位置和相对速度$[\Delta x_{PA-O'} \quad \Delta y_{PA-O'} \quad \Delta z_{PA-O'} \quad \Delta Vx_{PA-O'} \quad \Delta Vy_{PA-O'} \quad \Delta Vz_{PA-O'}]^{\mathrm{T}}$ 是被动空间目标 P 相对于主动空间目标 A 在被动空间目标 P 的轨道坐标系的分量，而基于机器视觉的相对位姿确定中，摄像机是安装在主动空间目标上，最后需要确定摄像机坐标系与被动空间目标本体坐标系之间的关系。为了建立这些关系，将通过观测方程的转移矩阵实现。

(2) 相对姿态状态量选择。为了后续观测方程转移矩阵的处理简单，相对姿态状态量直接选取主动空间目标 A 相对于被动空间目标 P 在主动空间目标 A 本体坐标系的姿态四元数阵 $\boldsymbol{Q}_{AP-b}=[q_{AP-b-0} \quad q_{AP-b-1} \quad q_{AP-b-2} \quad q_{AP-b-3}]^{\mathrm{T}}$。

2. 状态方程的建立

(1) 相对位置和相对速度的状态方程。结合文献[85]，令相对速度 $\Delta Vx_{PA-O'}=\Delta\dot{x}_{PA-O'}$，$\Delta Vy_{PA-O'}=\Delta\dot{y}_{PA-O'}$，$\Delta Vz_{PA-O'}=\Delta\dot{z}_{PA-O'}$，可得关于相对位置和相对速度状态量 $\boldsymbol{S}_1=[\Delta x_{PA-O'}\quad \Delta y_{PA-O'}\quad \Delta z_{PA-O'}\quad \Delta Vx_{PA-O'}\quad \Delta Vy_{PA-O'}\quad \Delta Vz_{PA-O'}]^{\mathrm{T}}$ 的线性微分连续函数的矩阵形式为

$$f_1(\boldsymbol{S}_1)=\frac{\mathrm{d}}{\mathrm{d}t}\begin{bmatrix}\Delta x_{PA-O'}\\ \Delta y_{PA-O'}\\ \Delta z_{PA-O'}\\ \Delta Vx_{PA-O'}\\ \Delta Vy_{PA-O'}\\ \Delta Vz_{PA-O'}\end{bmatrix}=\begin{bmatrix}0&0&0&1&0&0\\0&0&0&0&1&0\\0&0&0&0&0&1\\0&0&0&0&0&2\Omega\\0&-\Omega^2&0&0&0&0\\0&0&3\Omega^2&-2\Omega&0&0\end{bmatrix}\begin{bmatrix}\Delta x_{PA-O'}\\ \Delta y_{PA-O'}\\ \Delta z_{PA-O'}\\ \Delta Vx_{PA-O'}\\ \Delta Vy_{PA-O'}\\ \Delta Vz_{PA-O'}\end{bmatrix}+\begin{bmatrix}0\\0\\0\\f_x\\f_y\\f_z\end{bmatrix}\tag{4-35}$$

令

$$\boldsymbol{p}=[\Delta x_{PA-O'}\quad \Delta y_{PA-O'}\quad \Delta z_{PA-O'}]^{\mathrm{T}}$$
$$\boldsymbol{V}=[\Delta Vx_{PA-O'}\quad \Delta Vy_{PA-O'}\quad \Delta Vz_{PA-O'}]^{\mathrm{T}}$$
$$\boldsymbol{f}=[f_x\quad f_y\quad f_z]^{\mathrm{T}}$$

在初始条件 $\boldsymbol{p}(t_0)$ 和 $\boldsymbol{V}(t_0)$ 及任意控制力 $\boldsymbol{f}(t)$ 作用下，微分方程式(4-35)作离散化处理，可得其解为

$$\begin{bmatrix}\boldsymbol{p}(t)\\ \boldsymbol{V}(t)\end{bmatrix}=\begin{bmatrix}\boldsymbol{A}(t-t_0)&\boldsymbol{B}(t-t_0)\\ \boldsymbol{C}(t-t_0)&\boldsymbol{D}(t-t_0)\end{bmatrix}\begin{bmatrix}\boldsymbol{p}(t_0)\\ \boldsymbol{V}(t_0)\end{bmatrix}+\int_{t_0}^{t}\begin{bmatrix}\boldsymbol{B}(t-s)\\ \boldsymbol{D}(t-s)\end{bmatrix}\boldsymbol{f}(s)\mathrm{d}s\tag{4-36}$$

式中　$\boldsymbol{A}(\tau)$——$\boldsymbol{A}(\tau)=\begin{bmatrix}1&0&6(\Omega\tau-\sin(\Omega\tau))\\0&\cos(\Omega\tau)&0\\0&0&4-3\cos(\Omega\tau)\end{bmatrix}$；

$\boldsymbol{B}(\tau)$——$\boldsymbol{B}(\tau)=\dfrac{1}{\Omega}\begin{bmatrix}4\sin(\Omega\tau)-3\tau&0&2(1-\cos(\Omega\tau))\\0&\sin(\Omega\tau)&0\\2(-1+\cos(\Omega\tau))&0&\sin(\Omega\tau)\end{bmatrix}$；

$\boldsymbol{C}(\tau)$——$\boldsymbol{C}(\tau)=\begin{bmatrix}0&0&6\Omega(1-\cos(\Omega\tau))\\0&-\Omega\sin(\Omega\tau)&0\\0&0&3\Omega\sin(\Omega\tau)\end{bmatrix}$；

$\boldsymbol{D}(\tau)$——$\boldsymbol{D}(\tau)=\begin{bmatrix}-3+4\cos(\Omega\tau)&0&2\sin(\Omega\tau)\\0&\cos(\Omega\tau)&0\\-2\sin(\Omega\tau)&0&\cos(\Omega\tau)\end{bmatrix}$；

τ——$\tau=t-t_0$。

本书重点研究机器视觉导航与空间目标相对运动的结合，摄动因素留在后续研究工作中，在此不作为研究重点。因此，可视控制力 $\boldsymbol{f}=\boldsymbol{0}$，则式(4-36)就简化为

$$\begin{bmatrix}\boldsymbol{p}(t)\\ \boldsymbol{V}(t)\end{bmatrix}=\begin{bmatrix}\boldsymbol{A}(t-t_0)&\boldsymbol{B}(t-t_0)\\ \boldsymbol{C}(t-t_0)&\boldsymbol{D}(t-t_0)\end{bmatrix}\begin{bmatrix}\boldsymbol{p}(t_0)\\ \boldsymbol{V}(t_0)\end{bmatrix}\tag{4-37}$$

式(4-37)就是以 $\boldsymbol{S}_1$ 为状态量的离散化状态递推方程，$\boldsymbol{A}(t-t_0)$，$\boldsymbol{B}(t-t_0)$，$\boldsymbol{C}(t-t_0)$，$\boldsymbol{D}(t-t_0)$ 为相应的状态转移矩阵。

(2) 相对姿态的状态方程。参照文献[85]中相对姿态的运动学四元数微分方程，可得相对姿态状态量$\boldsymbol{S}_2=[q_{AP-b-0}\quad q_{AP-b-1}\quad q_{AP-b-2}\quad q_{AP-b-3}]^{\mathrm{T}}$的线性微分连续函数为

$$f_2(\boldsymbol{S}_2)=\frac{1}{2}\begin{bmatrix}0 & -\omega_x & -\omega_y & -\omega_z\\ \omega_x & 0 & \omega_z & -\omega_y\\ \omega_y & -\omega_z & 0 & \omega_x\\ \omega_z & \omega_y & -\omega_x & 0\end{bmatrix}\begin{bmatrix}q_{AP-b-0}\\ q_{AP-b-1}\\ q_{AP-b-2}\\ q_{AP-b-3}\end{bmatrix} \tag{4-38}$$

进一步可得相对姿态的离散化状态递推方程为

$$\boldsymbol{Q}_{AP-b}(t)=[\cos(\|\boldsymbol{\omega}(t)\|(t-t_0)/2)\boldsymbol{I}_4+\frac{2}{\|\boldsymbol{\omega}(t)\|}\sin(\|\boldsymbol{\omega}(t)\|\times (t-t_0)/2)\boldsymbol{\Omega}(\boldsymbol{\omega}(t))]\boldsymbol{Q}_{AP-b}(t_0) \tag{4-39}$$

将式(4-39)展开，可得

$$\begin{bmatrix}q_{AP-b-0}(t)\\ q_{AP-b-1}(t)\\ q_{AP-b-2}(t)\\ q_{AP-b-3}(t)\end{bmatrix}=\begin{bmatrix}cs & -\frac{sn}{\|\boldsymbol{\omega}\|}\omega_x(t) & -\frac{sn}{\|\boldsymbol{\omega}\|}\omega_y(t) & -\frac{sn}{\|\boldsymbol{\omega}\|}\omega_z(t)\\ \frac{sn}{\|\boldsymbol{\omega}\|}\omega_x(t) & cs & \frac{sn}{\|\boldsymbol{\omega}\|}\omega_z(t) & -\frac{sn}{\|\boldsymbol{\omega}\|}\omega_y(t)\\ \frac{sn}{\|\boldsymbol{\omega}\|}\omega_y(t) & -\frac{sn}{\|\boldsymbol{\omega}\|}\omega_z(t) & cs & \frac{sn}{\|\boldsymbol{\omega}\|}\omega_x(t)\\ \frac{sn}{\|\boldsymbol{\omega}\|}\omega_z(t) & \frac{sn}{\|\boldsymbol{\omega}\|}\omega_y(t) & -\frac{sn}{\|\boldsymbol{\omega}\|}\omega_x(t) & cs\end{bmatrix}\begin{bmatrix}q_{AP-b-0}(t_0)\\ q_{AP-b-1}(t_0)\\ q_{AP-b-2}(t_0)\\ q_{AP-b-3}(t_0)\end{bmatrix} \tag{4-40}$$

式中 $\|\boldsymbol{\omega}\|$——$\|\boldsymbol{\omega}\|=\sqrt{\omega_x^2(t)+\omega_y^2(t)+\omega_z^2(t)}$；

cs——$cs=\cos(\|\boldsymbol{\omega}\|\tau/2)$；

sn——$sn=\sin(\|\boldsymbol{\omega}\|\tau/2)$；

$\boldsymbol{\omega}(t)$——$\boldsymbol{\omega}(t)=\boldsymbol{\omega}(t_0)+\dot{\omega}(t)\tau$；

τ——$\tau=t-t_0$。

(3) 非线性状态方程及其转移矩阵。假定式(4-35)中$\boldsymbol{f}=\boldsymbol{0}$，将式(4-35)与式(4-38)合并，可得状态量$\boldsymbol{S}=[\Delta x_{PA-O'}\quad \Delta y_{PA-O'}\quad \Delta z_{PA-O'}\quad \Delta Vx_{PA-O'}\quad \Delta Vy_{PA-O'}\quad \Delta Vz_{PA-O'}\quad q_{AP-b-0}\quad q_{AP-b-1}\quad q_{AP-b-2}\quad q_{AP-b-3}]^{\mathrm{T}}$的非线性连续函数为

$$f(\boldsymbol{S})=\frac{\mathrm{d}}{\mathrm{d}t}[\Delta x_{PA-O'}\quad \Delta y_{PA-O'}\quad \Delta z_{PA-O'}\quad \Delta Vx_{PA-O'}\quad \Delta Vy_{PA-O'}\quad \Delta Vz_{PA-O'}q_{AP-b-0}\quad q_{AP-b-1}\quad q_{AP-b-2}\quad q_{AP-b-3}]^{\mathrm{T}} \tag{4-41}$$

对$f(\boldsymbol{S})$求偏导，可得其相应的状态转移矩阵为

$$\frac{\partial f(\boldsymbol{S})}{\partial \boldsymbol{S}}=\frac{1}{2}\begin{bmatrix}0&0&0&2&0&0&0&0&0&0\\ 0&0&0&0&2&0&0&0&0&0\\ 0&0&0&0&0&2&0&0&0&0\\ 0&0&0&0&0&4\Omega&0&0&0&0\\ 0&-2\Omega^2&0&0&0&0&0&0&0&0\\ 0&0&6\Omega^2&-4\Omega&0&0&0&0&0&0\\ 0&0&0&0&0&0&0&-\omega_x&-\omega_y&-\omega_z\\ 0&0&0&0&0&0&\omega_x&0&\omega_z&-\omega_y\\ 0&0&0&0&0&0&\omega_y&-\omega_z&0&\omega_x\\ 0&0&0&0&0&0&\omega_z&\omega_y&-\omega_x&0\end{bmatrix} \tag{4-42}$$

根据式(4-42)将非线性状态方程线性化处理后，再根据 EKF 的理论将其离散化处理就可作为实际数据处理中的状态转移矩阵，关于非线性状态方程的先线性化、后离散化处理的详细内容可参阅文献[86-87]的相关知识。

4.1.4.2　QEKF 观测方程的建立

正如前文所提，基于机器视觉的位姿确定计算基础是共线方程，其中平移参数是摄像机坐标系的中心至被动空间目标 P 中心矢径在摄像机坐标系中的分量。这里所选择的状态量与摄像机坐标系之间没有直接联系，以下将通过观测方程的转移矩阵建立起它们之间的关系。

以下首先讨论相对位置状态量$[\Delta x_{PA-O'}\quad \Delta y_{PA-O'}\quad \Delta z_{PA-O'}]^{\mathrm{T}}$的转换，然后讨论相对姿态状态量$[q_{AP-b-0}\quad q_{AP-b-1}\quad q_{AP-b-2}\quad q_{AP-b-3}]^{\mathrm{T}}$的转换。

1. $[\Delta x_{PA-O'}\quad \Delta y_{PA-O'}\quad \Delta z_{PA-O'}]^{\mathrm{T}}$的转换

(1) 首先将$[\Delta x_{PA-O'}\quad \Delta y_{PA-O'}\quad \Delta z_{PA-O'}]^{\mathrm{T}}$转到坐标原点为主动空间目标 A 中心的惯性坐标系，可得

$$\begin{bmatrix}\Delta x_{AP-i}\\ \Delta y_{AP-i}\\ \Delta z_{AP-i}\end{bmatrix}=-\begin{bmatrix}\Delta x_{PA-i}\\ \Delta y_{PA-i}\\ \Delta z_{PA-i}\end{bmatrix}=-\boldsymbol{L}_{P-iO}\boldsymbol{L}_{P-OO'}\begin{bmatrix}\Delta x_{PA-O'}\\ \Delta x_{PA-O'}\\ \Delta x_{PA-O'}\end{bmatrix}\tag{4-43}$$

式中　$\boldsymbol{L}_{P-iO}$——被动空间目标 P 地心轨道坐标系到地心惯性坐标系的转移矩阵；

$\boldsymbol{L}_{P-OO'}$——被动空间目标 P 第二轨道坐标系到地心轨道坐标系的转移矩阵。

$$\boldsymbol{L}_{P-iO}=\begin{bmatrix}\cos\Omega_P\cos u_P-\sin\Omega_P\cos i_P\sin u_P & -\cos\Omega_P\sin u_P-\sin\Omega_P\cos i_P\cos u_P & \sin\Omega_P\sin i_P\\ \sin\Omega_P\cos u_P+\cos\Omega_P\cos i_P\sin u_P & -\sin\Omega_P\sin u_P+\cos\Omega_P\cos i_P\cos u_P & -\cos\Omega_P\sin i_P\\ \sin i_P\sin u_P & \sin i_P\cos u_P & \cos i_P\end{bmatrix}$$

$$\boldsymbol{L}_{P-OO'}=\begin{bmatrix}0 & 0 & -1\\ 1 & 0 & 0\\ 0 & -1 & 0\end{bmatrix}$$

(2) 将$[\Delta x_{AP-i}\quad \Delta y_{AP-i}\quad \Delta z_{AP-i}]^{\mathrm{T}}$转到主动空间目标 A 的本体坐标系，可得

$$\begin{bmatrix}\Delta x_{AP-b}\\ \Delta y_{AP-b}\\ \Delta z_{AP-b}\end{bmatrix}=\boldsymbol{L}_{A-bO'}\boldsymbol{L}_{A-O'O}\boldsymbol{L}_{A-Oi}\begin{bmatrix}\Delta x_{AP-i}\\ \Delta y_{AP-i}\\ \Delta z_{AP-i}\end{bmatrix}\tag{4-44}$$

式中　$\boldsymbol{L}_{A-bO'}$——主动空间目标 A 第二轨道坐标系到本体坐标系的转移矩阵，也就是以第二轨道坐标系为参考所定义的姿态矩阵；

$\boldsymbol{L}_{A-O'O}$——主动空间目标 A 地心轨道坐标系到第二轨道坐标系的转移矩阵；

$\boldsymbol{L}_{A-Oi}$——主动空间目标 A 地心惯性坐标系到地心轨道坐标系的转移矩阵。

$$\boldsymbol{L}_{A-bO'}=\begin{bmatrix}l_{A-11} & l_{A-12} & l_{A-13}\\ l_{A-21} & l_{A-22} & l_{A-23}\\ l_{A-31} & l_{A-32} & l_{A-33}\end{bmatrix}$$

$$\boldsymbol{L}_{A-O'O}=\begin{bmatrix}0 & 1 & 0\\ 0 & 0 & -1\\ -1 & 0 & 0\end{bmatrix}$$

$$\boldsymbol{L}_{A-Oi}=\begin{bmatrix}\cos u_A\cos\Omega_A-\sin u_A\cos i_A\sin\Omega_A & \cos u_A\sin\Omega_A+\sin u_A\cos i_A\cos\Omega_A & \sin u_A\sin i_A\\ -\sin u_A\cos\Omega_A-\cos u_A\cos i_A\sin\Omega_A & -\sin u_A\sin\Omega_A+\cos u_A\cos i_A\cos\Omega_A & \cos u_A\sin i_A\\ \sin i_A\sin\Omega_A & -\sin i_A\cos\Omega_A & \cos i_A\end{bmatrix}$$

(3) 将$[\Delta x_{AP-b}\quad \Delta y_{AP-b}\quad \Delta z_{AP-b}]^{\mathrm{T}}$转到摄像机坐标系,可得

$$\begin{bmatrix}\Delta x_{AP-C}\\ \Delta y_{AP-C}\\ \Delta z_{AP-C}\end{bmatrix}=\boldsymbol{M}\begin{bmatrix}\Delta x_{AP-b}\\ \Delta y_{AP-b}\\ \Delta z_{AP-b}\end{bmatrix}+\boldsymbol{T} \tag{4-45}$$

其中$\boldsymbol{M}$为3×3的旋转矩阵,$\boldsymbol{T}$为3×1的平移矩阵,$\boldsymbol{M}$和$\boldsymbol{T}$在摄像机安装后可以精确设计和测得。至此,主动空间目标A与被动空间目标P的相对位置关系可以摄像机坐标系与被动空间目标P第二轨道坐标系的关系建立,由式(4-43)~式(4-45)可得其关系为

$$\begin{bmatrix}\Delta x_{AP-C}\\ \Delta y_{AP-C}\\ \Delta z_{AP-C}\end{bmatrix}=-\boldsymbol{M}\boldsymbol{L}_{A-bO'}\boldsymbol{L}_{A-O'O}\boldsymbol{L}_{A-Oi}\boldsymbol{L}_{P-iO}\boldsymbol{L}_{P-OO'}\begin{bmatrix}\Delta x_{PA-O'}\\ \Delta y_{PA-O'}\\ \Delta z_{PA-O'}\end{bmatrix}+\boldsymbol{T}=$$

$$\begin{bmatrix}r_{11} & r_{12} & r_{13}\\ r_{21} & r_{22} & r_{23}\\ r_{31} & r_{32} & r_{33}\end{bmatrix}\begin{bmatrix}\Delta x_{PA-O'}\\ \Delta y_{PA-O'}\\ \Delta z_{PA-O'}\end{bmatrix}+\begin{bmatrix}T_1\\ T_2\\ T_3\end{bmatrix} \tag{4-46}$$

2. $[q_{AP-b-0}\quad q_{AP-b-1}\quad q_{AP-b-2}\quad q_{AP-b-3}]^{\mathrm{T}}$的转换

根据四元数和方向余弦姿态阵的转换关系,将式(4-45)中的$\boldsymbol{M}$转为相应的姿态四元数阵$[q_{Cb-0}\quad q_{Cb-1}\quad q_{Cb-2}\quad q_{Cb-3}]^{\mathrm{T}}$,将$[q_{AP-b-0}\quad q_{AP-b-1}\quad q_{AP-b-2}\quad q_{AP-b-3}]^{\mathrm{T}}$转换到摄像机坐标系相对于被动空间目标$P$本体坐标系的姿态在摄像机坐标系的姿态四元数阵为

$$\begin{bmatrix}q_{CP-0}\\ q_{CP-1}\\ q_{CP-2}\\ q_{CP-3}\end{bmatrix}=\begin{bmatrix}q_{AP-b-0}\\ q_{AP-b-1}\\ q_{AP-b-2}\\ q_{AP-b-3}\end{bmatrix}\begin{bmatrix}q_{Cb-0}\\ q_{Cb-1}\\ q_{Cb-2}\\ q_{Cb-3}\end{bmatrix} \tag{4-47}$$

根据四元数的乘法公式,将式(4-47)展开,可得

$$\begin{bmatrix}q_{CP-0}\\ q_{CP-1}\\ q_{CP-2}\\ q_{CP-3}\end{bmatrix}=\begin{bmatrix}q_{AP-b-0}q_{Cb-0}-q_{AP-b-1}q_{Cb-1}-q_{AP-b-2}q_{Cb-2}-q_{AP-b-3}q_{Cb-3}\\ q_{AP-b-0}q_{Cb-1}+q_{Cb-0}q_{AP-b-1}+q_{AP-b-2}q_{Cb-3}-q_{AP-b-3}q_{Cb-2}\\ q_{AP-b-0}q_{Cb-2}+q_{Cb-0}q_{AP-b-2}+q_{AP-b-3}q_{Cb-1}-q_{AP-b-1}q_{Cb-3}\\ q_{AP-b-0}q_{Cb-3}+q_{Cb-0}q_{AP-b-3}+q_{AP-b-1}q_{Cb-2}-q_{AP-b-2}q_{Cb-1}\end{bmatrix} \tag{4-48}$$

将式(4-46)和式(4-48)的计算结果与视觉导航的观测方程相结合,便得到关于状态量$\boldsymbol{S}=[\Delta x_{PA-O'}\quad \Delta y_{PA-O'}\quad \Delta z_{PA-O'}\quad \Delta Vx_{PA-O'}\quad \Delta Vy_{PA-O'}\quad \Delta Vz_{PA-O'}\quad q_{AP-b-0}\quad q_{AP-b-1}\quad q_{AP-b-2}\quad q_{AP-b-3}]^{\mathrm{T}}$的观测方程为

$$\left.\begin{aligned}x_i&=f\frac{l_{11}X_{W_i}+l_{12}Y_{W_i}+l_{13}Z_{W_i}+\Delta x_{AP-C}}{l_{31}X_{W_i}+l_{32}Y_{W_i}+l_{33}Z_{W_i}+\Delta z_{AP-C}}\\ y_i&=f\frac{l_{21}X_{W_i}+l_{22}Y_{W_i}+l_{23}Z_{W_i}+\Delta y_{AP-C}}{l_{31}X_{W_i}+l_{32}Y_{W_i}+l_{33}Z_{W_i}+\Delta z_{AP-C}}\end{aligned}\right\} \tag{4-49}$$

式中　l_{11}——$l_{11}=q_{CP-0}^2+q_{CP-1}^2-q_{CP-2}^2-q_{CP-3}^2$;

l_{12}——$l_{12}=2(q_{CP-1}q_{CP-2}+q_{CP-0}q_{CP-3})$;

l_{13}——$l_{13}=2(q_{CP-3}q_{CP-1}-q_{CP-0}q_{CP-2})$；

l_{21}——$l_{21}=2(q_{CP-1}q_{CP-2}-q_{CP-0}q_{CP-3})$；

l_{22}——$l_{22}=q_{CP-0}^2-q_{CP-1}^2+q_{CP-2}^2-q_{CP-3}^2$；

l_{23}——$l_{23}=2(q_{CP-2}q_{CP-3}+q_{CP-0}q_{CP-1})$；

l_{31}——$l_{31}=2(q_{CP-3}q_{CP-1}+q_{CP-0}q_{CP-2})$；

l_{32}——$l_{32}=2(q_{CP-2}q_{CP-3}-q_{CP-0}q_{CP-1})$；

l_{33}——$l_{33}=q_{CP-0}^2-q_{CP-1}^2-q_{CP-2}^2+q_{CP-3}^2$。

令

$$\begin{cases}\overline{X}=l_{11}X_{W_i}+l_{12}Y_{W_i}+l_{13}Z_{W_i}+r_{11}\Delta x_{PA-O'}+r_{12}\Delta y_{PA-O'}+r_{13}\Delta z_{PA-O'}+T_1\\ \overline{Y}=l_{21}X_{W_i}+l_{22}Y_{W_i}+l_{23}Z_{W_i}+r_{21}\Delta x_{PA-O'}+r_{22}\Delta y_{PA-O'}+r_{23}\Delta z_{PA-O'}+T_2\\ \overline{Z}=l_{31}X_{W_i}+l_{32}Y_{W_i}+l_{33}Z_{W_i}+r_{31}\Delta x_{PA-O'}+r_{32}\Delta y_{PA-O'}+r_{33}\Delta z_{PA-O'}+T_3\end{cases}$$

则式(4－49)可以写为

$$\left.\begin{aligned}x_i&=f\frac{\overline{X}}{\overline{Z}}\\ y_i&=f\frac{\overline{Y}}{\overline{Z}}\end{aligned}\right\}\tag{4－50}$$

3. 观测方程的线性化

显然，式(4-49)是一个关于状态量$\boldsymbol{S}$的非线性方程，在利用EKF处理时，需要对其进行线性化处理，可得

$$\boldsymbol{H}_k(\hat{\boldsymbol{S}}_k(-))=\left.\frac{\partial h(\boldsymbol{S})}{\partial \boldsymbol{S}}\right|_{S=\hat{S}_k(-)}\tag{4－51}$$

$\boldsymbol{H}_k$ 是一个 $2i\times n$ 的矩阵，i 为观测特征点的个数，n 为状态量个数。对于每一个特征点的观测方程，其关于状态量 $\boldsymbol{S}$ 的偏导数如下：

$$\frac{\partial x_i}{\partial \Delta x_{PA-O'}}=\frac{\partial\left(f\dfrac{\overline{X}}{\overline{Z}}\right)}{\partial \Delta x_{PA-O'}}=\frac{f}{\overline{Z}^2}(r_{11}\overline{Z}-r_{31}\overline{X})=\frac{f}{\overline{Z}}r_{11}-\frac{x_i}{\overline{Z}}r_{31}\tag{4－52}$$

$$\frac{\partial x_i}{\partial \Delta y_{PA-O'}}=\frac{\partial\left(f\dfrac{\overline{X}}{\overline{Z}}\right)}{\partial \Delta y_{PA-O'}}=\frac{f}{\overline{Z}^2}(r_{12}\overline{Z}-r_{32}\overline{X})=\frac{f}{\overline{Z}}r_{12}-\frac{x_i}{\overline{Z}}r_{32}\tag{4－53}$$

$$\frac{\partial x_i}{\partial \Delta z_{PA-O'}}=\frac{\partial\left(f\dfrac{\overline{X}}{\overline{Z}}\right)}{\partial \Delta z_{PA-O'}}=\frac{f}{\overline{Z}^2}(r_{13}\overline{Z}-r_{33}\overline{X})=\frac{f}{\overline{Z}}r_{13}-\frac{x_i}{\overline{Z}}r_{33}\tag{4－54}$$

$$\frac{\partial x_i}{\partial \Delta Vx_{PA-O'}}=0\tag{4－55}$$

$$\frac{\partial x_i}{\partial \Delta Vy_{PA-O'}}=0\tag{4－56}$$

$$\frac{\partial x_i}{\partial \Delta Vz_{PA-O'}}=0\tag{4－57}$$

$$\begin{aligned}\frac{\partial x_i}{\partial q_{AP-b-0}}=\frac{2}{\overline{Z}}\{f[&(q_{CP-0}q_{Cb-0}+q_{CP-1}q_{Cb-1}-q_{CP-2}q_{Cb-2}-q_{CP-3}q_{Cb-3})X_{W_i}+\\&(q_{Cb-1}q_{CP-2}+q_{CP-1}q_{Cb-2}+q_{Cb-0}q_{CP-3}+q_{CP-0}q_{Cb-3})Y_{W_i}+\end{aligned}$$

$$
\begin{aligned}
&(q_{Cb-3}q_{CP-1}+q_{CP-3}q_{Cb-1}-q_{Cb-0}q_{CP-2}-q_{CP-0}q_{Cb-2})Z_{W_i}]-\\
&[(q_{Cb-3}q_{CP-1}+q_{CP-3}q_{Cb-1}+q_{Cb-0}q_{CP-2}+q_{CP-0}q_{Cb-2})X_{W_i}+\\
&(q_{Cb-2}q_{CP-3}+q_{CP-2}q_{Cb-3}-q_{Cb-0}q_{CP-1}-q_{CP-0}q_{Cb-1})Y_{W_i}+\\
&(q_{CP-0}q_{Cb-0}-q_{CP-1}q_{Cb-1}-q_{CP-2}q_{Cb-2}+q_{CP-3}q_{Cb-3})Z_{W_i}]x_i\}
\end{aligned}
\tag{4-58}
$$

$$
\begin{aligned}
\frac{\partial x_i}{\partial q_{AP-b-1}}=\frac{2}{\overline{Z}}\{f[&(-q_{CP-0}q_{Cb-1}+q_{CP-1}q_{Cb-0}+q_{CP-2}q_{Cb-3}-q_{CP-3}q_{Cb-2})X_{W_i}+\\
&(q_{Cb-0}q_{CP-2}-q_{CP-1}q_{Cb-3}-q_{Cb-1}q_{CP-3}+q_{CP-0}q_{Cb-2})Y_{W_i}+\\
&(q_{Cb-2}q_{CP-1}+q_{CP-3}q_{Cb-0}+q_{Cb-1}q_{CP-2}+q_{CP-0}q_{Cb-3})Z_{W_i}]-\\
&[(q_{Cb-2}q_{CP-1}+q_{CP-3}q_{Cb-0}-q_{Cb-1}q_{CP-2}-q_{CP-0}q_{Cb-3})X_{W_i}+\\
&(-q_{Cb-3}q_{CP-3}+q_{CP-2}q_{Cb-2}+q_{Cb-1}q_{CP-1}-q_{CP-0}q_{Cb-0})Y_{W_i}+\\
&(-q_{CP-0}q_{Cb-1}-q_{CP-1}q_{Cb-0}+q_{CP-2}q_{Cb-3}+q_{CP-3}q_{Cb-2})Z_{W_i}]x_i\}
\end{aligned}
\tag{4-59}
$$

$$
\begin{aligned}
\frac{\partial x_i}{\partial q_{AP-b-2}}=\frac{2}{\overline{Z}}\{f[&(-q_{CP-0}q_{Cb-2}+q_{CP-1}q_{Cb-3}-q_{CP-2}q_{Cb-0}+q_{CP-3}q_{Cb-1})X_{W_i}+\\
&(q_{Cb-3}q_{CP-2}+q_{CP-1}q_{Cb-0}-q_{Cb-2}q_{CP-3}-q_{CP-0}q_{Cb-1})Y_{W_i}+\\
&(-q_{Cb-1}q_{CP-1}+q_{CP-3}q_{Cb-3}+q_{Cb-2}q_{CP-2}-q_{CP-0}q_{Cb-0})Z_{W_i}]-\\
&[(-q_{Cb-1}q_{CP-1}+q_{CP-3}q_{Cb-3}-q_{Cb-2}q_{CP-2}+q_{CP-0}q_{Cb-0})X_{W_i}+\\
&(q_{Cb-0}q_{CP-3}-q_{CP-2}q_{Cb-1}+q_{Cb-2}q_{CP-1}-q_{CP-0}q_{Cb-3})Y_{W_i}+\\
&(-q_{CP-0}q_{Cb-2}-q_{CP-1}q_{Cb-3}-q_{CP-2}q_{Cb-0}-q_{CP-3}q_{Cb-1})Z_{W_i}]x_i\}
\end{aligned}
\tag{4-60}
$$

$$
\begin{aligned}
\frac{\partial x_i}{\partial q_{AP-b-3}}=\frac{2}{\overline{Z}}\{f[&(-q_{CP-0}q_{Cb-3}-q_{CP-1}q_{Cb-2}-q_{CP-2}q_{Cb-1}-q_{CP-3}q_{Cb-0})X_{W_i}+\\
&(-q_{Cb-2}q_{CP-2}+q_{CP-1}q_{Cb-1}-q_{Cb-3}q_{CP-3}+q_{CP-0}q_{Cb-0})Y_{W_i}+\\
&(q_{Cb-0}q_{CP-1}-q_{CP-3}q_{Cb-2}+q_{Cb-3}q_{CP-2}-q_{CP-0}q_{Cb-1})Z_{W_i}]-\\
&[(q_{Cb-0}q_{CP-1}-q_{CP-3}q_{Cb-2}-q_{Cb-3}q_{CP-2}+q_{CP-0}q_{Cb-1})X_{W_i}+\\
&(q_{Cb-1}q_{CP-3}+q_{CP-2}q_{Cb-0}+q_{Cb-3}q_{CP-1}+q_{CP-0}q_{Cb-2})Y_{W_i}+\\
&(-q_{CP-0}q_{Cb-3}+q_{CP-1}q_{Cb-2}-q_{CP-2}q_{Cb-1}+q_{CP-3}q_{Cb-0})Z_{W_i}]x_i\}
\end{aligned}
\tag{4-61}
$$

$$
\frac{\partial y_i}{\partial \Delta x_{PA-O'}}=\frac{\partial\left(f\,\dfrac{\overline{Y}}{\overline{Z}}\right)}{\partial \Delta x_{PA-O'}}=\frac{f}{\overline{Z}^2}(r_{21}\overline{Z}-r_{31}\overline{Y})=\frac{f}{\overline{Z}}r_{21}-\frac{y_i}{\overline{Z}}r_{31}
\tag{4-62}
$$

$$
\frac{\partial y_i}{\partial \Delta y_{PA-O'}}=\frac{\partial\left(f\,\dfrac{\overline{Y}}{\overline{Z}}\right)}{\partial \Delta y_{PA-O'}}=\frac{f}{\overline{Z}^2}(r_{22}\overline{Z}-r_{32}\overline{Y})=\frac{f}{\overline{Z}}r_{22}-\frac{y_i}{\overline{Z}}r_{32}
\tag{4-63}
$$

$$
\frac{\partial y_i}{\partial \Delta z_{PA-O'}}=\frac{\partial\left(f\,\dfrac{\overline{Y}}{\overline{Z}}\right)}{\partial \Delta z_{PA-O'}}=\frac{f}{\overline{Z}^2}(r_{23}\overline{Z}-r_{33}\overline{Y})=\frac{f}{\overline{Z}}r_{23}-\frac{y_i}{\overline{Z}}r_{33}
\tag{4-64}
$$

$$
\frac{\partial y_i}{\partial \Delta Vx_{PA-O'}}=0
\tag{4-65}
$$

$$
\frac{\partial y_i}{\partial \Delta Vy_{PA-O'}}=0
\tag{4-66}
$$

$$
\frac{\partial y_i}{\partial \Delta Vz_{PA-O'}}=0
\tag{4-67}
$$

$$
\frac{\partial y_i}{\partial q_{AP-b-0}}=\frac{2}{\overline{Z}}\{f[(q_{Cb-1}q_{CP-2}+q_{CP-1}q_{Cb-2}-q_{Cb-0}q_{CP-3}-q_{CP-0}q_{Cb-3})X_{W_i}+
$$

$$
\begin{aligned}
&(q_{CP-0}q_{Cb-0} - q_{CP-1}q_{Cb-1} + q_{CP-2}q_{CP-2} - q_{CP-3}q_{Cb-3})Y_{W_i} + \\
&(q_{Cb-2}q_{CP-3} + q_{CP-2}q_{Cb-3} + q_{Cb-0}q_{CP-1} + q_{CP-0}q_{Cb-1})Z_{W_i}] - \\
&[(q_{Cb-3}q_{CP-1} + q_{CP-3}q_{Cb-1} + q_{Cb-0}q_{CP-2} + q_{CP-0}q_{Cb-2})X_{W_i} + \\
&(q_{Cb-2}q_{CP-3} + q_{CP-2}q_{Cb-3} - q_{Cb-0}q_{CP-1} - q_{CP-0}q_{Cb-1})Y_{W_i} + \\
&(q_{CP-0}q_{Cb-0} - q_{CP-1}q_{Cb-1} - q_{CP-2}q_{Cb-2} + q_{CP-3}q_{Cb-3})Z_{W_i}]y_i\}
\end{aligned}
\tag{4-68}
$$

$$
\begin{aligned}
\frac{\partial y_i}{\partial q_{AP-b-1}} = \frac{2}{Z}\{f[&(q_{Cb-0}q_{CP-2} - q_{CP-1}q_{Cb-3} + q_{Cb-1}q_{CP-3} - q_{CP-0}q_{Cb-2})X_{W_i} + \\
&(-q_{CP-0}q_{Cb-1} - q_{CP-1}q_{Cb-0} - q_{CP-2}q_{Cb-3} - q_{CP-3}q_{Cb-2})Y_{W_i} + \\
&(-q_{Cb-3}q_{CP-3} + q_{CP-2}q_{Cb-2} - q_{Cb-1}q_{CP-1} + q_{CP-0}q_{Cb-0})Z_{W_i}] - \\
&[(q_{Cb-2}q_{CP-1} + q_{CP-3}q_{Cb-0} - q_{Cb-1}q_{CP-2} - q_{CP-0}q_{Cb-3})X_{W_i} + \\
&(-q_{Cb-3}q_{CP-3} + q_{CP-2}q_{Cb-2} + q_{Cb-1}q_{CP-1} - q_{CP-0}q_{Cb-0})Y_{W_i} + \\
&(-q_{CP-0}q_{Cb-1} - q_{CP-1}q_{Cb-0} + q_{CP-2}q_{Cb-3} + q_{CP-3}q_{Cb-2})Z_{W_i}]y_i\}
\end{aligned}
\tag{4-69}
$$

$$
\begin{aligned}
\frac{\partial y_i}{\partial q_{AP-b-2}} = \frac{2}{Z}\{f[&(q_{Cb-3}q_{CP-2} + q_{CP-1}q_{Cb-0} + q_{Cb-2}q_{CP-3} + q_{CP-0}q_{Cb-1})X_{W_i} + \\
&(-q_{CP-0}q_{Cb-2} - q_{CP-1}q_{Cb-3} + q_{CP-2}q_{Cb-0} + q_{CP-3}q_{Cb-1})Y_{W_i} + \\
&(q_{Cb-0}q_{CP-3} - q_{CP-2}q_{Cb-1} - q_{Cb-2}q_{CP-1} + q_{CP-0}q_{Cb-3})Z_{W_i}] - \\
&[(-q_{Cb-1}q_{CP-1} + q_{CP-3}q_{Cb-3} - q_{Cb-2}q_{CP-2} + q_{CP-0}q_{Cb-0})X_{W_i} + \\
&(q_{Cb-0}q_{CP-3} - q_{CP-2}q_{Cb-1} + q_{Cb-2}q_{CP-1} - q_{CP-0}q_{Cb-3})Y_{W_i} + \\
&(-q_{CP-0}q_{Cb-2} - q_{CP-1}q_{Cb-3} - q_{CP-2}q_{Cb-0} - q_{CP-3}q_{Cb-1})Z_{W_i}]y_i\}
\end{aligned}
\tag{4-70}
$$

$$
\begin{aligned}
\frac{\partial y_i}{\partial q_{AP-b-3}} = \frac{2}{Z}\{f[&(-q_{Cb-2}q_{CP-2} + q_{CP-1}q_{Cb-1} + q_{Cb-3}q_{CP-3} - q_{CP-0}q_{Cb-0})X_{W_i} + \\
&(-q_{CP-0}q_{Cb-3} + q_{CP-1}q_{Cb-2} + q_{CP-2}q_{Cb-1} - q_{CP-3}q_{Cb-0})Y_{W_i} + \\
&(q_{Cb-1}q_{CP-3} + q_{CP-2}q_{Cb-0} - q_{Cb-3}q_{CP-1} - q_{CP-0}q_{Cb-2})Z_{W_i}] - \\
&[(q_{Cb-0}q_{CP-1} - q_{CP-3}q_{Cb-2} - q_{Cb-3}q_{CP-2} + q_{CP-0}q_{Cb-1})X_{W_i} + \\
&(q_{Cb-1}q_{CP-3} + q_{CP-2}q_{Cb-0} + q_{Cb-3}q_{CP-1} + q_{CP-0}q_{Cb-2})Y_{W_i} + \\
&(-q_{CP-0}q_{Cb-3} + q_{CP-1}q_{Cb-2} - q_{CP-2}q_{Cb-1} + q_{CP-3}q_{Cb-0})Z_{W_i}]y_i\}
\end{aligned}
\tag{4-71}
$$

4.2　基于 Rodrigues 的导航定位模型

四元数相对 Hall 算法而言，由于未知参数的减少而降低了 Jacobian 矩阵的阶数，提高了计算效率。但是，利用四元数描述旋转问题时仍有一个冗余参数，因此构成的方程组为相容方程组。在利用式(4-30)求解时，需要求解($\boldsymbol{A}^{\mathrm{T}}\boldsymbol{PA}$)的广义逆。而 Rodrigues 用 3 个参数描述旋转问题，正好弥补了这方面的不足。以下首先建立基于 Rodrigues 矩阵的机器视觉位姿确定模型，然后讨论其与飞行器姿轨信息的结合。

4.2.1　基于 Rodrigues 的视觉位姿确定模型

根据 Rodrigues 矩阵，可将式(4-8) ~ 式(4-10) 分别表示为

$$\overline{X}=(1+a^2-b^2-c^2)X_W+2(ab+c)Y_W+2(ac-b)Z_W+(1+a^2+b^2+c^2)t_1 \tag{4-72}$$

$$\overline{Y}=2(ab-c)X_W+(1-a^2+b^2-c^2)Y_W+2(bc+a)Z_W+(1+a^2+b^2+c^2)t_2 \tag{4-73}$$

$$\overline{Z}=2(ac+b)X_W+2(bc-a)Y_W+(1-a^2-b^2+c^2)Z_W+(1+a^2+b^2+c^2)t_3 \tag{4-74}$$

则可得到物方坐标系和像平面坐标之间的关系，以 Rodrigues 矩阵方法表述为

$$\left.\begin{aligned} x&=f\frac{\overline{X}}{\overline{Z}} \\ y&=f\frac{\overline{Y}}{\overline{Z}} \end{aligned}\right\} \tag{4-75}$$

式(4-75)为非线性方程，类似式(4-11)的处理方法，按泰勒级数展开并取小值一次项，使之线化，可得

$$\left.\begin{aligned} x&=Rodrx_0+\Delta Rodrx \\ y&=Rodry_0+\Delta Rodry \end{aligned}\right\} \tag{4-76}$$

式(4-76)中 $Rodrx_0$，$Rodry_0$ 是将 a,b,c 的初始值代入式(4-38)所得，$\Delta Rodrx$，$\Delta Rodry$ 的计算式为

$$\Delta Rodrx=\frac{\partial x}{\partial a}\Delta a+\frac{\partial x}{\partial b}\Delta b+\frac{\partial x}{\partial c}\Delta c+\frac{\partial x}{\partial t_1}\Delta t_1+\frac{\partial x}{\partial t_2}\Delta t_2+\frac{\partial x}{\partial t_3}\Delta t_3 \tag{4-77}$$

$$\Delta Rodry=\frac{\partial y}{\partial a}\Delta a+\frac{\partial y}{\partial b}\Delta b+\frac{\partial y}{\partial c}\Delta c+\frac{\partial y}{\partial t_1}\Delta t_1+\frac{\partial y}{\partial t_2}\Delta t_2+\frac{\partial y}{\partial t_3}\Delta t_3 \tag{4-78}$$

其中 $\Delta a,\Delta b,\Delta c,\Delta t_1,\Delta t_2,\Delta t_3$ 为 a,b,c,t_1,t_2,t_3 初始值的相应改正值，$\frac{\partial x}{\partial a},\frac{\partial x}{\partial b},\frac{\partial x}{\partial c},\frac{\partial y}{\partial a},\frac{\partial y}{\partial b},\frac{\partial y}{\partial c}$，$\frac{\partial x}{\partial t_1},\frac{\partial x}{\partial t_2},\frac{\partial x}{\partial t_3},\frac{\partial y}{\partial t_1},\frac{\partial y}{\partial t_2},\frac{\partial y}{\partial t_3}$ 为偏导数，其具体表达式为

$$\frac{\partial x}{\partial a}=\frac{2}{\overline{Z}}[f(aX_W+bY_W+cZ_W+at_1)-(cX_W-Y_W-aZ_W+at_3)x] \tag{4-79}$$

$$\frac{\partial x}{\partial b}=\frac{2}{\overline{Z}}[f(-bX_W+aY_W-Z_W+bt_1)-(X_W+cY_W-bZ_W+bt_3)x] \tag{4-80}$$

$$\frac{\partial x}{\partial c}=\frac{2}{\overline{Z}}[f(-cX_W+Y_W+aZ_W+ct_1)-(aX_W+bY_W+cZ_W+ct_3)x] \tag{4-81}$$

$$\frac{\partial x}{\partial t_1}=\frac{f}{\overline{Z}}(1+a^2+b^2+c^2) \tag{4-82}$$

$$\frac{\partial x}{\partial t_2}=0 \tag{4-46}$$

$$\frac{\partial x}{\partial t_3}=-\frac{x}{\overline{Z}}(1+a^2+b^2+c^2) \tag{4-83}$$

$$\frac{\partial y}{\partial a}=\frac{2}{\overline{Z}}[f(bX_W-aY_W+Z_W+at_2)-(cX_W-Y_W-aZ_W+at_3)y] \tag{4-84}$$

$$\frac{\partial y}{\partial b}=\frac{2}{\overline{Z}}[f(aX_W+bY_W+cZ_W+bt_2)-(X_W+cY_W-bZ_W+bt_3)y] \tag{4-85}$$

$$\frac{\partial y}{\partial c}=\frac{2}{\overline{Z}}[f(-X_W-cY_W+bZ_W+ct_2)-(aX_W+bY_W+cZ_W+ct_3)y] \tag{4-86}$$

$$\frac{\partial y}{\partial t_1}=0 \tag{4-87}$$

$$\frac{\partial y}{\partial t_2}=\frac{f}{Z}(1+a^2+b^2+c^2) \tag{4-88}$$

$$\frac{\partial y}{\partial t_3}=-\frac{y}{Z}(1+a^2+b^2+c^2) \tag{4-89}$$

类似基于四元数的求解方法，基于 Rodrigues 矩阵的方法也需要经过反复迭代计算，直至改正数小于设定的阈值为止，最后得出 a,b,c,t_1,t_2,t_3 的计算值为

$$\begin{bmatrix}\hat{a}\\ \hat{b}\\ \hat{c}\\ \hat{t}_1\\ \hat{t}_2\\ \hat{b}_3\end{bmatrix}=\begin{bmatrix}a\\ b\\ c\\ t_1\\ t_2\\ t_3\end{bmatrix}_{\text{初值}}+\begin{bmatrix}\Delta a_1+\Delta a_2+\cdots\\ \Delta b_1+\Delta b_2+\cdots\\ \Delta c_1+\Delta c_2+\cdots\\ \Delta t_{1-1}+\Delta t_{1-2}+\cdots\\ \Delta t_{2-1}+\Delta t_{2-2}+\cdots\\ \Delta t_{3-1}+\Delta t_{3-2}+\cdots\end{bmatrix} \tag{4-90}$$

当观测个数 $n>3$ 时，给出位姿参数 a,b,c,t_1,t_2,t_3 的最小二乘解为

$$\boldsymbol{X}=-(\boldsymbol{A}^{\mathrm{T}}\boldsymbol{PA})^{-1}\boldsymbol{A}^{\mathrm{T}}\boldsymbol{Pl} \tag{4-91}$$

式中　$\boldsymbol{X}$——$\boldsymbol{X}=[\Delta a\quad \Delta b\quad \Delta c\quad \Delta t_1\quad \Delta t_2\quad \Delta t_3]^{\mathrm{T}}$；

$\boldsymbol{A}$——$\boldsymbol{A}=\begin{bmatrix}\frac{\partial x_1}{\partial a} & \frac{\partial x_1}{\partial b} & \frac{\partial x_1}{\partial c} & \frac{\partial x_1}{\partial t_1} & \frac{\partial x_1}{\partial t_2} & \frac{\partial x_1}{\partial t_3}\\ \frac{\partial y_1}{\partial a} & \frac{\partial x_1}{\partial b} & \frac{\partial x_1}{\partial c} & \frac{\partial x_1}{\partial t_1} & \frac{\partial x_1}{\partial t_2} & \frac{\partial x_1}{\partial t_3}\\ \vdots & \vdots & \vdots & \vdots & \vdots & \vdots\\ \frac{\partial x_n}{\partial a} & \frac{\partial x_n}{\partial b} & \frac{\partial x_n}{\partial c} & \frac{\partial x_n}{\partial t_1} & \frac{\partial x_n}{\partial t_2} & \frac{\partial x_n}{\partial t_3}\\ \frac{\partial y_n}{\partial a} & \frac{\partial y_n}{\partial b} & \frac{\partial y_n}{\partial c} & \frac{\partial y_n}{\partial t_1} & \frac{\partial y_n}{\partial t_2} & \frac{\partial y_n}{\partial t_3}\end{bmatrix}_{2n\times 6}$；

$\boldsymbol{l}$——$\boldsymbol{l}=\begin{bmatrix}(Rodrx_0)_1\\ (Rodrx_0)_1\\ \vdots\\ (Rodrx_0)_n\\ (Rodrx_0)_n\end{bmatrix}_{2n\times 1}-\begin{bmatrix}x_1\\ y_1\\ \vdots\\ x_n\\ y_n\end{bmatrix}_{2n\times 1}$；

$\boldsymbol{P}$—— 观测权阵，对于像点坐标的观测值，一般认为是等权的（$\boldsymbol{P}$ 为单位矩阵），则式(4-91)可写为

$$\boldsymbol{X}=-(\boldsymbol{A}^{\mathrm{T}}\boldsymbol{A})^{-1}\boldsymbol{A}^{\mathrm{T}}\boldsymbol{l} \tag{4-92}$$

4.2.2　基于 Rodrigues 和空间目标姿轨信息的相对导航算法

与基于四元数的机器视觉算法相似，Rodrigues 视觉算法的最小二乘解计算速度与其初始值的选取同样有关。因此，为了提高算法的效率，考虑 Rodrigues 视觉算法与空间目标姿轨信

息的结合是必要的。由于利用四元数直接计算空间目标之间相对位姿具有方法简单、理论成熟的优势，因此利用空间目标姿轨信息预估其相对位姿部分的方法，只是将计算结果中的相对姿态的四元数关系 Q_{AP} 转换为 Rodrigues 描述 $Rodr\Delta_{AP}$。根据前面的相关理论，以下将给出 Q_{AP} 和 $Rodr\Delta_{AP}$ 之间的转换关系。

设 Q_{AP} 和 $Rodr\Delta_{AP}$ 的具体元素表达式分别为

$$Q_{AP}=[q_{0-AP}\quad q_{1-AP}\quad q_{2-AP}\quad q_{3-AP}]^{\mathrm{T}} \tag{4-93}$$

$$Rodr\Delta_{AP}=[\Delta a_{AP}\quad \Delta b_{AP}\quad \Delta c_{AP}]^{\mathrm{T}} \tag{4-94}$$

可以推导出利用姿态矩阵的元素表达 Rodrigues 矩阵元素的公式为

$$\begin{bmatrix}a\\b\\c\end{bmatrix}=\frac{1}{1+\mathrm{tr}\boldsymbol{R}}\begin{bmatrix}l_{23}-l_{32}\\l_{31}-l_{13}\\l_{12}-l_{21}\end{bmatrix} \tag{4-95}$$

式中　$\mathrm{tr}\boldsymbol{R}$——$\mathrm{tr}\boldsymbol{R}=l_{11}+l_{22}+l_{33}$。

将式(4－7)代入式(4－95)便得 Rodrigues 矩阵与四元数的关系，经整理得

$$\begin{bmatrix}a\\b\\c\end{bmatrix}=\begin{bmatrix}\dfrac{q_1}{q_0}\\\dfrac{q_2}{q_0}\\\dfrac{q_3}{q_0}\end{bmatrix},q_0\neq 0 \tag{4-96}$$

因此，将 Q_{AP} 和 $Rodr\Delta_{AP}$ 代入式(4－96)可得 Q_{AP} 和 $Rodr\Delta_{AP}$ 之间的转换关系为

$$\begin{bmatrix}\Delta a_{AP}\\\Delta b_{AP}\\\Delta c_{AP}\end{bmatrix}=\begin{bmatrix}\dfrac{q_{1-AP}}{q_{0-AP}}\\\dfrac{q_{2-AP}}{q_{0-AP}}\\\dfrac{q_{3-AP}}{q_{0-AP}}\end{bmatrix},q_{0-AP}\neq 0 \tag{4-97}$$

这样，将 $Rodr\Delta_{AP}=[\Delta a_{AP}\quad \Delta b_{AP}\quad \Delta c_{AP}]^{\mathrm{T}}$ 作为初始值代入式(4－91)和式(4－92)就能够很快求得空间目标之间相对位姿参数的最小二乘解。

4.2.3　基于 Rodrigues 参数和 EKF 的空间目标相对位姿动态确定算法(REKF)

Rodrigues参数在等效旋转角趋于$\pm 180^\circ$时会产生奇异，但对于等效旋转角变化范围远小于$\pm 180^\circ$的飞行器相对姿态描述问题，用 Rodrigues 参数描述具有参数少、简单、计算速度快等优势。本节将利用 Rodrigues 参数代替四元数，讨论其在空间目标相对位姿动态解算中的问题。

4.2.3.1　REKF 状态方程的建立

1. 状态量的选择

与基于四元数方法的状态量相比，仅相对姿态状态量的选取不同，即由前面的四元数替换

为 Rodrigues 参数 $\boldsymbol{\Phi}_{AP-b}=[\Phi_{AP-b-1}\quad \Phi_{AP-b-2}\quad \Phi_{AP-b-3}]^{\mathrm{T}}$。因此关于相对位置、速度的状态方程与上同，就不再讨论，以下就相对姿态的状态方程问题进行讨论。

2. 相对姿态的状态方程

根据 Rodrigues 参数和其与四元数的关系，以及相对姿态运动学姿态四元数微分方程，很容易得到相对姿态运动学姿态 Rodrigues 参数微分方程为

$$\dot{\boldsymbol{\Phi}}_{AP-b}=\frac{1}{2}\begin{bmatrix} 1+\Phi_{AP-b-1}^2 & \Phi_{AP-b-1}\Phi_{AP-b-2}-\Phi_{AP-b-3} & \Phi_{AP-b-1}\Phi_{AP-b-3}+\Phi_{AP-b-2} \\ \Phi_{AP-b-1}\Phi_{AP-b-2}+\Phi_{AP-b-3} & 1+\Phi_{AP-b-2}^2 & \Phi_{AP-b-2}\Phi_{AP-b-3}-\Phi_{AP-b-1} \\ \Phi_{AP-b-1}\Phi_{AP-b-3}-\Phi_{AP-b-2} & \Phi_{AP-b-2}\Phi_{AP-b-3}+\Phi_{AP-b-1} & 1+\Phi_{AP-b-3}^2 \end{bmatrix}\begin{bmatrix}\omega_x\\ \omega_y\\ \omega_z\end{bmatrix} \tag{4-98}$$

参考文献[88] 及式(4－98) 可得离散化的 Rodrigues 参数的相对姿态递推公式为

$$\boldsymbol{\Phi}(t+\tau)=\boldsymbol{\Phi}(t)*\left(\frac{\tan(\Delta\theta)/2}{\Delta\theta}\Delta\boldsymbol{\theta}\right) \tag{4-99}$$

式中　$\Delta\theta$——$\Delta\theta=\tau\omega(t)$；

$\Delta\boldsymbol{\theta}$——$\Delta\boldsymbol{\theta}=\sqrt{\Delta\boldsymbol{\theta}^{\mathrm{T}}-\Delta\boldsymbol{\theta}}$；

$*$——Rodrigues 参数乘法运算符。

类似基于四元数的方法，状态量 $\boldsymbol{S}=[\Delta x_{PA-b-O'}\quad \Delta y_{PA-b-O'}\quad \Delta z_{PA-b-O'}\quad \Delta Vx_{PA-b-O'}\quad \Delta Vy_{PA-b-O'}\quad \Delta Vz_{PA-b-O'}\quad \Phi_{AP-b-1}\quad \Phi_{AP-b-2}\quad \Phi_{AP-b-3}]^{\mathrm{T}}$ 的非线性连续函数为

$$f(\boldsymbol{S})=\frac{\mathrm{d}}{\mathrm{d}t}\begin{bmatrix}\Delta x_{PA-b-O'}\\ \Delta y_{PA-b-O'}\\ \Delta z_{PA-b-O'}\\ \Delta Vx_{PA-b-O'}\\ \Delta Vy_{PA-b-O'}\\ \Delta Vz_{PA-b-O'}\\ \Phi_{AP-b-1}\\ \Phi_{AP-b-2}\\ \Phi_{AP-b-3}\end{bmatrix} \tag{4-100}$$

对 $f(\boldsymbol{S})$ 求偏导得其相应的状态转移矩阵为

$$\frac{\partial f(\boldsymbol{S})}{\partial \boldsymbol{S}}=\frac{1}{2}\begin{bmatrix} 0 & 0 & 0 & 2 & 0 & 0 & 0 & 0 & 0\\ 0 & 0 & 0 & 0 & 2 & 0 & 0 & 0 & 0\\ 0 & 0 & 0 & 0 & 0 & 2 & 0 & 0 & 0\\ 0 & 0 & 0 & 0 & 0 & 4\Omega & 0 & 0 & 0\\ 0 & -2\Omega^2 & 0 & 0 & 0 & 0 & 0 & 0 & 0\\ 0 & 0 & 6\Omega^2 & -4\Omega & 0 & 0 & 0 & 0 & 0\\ 0 & 0 & 0 & 0 & 0 & 0 & Rodr_{11} & Rodr_{12} & Rodr_{13}\\ 0 & 0 & 0 & 0 & 0 & 0 & Rodr_{21} & Rodr_{22} & Rodr_{23}\\ 0 & 0 & 0 & 0 & 0 & 0 & Rodr_{31} & Rodr_{32} & Rodr_{33} \end{bmatrix} \tag{4-101}$$

式中　$Rodr_{11}$——$Rodr_{11}=2\Phi_{AP-b-1}\omega_x+\Phi_{AP-b-2}\omega_y+\Phi_{AP-b-3}\omega_z$；

$Rodr_{12}$——$Rodr_{12}=\Phi_{AP-b-1}\omega_y+\omega_z$；

$Rodr_{13}$——$Rodr_{13} = -\omega_y + \Phi_{AP-b-1}\omega_z$；

$Rodr_{21}$——$Rodr_{21} = \Phi_{AP-b-2}\omega_x - \omega_z$；

$Rodr_{22}$——$Rodr_{22} = \Phi_{AP-b-1}\omega_x + 2\Phi_{AP-b-2}\omega_y + \Phi_{AP-b-3}\omega_z$；

$Rodr_{23}$——$Rodr_{23} = \omega_x + \Phi_{AP-b-2}\omega_z$；

$Rodr_{31}$——$Rodr_{31} = \Phi_{AP-b-3}\omega_x + \omega_y$；

$Rodr_{32}$——$Rodr_{32} = -\omega_x + \Phi_{AP-b-3}\omega_y$；

$Rodr_{33}$——$Rodr_{33} = \Phi_{AP-b-1}\omega_x + \Phi_{AP-b-2}\omega_y + 2\Phi_{AP-b-3}\omega_z$。

获得连续函数的非线性状态转移矩阵后，将其离散化得到实际数据处理中的状态转移矩阵。

4.2.3.2 REKF 观测方程的建立

1. 状态量的选择

与基于四元数的处理方法相似，需要将上述状态量经过一定的转换建立其与摄像机坐标系的关系，关于相对位置状态量的转换完全与其相同，以下主要讨论相对姿态状态量$\boldsymbol{\Phi}_{AP-b} = [\Phi_{AP-b-1} \quad \Phi_{AP-b-2} \quad \Phi_{AP-b-3}]^{\mathrm{T}}$ 的转换。

2. 相对姿态的观测方程

根据 Rodrigues 参数方向余弦姿态阵的转换关系，将 $\boldsymbol{M}$ 转为相应的 Rodrigues 参数$\boldsymbol{\Phi}_{Cb} = [\Phi_{Cb-1} \quad \Phi_{Cb-2} \quad \Phi_{Cb-3}]^{\mathrm{T}}$，将$\boldsymbol{\Phi}_{AP-b} = [\Phi_{AP-b-1} \quad \Phi_{AP-b-2} \quad \Phi_{AP-b-3}]^{\mathrm{T}}$ 转换到摄像机坐标系相对于被动空间目标 P 的姿态在摄像机坐标系的 Rodrigues 参数阵为

$$\boldsymbol{\Phi}_{CP} = \boldsymbol{\Phi}_{AP-b} * \boldsymbol{\Phi}_{Cb} \tag{4-102}$$

进一步可得到关于状态量 $\boldsymbol{S}$ 的观测方程为

$$\left.\begin{aligned} x_i &= f\frac{l_{11}X_{W_i} + l_{12}Y_{W_i} + l_{13}Z_{W_i} + \Delta x_{AP-C}}{l_{31}X_{W_i} + l_{32}Y_{W_i} + l_{33}Z_{W_i} + \Delta z_{AP-C}} \\ y_i &= f\frac{l_{21}X_{W_i} + l_{22}Y_{W_i} + l_{23}Z_{W_i} + \Delta y_{AP-C}}{l_{31}X_{W_i} + l_{32}Y_{W_i} + l_{33}Z_{W_i} + \Delta z_{AP-C}} \end{aligned}\right\} \tag{4-103}$$

式中 l_{11}——$l_{11} = (1 + \Phi_{CP-1}^2 - \Phi_{CP-2}^2 - \Phi_{CP-3}^2)/(1 + \Phi^2)$；

l_{12}——$l_{12} = 2(\Phi_{CP-1}\Phi_{CP-2} + \Phi_{CP-3})/(1 + \Phi^2)$；

l_{13}——$l_{13} = 2(\Phi_{CP-1}\Phi_{CP-3} - \Phi_{CP-2})/(1 + \Phi^2)$；

l_{21}——$l_{21} = 2(\Phi_{CP-1}\Phi_{CP-2} - \Phi_{CP-3})/(1 + \Phi^2)$；

l_{22}——$l_{22} = (1 - \Phi_{CP-1}^2 + \Phi_{CP-2}^2 - \Phi_{CP-3}^2)/(1 + \Phi^2)$；

l_{23}——$l_{23} = 2(\Phi_{CP-2}\Phi_{CP-3} + \Phi_{CP-1})/(1 + \Phi^2)$；

l_{31}——$l_{31} = 2(\Phi_{CP-1}\Phi_{CP-3} + \Phi_{CP-2})/(1 + \Phi^2)$；

l_{32}——$l_{32} = 2(\Phi_{CP-2}\Phi_{CP-3} - \Phi_{CP-1})/(1 + \Phi^2)$；

l_{33}——$l_{33} = (1 - \Phi_{CP-1}^2 - \Phi_{CP-2}^2 + \Phi_{CP-3}^2)/(1 + \Phi^2)$；

Φ^2——$\Phi^2 = \Phi_{CP-1}^2 + \Phi_{CP-2}^2 + \Phi_{CP-3}^2$。

令

$$\left.\begin{aligned} \bar{X} &= l_{11}X_{W_i} + l_{12}Y_{W_i} + l_{13}Z_{W_i} + r_{11}\Delta x_{PA-O'} + r_{12}\Delta y_{PA-O'} + r_{13}\Delta z_{PA-O'} + T_1 \\ \bar{Y} &= l_{21}X_{W_i} + l_{22}Y_{W_i} + l_{23}Z_{W_i} + r_{21}\Delta x_{PA-O'} + r_{22}\Delta y_{PA-O'} + r_{23}\Delta z_{PA-O'} + T_2 \\ \bar{Z} &= l_{31}X_{W_i} + l_{32}Y_{W_i} + l_{33}Z_{W_i} + r_{31}\Delta x_{PA-O'} + r_{32}\Delta y_{PA-O'} + r_{33}\Delta z_{PA-O'} + T_3 \end{aligned}\right\} \tag{4-104}$$

则式(4-103)可以写为

$$\left.\begin{aligned} x_i &= f\frac{\overline{X}}{\overline{Z}} \\ y_i &= f\frac{\overline{Y}}{\overline{Z}} \end{aligned}\right\} \tag{4-105}$$

3. 观测方程的线性化

显然,式(4-105)也是一个关于本节状态量 $\boldsymbol{S}$ 的一个非线性方程,在利用 EKF 处理时,需要对其进行线性化处理。其线化后的观测方程转移矩阵为

$$\left.\frac{\partial h(\boldsymbol{S})}{\partial \boldsymbol{S}}\right|_{\boldsymbol{S}=\hat{\boldsymbol{S}}_k(-)} = \begin{bmatrix} \frac{\partial x_1}{\partial S_1} & \frac{\partial x_1}{\partial S_2} & \frac{\partial x_1}{\partial S_3} & \frac{\partial x_1}{\partial S_4} & \frac{\partial x_1}{\partial S_5} & \frac{\partial x_1}{\partial S_6} & \frac{\partial x_1}{\partial S_7} & \frac{\partial x_1}{\partial S_8} & \frac{\partial x_1}{\partial S_9} \\ \frac{\partial y_1}{\partial S_1} & \frac{\partial y_1}{\partial S_2} & \frac{\partial y_1}{\partial S_3} & \frac{\partial y_1}{\partial S_4} & \frac{\partial y_1}{\partial S_5} & \frac{\partial y_1}{\partial S_6} & \frac{\partial y_1}{\partial S_7} & \frac{\partial y_1}{\partial S_8} & \frac{\partial y_1}{\partial S_9} \\ \vdots & \vdots & \vdots & \vdots & \vdots & \vdots & \vdots & \vdots & \vdots \\ \frac{\partial x_i}{\partial S_1} & \frac{\partial x_i}{\partial S_2} & \frac{\partial x_i}{\partial S_3} & \frac{\partial x_i}{\partial S_4} & \frac{\partial x_i}{\partial S_5} & \frac{\partial x_i}{\partial S_6} & \frac{\partial x_i}{\partial S_7} & \frac{\partial x_i}{\partial S_8} & \frac{\partial x_i}{\partial S_9} \\ \frac{\partial y_i}{\partial S_1} & \frac{\partial y_i}{\partial S_2} & \frac{\partial y_i}{\partial S_3} & \frac{\partial y_i}{\partial S_4} & \frac{\partial y_i}{\partial S_5} & \frac{\partial y_i}{\partial S_6} & \frac{\partial y_i}{\partial S_7} & \frac{\partial y_i}{\partial S_8} & \frac{\partial y_i}{\partial S_9} \end{bmatrix}_{2i\times 9} \tag{4-106}$$

式(4-106)中对相对位置、速度状态量的偏导数与基于四元数方法的完全相同,对相对姿态状态量的偏导数与基于四元数方法部分类似,这里不再赘述。

4.3　基于对偶四元数的相对导航算法

4.3.1　基于 DQ 和 EKF 的空间目标相对位姿动态确定算法(DQEKF)

相对四元数而言,对偶四元数在描述 3D 物体运动方面将旋转和平移问题综合起来考虑,克服了四元数方法分开处理的缺陷,且对偶四元数描述 3D 物体运动的基元是直线,而四元数的描述基元是点,在特征提取方面,提取特征点要比提取特征线困难得多。因此,利用对偶四元数在描述机器视觉的 3D 物体运动方面具有独特的优势。在第 2 章基本理论的基础上,本节首先介绍如何利用对偶四元数描述 3D 物体运动,接着将其应用到基于机器视觉的空间目标相对位姿动态确定问题中,推导并建立其相应的状态方程和观测方程。

4.3.1.1　对偶四元数描述 3D 物体运动

在空间解析几何中,对于一个 3D 有向直线 $\boldsymbol{l}$ 可以由两个 3 元组来表示,即 $\boldsymbol{m}=[a\quad b\quad c]^{\mathrm{T}}$ 和 $\boldsymbol{p}_0=[x_0\quad y_0\quad z_0]^{\mathrm{T}}$。如图 4-1 所示,$p_0$ 为 $\boldsymbol{l}$ 上的点,$\boldsymbol{m}$ 为直线 $\boldsymbol{l}$ 与坐标原点所构成平面的法向量。

而正如前文所提,对偶四元数描述 3D 物体的基元是直线,那么,对偶四元数是如何描述一个 3D 直线呢? 著名的 Plücker(普吕克)坐标是对偶四元数的一种表达式,其中实部 $\boldsymbol{l}$ 为 3D 直

线的方向，$\boldsymbol{m}=\boldsymbol{p}\times\boldsymbol{l}$ 与上同，表示了 3D 直线运动，$\boldsymbol{p}$ 为坐标原点到 $\boldsymbol{l}$ 上点 $\boldsymbol{p}$ 的矢量。因此，$\boldsymbol{m}$ 实质上也是 $\boldsymbol{p}$ 与 $\boldsymbol{l}$ 所构平面的法向量，与空间解析几何的表述一致。在讨论了对偶四元数对空间直线的描述之后，以下将讨论对偶四元数如何描述空间直线的运动问题。

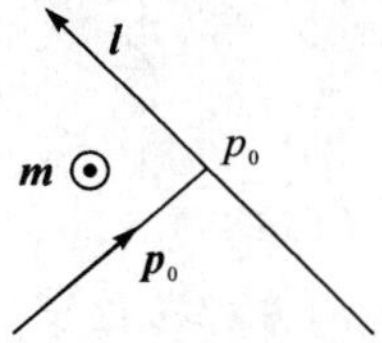

图 4-1　空间 3D 描述示意图

设有对偶四元数描述的 3D 空间有向直线 $\breve{\boldsymbol{l}}_a=\boldsymbol{l}_a+\varepsilon\boldsymbol{m}_a$ 经过 $(\boldsymbol{R},\boldsymbol{t})$ 的欧氏空间变换之后为 $\breve{\boldsymbol{l}}_b=\boldsymbol{l}_b+\varepsilon\boldsymbol{m}_b$，则有

$$\breve{\boldsymbol{l}}_b=\breve{\boldsymbol{q}}\,\breve{\boldsymbol{l}}_a\,\breve{\boldsymbol{q}}^* \tag{4-107}$$

式中　$\breve{\boldsymbol{q}}$——$(\boldsymbol{R},\boldsymbol{t})$ 所对应的单位对偶四元数；

$\breve{\boldsymbol{q}}^*$——$\breve{\boldsymbol{q}}$ 的共轭。

将螺旋运动与对偶四元数结合可以直观地反映欧氏空间变换，如图 4-2 所示，这样，Walker [22] 和 Daniilidis[23] 将 $\breve{\boldsymbol{q}}$ 描述为

$$\breve{\boldsymbol{q}}=\begin{bmatrix}\cos\left(\dfrac{\theta+\varepsilon d}{2}\right)\\ \sin\left(\dfrac{\theta+\varepsilon d}{2}\right)(\boldsymbol{l}+\varepsilon\boldsymbol{m})\end{bmatrix} \tag{4-108}$$

式中　$\boldsymbol{m}$——$\boldsymbol{m}=\boldsymbol{p}\times\boldsymbol{l}$；

$\boldsymbol{\varepsilon}^2$——$\boldsymbol{\varepsilon}^2=0$；

d——$d=\boldsymbol{l}^{\mathrm{T}}\boldsymbol{l}$；

$\boldsymbol{p}$——$\boldsymbol{p}=\dfrac{1}{2}(\boldsymbol{t}-(\boldsymbol{t}^{\mathrm{T}}\boldsymbol{l})\boldsymbol{l}+\cot\dfrac{1}{2}\boldsymbol{l}\times\boldsymbol{t})$。

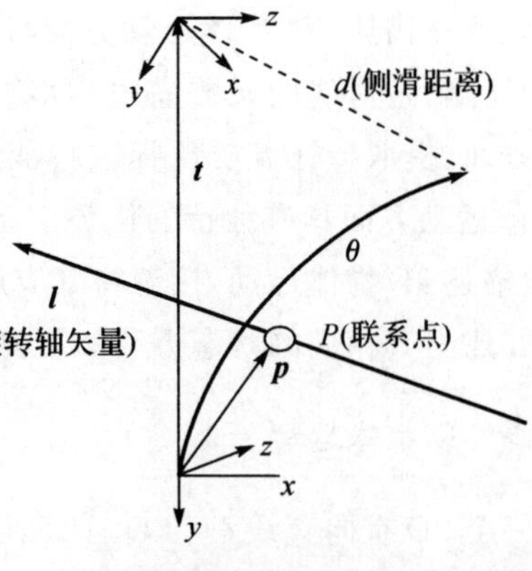

图 4-2　3D 物体的运动变换关系示意图

为便于计算，Thomas H. Connolly [26]，Thai Quynh Phong [27]，James Samuel Goddard[29] 等研究者将 $\breve{\boldsymbol{q}}$ 描述为

$$\breve{q} = q + \varepsilon \frac{t}{2} q \tag{4-109}$$

式中　q—— 单位四元数，表示旋转；

t—— 可以理解为实部为零的向量四元数，表示平移。

以上讨论了利用对偶四元数描述空间直线的运动问题。对于同一直线在不同坐标系或同一直线与其投影在不同坐标系的欧氏空间变换问题，其处理方法与上类似，理解这一点对于基于机器视觉的相对位姿确定至关重要。

4.3.1.2　DQEKF 状态方程的建立

根据式(4-109)的表述，在利用对偶四元数进行相对位姿的动态确定算法中，其状态量的选取、状态方程的建立与基于四元数方法的部分类同，这里不再赘述。

4.3.1.3　DQEKF 观测方程的建立

基于机器视觉的相对位姿确定的观测量是2D平面的点、线，如何建立空间3D直线与这些2D平面的点、线的关系是解算目标与摄像机或主动空间目标本体坐标系之间相对位姿的关键。这一部分将详细讨论并建立它们之间的相互关系。

如图 4-3，空间三维直线$\boldsymbol{l}_a$ 通过中心透视投影后在像平面的投影称为投影直线$\boldsymbol{l}_b$，$\boldsymbol{l}_b$ 与摄像机中心 O_C 构成的平面为投影平面，该投影平面的法向量为$\boldsymbol{m}_b$。这样，投影直线$\boldsymbol{l}_b$ 既在投影平面内，又在像平面内。

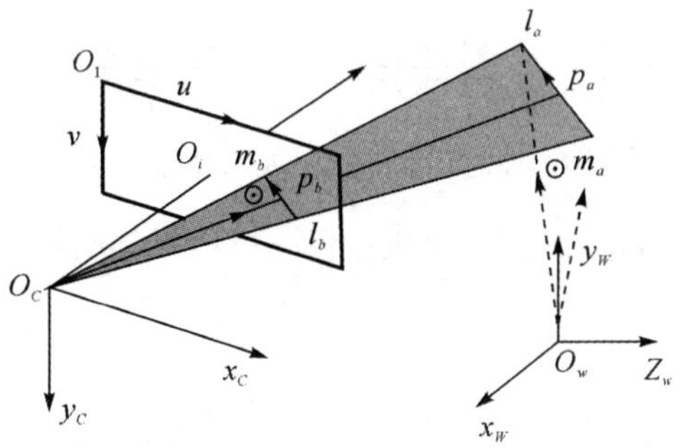

图 4-3　3D 直线、其投影直线、投影面以及其在目标参考坐标系的关系示意图

因此，在摄像机坐标系，$\boldsymbol{l}_b$ 可以用对偶四元数表示为

$$\breve{\boldsymbol{l}}_b = \boldsymbol{l}_b + \varepsilon\, \boldsymbol{m}_b \tag{4-110}$$

式中　$\boldsymbol{m}_b$—— $\boldsymbol{m}_b = \boldsymbol{p}_b \times \boldsymbol{l}_b$；

$\boldsymbol{p}_b$—— 摄像机坐标原点 O_C 到$\boldsymbol{l}_b$ 上点 p_b 的矢量。

在目标参考坐标系，$\boldsymbol{l}_a$ 可以用对偶四元数表示为

$$\breve{\boldsymbol{l}}_a = \boldsymbol{l}_a + \varepsilon\, \boldsymbol{m}_a \tag{4-111}$$

式中　$\boldsymbol{m}_a$—— $\boldsymbol{m}_a = \boldsymbol{p}_a \times \boldsymbol{l}_a$，为$\boldsymbol{l}_a$ 与目标参考坐标系原点 O_W 所构平面的法向量；

$\boldsymbol{p}_a$—— 目标参考坐标系原点 O_W 到$\boldsymbol{l}_a$ 上点 p_a 的矢量。

建立上述对偶四元数关系后，根据欧氏空间变换中同一空间3D直线在不同坐标系中的理论关系，可以演变得出同一空间 3D 直线及其投影直线在不同坐标系中的关系，这种关系可以

通过一个单位对偶四元数表示，其形式与式(4-107) 完全相同，只是描述的问题有所不同，其表达式为

$$\breve{\boldsymbol{l}}_b = \breve{\boldsymbol{q}}\,\breve{\boldsymbol{l}}_a\,\breve{\boldsymbol{q}}^* \tag{4-112}$$

如上文所述，我们的观测量是2D影像平面的点或线，在建立式(4-112) 的关系基础上，以下将通过像平面坐标系与摄像机坐标系之间的关系，通过$\boldsymbol{l}_b$ 在像平面坐标系中的描述建立如同式(4-112) 的关系。

定义：一特征线点：在像平面内，过坐标原点 O_i 作投影直线$\boldsymbol{l}_b$ 的垂线，其垂足 $P(x_{iP}, y_{iP})$ 为该投影直线$\boldsymbol{l}_b$ 所对应的特征线点，且唯一。

在摄像机坐标系，$\boldsymbol{l}_b$ 的投影平面(图 4-3 中阴影面) 可以表示为

$$m_{bx}x_C + m_{by}y_C + m_{bz}z_C = 0 \tag{4-113}$$

式中 $[m_{bx} \quad m_{by} \quad m_{bz}]^{\mathrm{T}}$——$[m_{bx} \quad m_{by} \quad m_{bz}]^{\mathrm{T}} = \boldsymbol{m}_b$。

当 $z_C = f$(f 为摄像机焦距) 时，投影平面与像平面相交，交线为$\boldsymbol{l}_b$。$z_C = f$ 为平行于 $x_CO_Cy_C$ 面的平面，其法线向量为$[0 \quad 0 \quad 1]^{\mathrm{T}}$。这样，投影直线在像平面的方程为

$$m_{bx}x_i + m_{by}y_i + m_{bz}f = 0 \tag{4-114}$$

式中 $[x_i \quad y_i]^{\mathrm{T}}$——像平面坐标。

对式(4-114) 作标准化处理后得

$$\frac{m_{bx}x_i}{\sqrt{m_{bx}^2 + m_{by}^2}} + \frac{m_{bx}y_i}{\sqrt{m_{bx}^2 + m_{by}^2}} + \frac{m_{zx}f}{\sqrt{m_{bx}^2 + m_{by}^2}} = 0 \tag{4-115}$$

因此，有

$$\boldsymbol{l}_b = \left[-\frac{m_{by}}{\sqrt{m_{bx}^2 + m_{by}^2}} \quad \frac{m_{bx}}{\sqrt{m_{bx}^2 + m_{by}^2}} \quad 0 \right]^{\mathrm{T}} \tag{4-116}$$

由此可以推导出过投影直线$\boldsymbol{l}_b$ 所对应的特征线点 P 的投影面法向量$\boldsymbol{m}_{bP}$ 为

$$\boldsymbol{m}_{bP} = \frac{f}{\sqrt{m_{bx}^2 + m_{by}^2}} [m_{bx} \quad m_{by} \quad m_{bz}]^{\mathrm{T}} \tag{4-117}$$

因此，用$\boldsymbol{l}_b$ 和$\boldsymbol{m}_{bP}$ 可以将特征线点 P 的坐标表示为

$$x_{iP} = -f\frac{m_{bx}m_{bz}}{m_{bx}^2 + m_{by}^2} \tag{4-118}$$

$$y_{iP} = -f\frac{m_{by}m_{bz}}{m_{bx}^2 + m_{by}^2} \tag{4-119}$$

从式(4-116) ~ 式(4-119) 可以看出，$\boldsymbol{l}_b$，$\boldsymbol{m}_{bP}$，$[x_{iP} \quad y_{iP}]^{\mathrm{T}}$ 都与$[m_{bx} \quad m_{by} \quad m_{bz}]^{\mathrm{T}}$ 有关，那么，如何通过观测量计算$[m_{bx} \quad m_{by} \quad m_{bz}]^{\mathrm{T}}$ 呢？下面根据文献[89-90] 直接给出相关的计算公式。设投影直线$\boldsymbol{l}_b$ 上有两点 P_1，P_2，$\overrightarrow{P_1P_2}$ 与$\boldsymbol{l}_b$ 一致，则有

$$\begin{aligned} m_{bx} &= (y_{iP_1} - y_{iP_2})/k \\ m_{by} &= (x_{iP_2} - x_{iP_1})/k \\ m_{bz} &= (x_{iP_1}y_{iP_2} - y_{iP_1}x_{iP_2})/(fk) \end{aligned} \tag{4-120}$$

式中 k——$k = [(y_{iP_1} - y_{iP_2})^2 + (x_{iP_2} - x_{iP_1})^2 + (x_{iP_1}y_{iP_2} - y_{iP_1}x_{iP_2})^2/f^2]^{1/2}$，且满足 $m_{bx}^2 + m_{by}^2 + m_{bz}^2 = 1$。

投影直线$\boldsymbol{l}_b$ 上两点 P_1，P_2 所对应空间 3D 直线$\boldsymbol{l}_a$ 上的点分别为 p_1，p_2，$\overrightarrow{p_1p_2}$ 与$\boldsymbol{l}_a$ 方向一致，

在目标参考坐标系，有

$$\boldsymbol{l}_a=\overrightarrow{p_1p_2}=\overrightarrow{O_Wp_2}-\overrightarrow{O_Wp_1} \tag{4-121}$$

$$\boldsymbol{m}_a=\overrightarrow{p_1p_2}=\overrightarrow{O_Wp_1}\times\overrightarrow{O_Wp_2} \tag{4-122}$$

至此，关于$\boldsymbol{l}_a$，$\boldsymbol{l}_b$ 的对偶四元数的具体表述及与像平面观测量的关系已完全解决，尤其是将像平面内投影直线$\boldsymbol{l}_b$ 的观测量与其对应的特征线点建立了关系后，为后续的数据处理提供了方便。

显然，式(4－118) 和式(4－119) 是关于状态量$\boldsymbol{S}=[\Delta x_{PA-O'}\quad \Delta y_{PA-O'}\quad \Delta z_{PA-O'}\quad \Delta Vx_{PA-O'}\quad \Delta Vy_{PA-O'}\quad \Delta Vz_{PA-O'}\quad q_{AP-b-0}\quad q_{AP-b-1}\quad q_{AP-b-2}\quad q_{AP-b-3}]^{\mathrm{T}}$ 的非线性方程，在利用 EKF 处理时，需要对其进行线性化处理。式(4－118) 和式(4－119) 对 $\boldsymbol{S}$ 求偏导可得

$$\frac{\partial x_{iP}}{\partial \boldsymbol{S}}=\frac{\partial x_{iP}}{\partial m_{bx}}\frac{\partial m_{bx}}{\partial \boldsymbol{S}}+\frac{\partial x_{iP}}{\partial m_{by}}\frac{\partial m_{by}}{\partial \boldsymbol{S}}+\frac{\partial x_{iP}}{\partial m_{bz}}\frac{\partial m_{bz}}{\partial \boldsymbol{S}} \tag{4-123}$$

$$\frac{\partial y_{iP}}{\partial \boldsymbol{S}}=\frac{\partial y_{iP}}{\partial m_{bx}}\frac{\partial m_{bx}}{\partial \boldsymbol{S}}+\frac{\partial y_{iP}}{\partial m_{by}}\frac{\partial m_{by}}{\partial \boldsymbol{S}}+\frac{\partial y_{iP}}{\partial m_{bz}}\frac{\partial m_{bz}}{\partial \boldsymbol{S}} \tag{4-124}$$

在式(4－123) 中

$$\frac{\partial x_{iP}}{\partial m_{bx}}=-f\frac{m_{bz}}{m_{bx}^2+m_{by}^2}+2f\frac{m_{bz}m_{bx}^2}{(m_{bx}^2+m_{by}^2)^2} \tag{4-125}$$

$$\frac{\partial x_{iP}}{\partial m_{by}}=2f\frac{m_{bz}m_{bx}m_{by}}{(m_{bx}^2+m_{by}^2)^2} \tag{4-126}$$

$$\frac{\partial x_{iP}}{\partial m_{bz}}=-f\frac{m_{bx}}{m_{bx}^2+m_{by}^2} \tag{4-127}$$

$$\frac{\partial y_{iP}}{\partial m_{bx}}=2f\frac{m_{bz}m_{by}m_{bx}}{(m_{bx}^2+m_{by}^2)^2} \tag{4-128}$$

$$\frac{\partial y_{iP}}{\partial m_{by}}=-f\frac{m_{bz}}{m_{bx}^2+m_{by}^2}+2f\frac{m_{bz}m_{by}^2}{(m_{bx}^2+m_{by}^2)^2} \tag{4-129}$$

$$\frac{\partial y_{iP}}{\partial m_{bz}}=-f\frac{m_{by}}{m_{bx}^2+m_{by}^2} \tag{4-130}$$

以下推导并给出$\frac{\partial m_{bx}}{\partial \boldsymbol{S}}$，$\frac{\partial m_{by}}{\partial \boldsymbol{S}}$，$\frac{\partial m_{bz}}{\partial \boldsymbol{S}}$结果。将式(4－107) ～ 式(4－109) 代入式(4－110)，并视$\boldsymbol{l}_a$，$\boldsymbol{m}_a$，$\boldsymbol{l}_b$，$\boldsymbol{m}_b$ 为实部为零的向量四元数，则有

$$\begin{aligned}\boldsymbol{l}_b+\varepsilon\,\boldsymbol{m}_b&=\left(\boldsymbol{q}+\varepsilon\,\frac{\boldsymbol{t}}{2}\boldsymbol{q}\right)(\boldsymbol{l}_a+\varepsilon\,\boldsymbol{m}_a)\left(\boldsymbol{q}^*+\varepsilon\,\frac{1}{2}\boldsymbol{q}^*\ \boldsymbol{t}^*\right)=\\&\boldsymbol{q}\boldsymbol{l}_a\boldsymbol{q}^*+\varepsilon\left(\frac{1}{2}\boldsymbol{q}\boldsymbol{l}_a\boldsymbol{q}^*\ \boldsymbol{t}^*+\boldsymbol{q}\boldsymbol{m}_a\boldsymbol{q}^*+\frac{1}{2}\boldsymbol{t}\boldsymbol{q}\boldsymbol{l}_a\boldsymbol{q}^*\right)\end{aligned} \tag{4-131}$$

从式(4－131) 可得

$$\boldsymbol{m}_b=\frac{1}{2}\boldsymbol{q}\boldsymbol{l}_a\boldsymbol{q}^*\ \boldsymbol{t}^*+\boldsymbol{q}\boldsymbol{m}_a\boldsymbol{q}^*+\frac{1}{2}\boldsymbol{t}\boldsymbol{q}\boldsymbol{l}_a\boldsymbol{q}^* \tag{4-132}$$

可将式(4－132) 写为

$$\boldsymbol{m}_b=\frac{1}{2}\overline{\boldsymbol{M}}_{t^*}\ \overset{+}{\boldsymbol{M}}_q\overline{\boldsymbol{M}}_{q^*}\boldsymbol{l}_a+\overset{+}{\boldsymbol{M}}_q\overline{\boldsymbol{M}}_{q^*}\boldsymbol{m}_a+\frac{1}{2}\overset{+}{\boldsymbol{M}}_t\overset{+}{\boldsymbol{M}}_q\overline{\boldsymbol{M}}_{q^*}\boldsymbol{l}_a \tag{4-133}$$

将式(4－133) 整理得

$$\boldsymbol{m}_b=\overset{+}{\boldsymbol{M}}_q\overline{\boldsymbol{M}}_{q^*}\boldsymbol{m}_a+\frac{1}{2}(\overset{+}{\boldsymbol{M}}_t+\overline{\boldsymbol{M}}_{t^*})\overset{+}{\boldsymbol{M}}_q\overline{\boldsymbol{M}}_{q^*}\boldsymbol{l}_a \tag{4-134}$$

令

$$\boldsymbol{R}_M=\overset{+}{\boldsymbol{M}}_q\overline{\boldsymbol{M}}_{q^*}=\begin{bmatrix}1 & 0 & 0 & 0\\ 0 & q_0^2+q_1^2-q_2^2-q_3^2 & 2(q_1q_2+q_0q_3) & 2(q_3q_1-q_0q_2)\\ 0 & 2(q_1q_2-q_0q_3) & q_0^2-q_1^2+q_2^2-q_3^2 & 2(q_2q_3+q_0q_1)\\ 0 & 2(q_3q_1+q_0q_2) & 2(q_2q_3-q_0q_1) & q_0^2-q_1^2-q_2^2+q_3^2\end{bmatrix} \tag{4-135}$$

$$[q_0 \quad q_1 \quad q_2 \quad q_3]^{\mathrm{T}}=[q_{CP-0} \quad q_{CP-1} \quad q_{CP-2} \quad q_{CP-3}]^{\mathrm{T}}$$

$$\boldsymbol{M}_{t,t^*}=2\begin{bmatrix}0 & 0 & 0 & 0\\ 0 & 0 & -t_3 & t_2\\ 0 & t_3 & 0 & -t_1\\ 0 & -t_2 & t_1 & 0\end{bmatrix} \tag{4-136}$$

则有

$$\left.\begin{aligned}t_1&=r_{11}\Delta x_{PA-O'}+r_{12}\Delta y_{PA-O'}+r_{13}\Delta z_{PA-O'}+T_1\\ t_2&=r_{21}\Delta x_{PA-O'}+r_{22}\Delta y_{PA-O'}+r_{23}\Delta z_{PA-O'}+T_2\\ t_3&=r_{31}\Delta x_{PA-O'}+r_{32}\Delta y_{PA-O'}+r_{33}\Delta z_{PA-O'}+T_3\end{aligned}\right\} \tag{4-137}$$

把式(4－136)和式(4－135)代入式(4－134),可将其简化为

$$\boldsymbol{m}_b=\boldsymbol{R}_M\,\boldsymbol{m}_a+\frac{1}{2}\,\boldsymbol{M}_{t,t^*}\ \boldsymbol{R}_M\,\boldsymbol{l}_a \tag{4-138}$$

由此对状态量 $\boldsymbol{S}$ 求偏导,结果为

$$\left.\begin{aligned}\frac{\partial\boldsymbol{m}_b}{\partial\Delta x_{PA-O'}}&=\frac{1}{2}\,\frac{\partial\boldsymbol{M}_{t,t^*}}{\partial\Delta x_{PA-O'}}\boldsymbol{R}_M\,\boldsymbol{l}_a\\ \frac{\partial\boldsymbol{m}_b}{\partial\Delta y_{PA-O'}}&=\frac{1}{2}\,\frac{\partial\boldsymbol{M}_{t,t^*}}{\partial\Delta y_{PA-O'}}\boldsymbol{R}_M\,\boldsymbol{l}_a\\ \frac{\partial\boldsymbol{m}_b}{\partial\Delta y_{PA-O'}}&=\frac{1}{2}\,\frac{\partial\boldsymbol{M}_{t,t^*}}{\partial\Delta y_{PA-O'}}\boldsymbol{R}_M\,\boldsymbol{l}_a\end{aligned}\right\} \tag{4-139}$$

式中 $\dfrac{\partial\boldsymbol{M}_{t,t^*}}{\partial\Delta x_{PA-O'}}$—— $\dfrac{\partial\boldsymbol{M}_{t,t^*}}{\partial\Delta x_{PA-O'}}=2\begin{bmatrix}0 & 0 & 0 & 0\\ 0 & 0 & -r_{31} & r_{21}\\ 0 & r_{31} & 0 & -r_{11}\\ 0 & -r_{21} & r_{11} & 0\end{bmatrix}$;

$\dfrac{\partial\boldsymbol{M}_{t,t^*}}{\partial\Delta y_{PA-O'}}$—— $\dfrac{\partial\boldsymbol{M}_{t,t^*}}{\partial\Delta y_{PA-O'}}=2\begin{bmatrix}0 & 0 & 0 & 0\\ 0 & 0 & -r_{32} & r_{22}\\ 0 & r_{32} & 0 & -r_{12}\\ 0 & -r_{22} & r_{12} & 0\end{bmatrix}$;

$\dfrac{\partial\boldsymbol{M}_{t,t^*}}{\partial\Delta z_{PA-O'}}$—— $\dfrac{\partial\boldsymbol{M}_{t,t^*}}{\partial\Delta z_{PA-O'}}=2\begin{bmatrix}0 & 0 & 0 & 0\\ 0 & 0 & -r_{33} & r_{23}\\ 0 & r_{33} & 0 & -r_{13}\\ 0 & -r_{23} & r_{13} & 0\end{bmatrix}$。

$$\frac{\partial\boldsymbol{m}_b}{\partial\Delta Vx_{PA-O'}}=\frac{\partial\boldsymbol{m}_b}{\partial\Delta Vy_{PA-O'}}=\frac{\partial\boldsymbol{m}_b}{\partial\Delta Vz_{PA-O'}}=0 \tag{4-140}$$

$$\frac{\partial \boldsymbol{m}_b}{\partial q_{AP-b-i}}=\frac{\partial \boldsymbol{R}_M}{\partial q_{AP-b-i}}\boldsymbol{m}_a+\frac{1}{2}\boldsymbol{M}_{t,t^*}\frac{\partial \boldsymbol{R}_M}{\partial q_{AP-b-i}}\boldsymbol{l}_a \quad (i=0,1,2,3) \tag{4-141}$$

在式(4－141)中

$$\frac{\partial \boldsymbol{R}_M}{\partial q_{AP-b-0}}=2\begin{bmatrix}0 & 0 & 0 & 0\\ 0 & a_{11} & a_{12} & a_{13}\\ 0 & a_{21} & a_{22} & a_{23}\\ 0 & a_{31} & a_{32} & a_{33}\end{bmatrix} \tag{4-142}$$

式中　a_{11}——$a_{11}=q_{CP-0}q_{Cb-0}+q_{CP-1}q_{Cb-1}-q_{CP-2}q_{Cb-2}-q_{CP-3}q_{Cb-3}$；

a_{12}——$a_{12}=q_{Cb-1}q_{CP-2}+q_{CP-1}q_{Cb-2}+q_{Cb-0}q_{CP-3}+q_{CP-0}q_{Cb-3}$；

a_{13}——$a_{13}=q_{Cb-3}q_{CP-1}+q_{CP-3}q_{Cb-1}-q_{Cb-0}q_{CP-2}-q_{CP-0}q_{Cb-2}$；

a_{21}——$a_{21}=q_{Cb-1}q_{CP-2}+q_{CP-1}q_{Cb-2}-q_{Cb-0}q_{CP-3}-q_{CP-0}q_{Cb-3}$；

a_{22}——$a_{22}=q_{CP-0}q_{Cb-0}-q_{CP-1}q_{Cb-1}+q_{CP-2}q_{CP-2}-q_{CP-3}q_{Cb-3}$；

a_{23}——$a_{23}=q_{Cb-2}q_{CP-3}+q_{CP-2}q_{Cb-3}+q_{Cb-0}q_{CP-1}+q_{CP-0}q_{Cb-1}$；

a_{31}——$a_{31}=q_{Cb-3}q_{CP-1}+q_{CP-3}q_{Cb-1}+q_{Cb-0}q_{CP-2}+q_{CP-0}q_{Cb-2}$；

a_{32}——$a_{32}=q_{Cb-2}q_{CP-3}+q_{CP-2}q_{Cb-3}-q_{Cb-0}q_{CP-1}-q_{CP-0}q_{Cb-1}$；

a_{33}——$a_{33}=q_{CP-0}q_{Cb-0}-q_{CP-1}q_{Cb-1}-q_{CP-2}q_{Cb-2}+q_{CP-3}q_{Cb-3}$。

$$\frac{\partial \boldsymbol{R}_M}{\partial q_{AP-b-1}}=2\begin{bmatrix}0 & 0 & 0 & 0\\ 0 & b_{11} & b_{12} & b_{13}\\ 0 & b_{21} & b_{22} & b_{23}\\ 0 & b_{31} & b_{32} & b_{33}\end{bmatrix} \tag{4-143}$$

式中　b_{11}——$b_{11}=-q_{CP-0}q_{Cb-1}+q_{CP-1}q_{Cb-0}+q_{CP-2}q_{Cb-3}-q_{CP-3}q_{Cb-2}$；

b_{12}——$b_{12}=q_{Cb-0}q_{CP-2}-q_{CP-1}q_{Cb-3}-q_{Cb-1}q_{CP-3}+q_{CP-0}q_{Cb-2}$；

b_{13}——$b_{13}=q_{Cb-2}q_{CP-1}+q_{CP-3}q_{Cb-0}+q_{Cb-1}q_{CP-2}+q_{CP-0}q_{Cb-3}$；

b_{21}——$b_{21}=q_{Cb-0}q_{CP-2}-q_{CP-1}q_{Cb-3}+q_{Cb-1}q_{CP-3}-q_{CP-0}q_{Cb-2}$；

b_{22}——$b_{22}=-q_{CP-0}q_{Cb-1}-q_{CP-1}q_{Cb-0}-q_{CP-2}q_{Cb-3}-q_{CP-3}q_{Cb-2}$；

b_{23}——$b_{23}=-q_{Cb-3}q_{CP-3}+q_{CP-2}q_{Cb-2}-q_{Cb-1}q_{CP-1}+q_{CP-0}q_{Cb-0}$；

b_{31}——$b_{31}=q_{Cb-2}q_{CP-1}+q_{CP-3}q_{Cb-0}-q_{Cb-1}q_{CP-2}-q_{CP-0}q_{Cb-3}$；

b_{32}——$b_{32}=-q_{Cb-3}q_{CP-3}+q_{CP-2}q_{Cb-2}+q_{Cb-1}q_{CP-1}-q_{CP-0}q_{Cb-0}$；

b_{33}——$b_{33}=-q_{CP-0}q_{Cb-1}-q_{CP-1}q_{Cb-0}+q_{CP-2}q_{Cb-3}+q_{CP-3}q_{Cb-2}$。

$$\frac{\partial \boldsymbol{R}_M}{\partial q_{AP-b-2}}=2\begin{bmatrix}0 & 0 & 0 & 0\\ 0 & c_{11} & c_{12} & c_{13}\\ 0 & c_{21} & c_{22} & c_{23}\\ 0 & c_{31} & c_{32} & c_{33}\end{bmatrix} \tag{4-144}$$

式中　c_{11}——$c_{11}=-q_{CP-0}q_{Cb-2}+q_{CP-1}q_{Cb-3}-q_{CP-2}q_{Cb-0}+q_{CP-3}q_{Cb-1}$；

c_{12}——$c_{12}=q_{Cb-3}q_{CP-2}+q_{CP-1}q_{Cb-0}-q_{Cb-2}q_{CP-3}-q_{CP-0}q_{Cb-1}$；

c_{13}——$c_{13}=-q_{Cb-1}q_{CP-1}+q_{CP-3}q_{Cb-3}+q_{Cb-2}q_{CP-2}-q_{CP-0}q_{Cb-0}$；

c_{21}——$c_{21}=q_{Cb-3}q_{CP-2}+q_{CP-1}q_{Cb-0}+q_{Cb-2}q_{CP-3}+q_{CP-0}q_{Cb-1}$；

c_{22}——$c_{22}=-q_{CP-0}q_{Cb-2}-q_{CP-1}q_{Cb-3}+q_{CP-2}q_{Cb-0}+q_{CP-3}q_{Cb-1}$；

c_{23}——$c_{23}=q_{Cb-0}q_{CP-3}-q_{CP-2}q_{Cb-1}-q_{Cb-2}q_{CP-1}+q_{CP-0}q_{Cb-3}$；

c_{31}——$c_{31}=-q_{Cb-1}q_{CP-1}+q_{CP-3}q_{Cb-3}-q_{Cb-2}q_{CP-2}+q_{CP-0}q_{Cb-0}$；

c_{32}——$c_{32}=q_{Cb-0}q_{CP-3}-q_{CP-2}q_{Cb-1}+q_{Cb-2}q_{CP-1}-q_{CP-0}q_{Cb-3}$；

c_{33}——$c_{33}=-q_{CP-0}q_{Cb-2}-q_{CP-1}q_{Cb-3}-q_{CP-2}q_{Cb-0}-q_{CP-3}q_{Cb-1}$。

$$\frac{\partial \boldsymbol{R}_M}{\partial q_{AP-b-3}}=2\begin{bmatrix}0 & 0 & 0 & 0\\ 0 & d_{11} & d_{12} & d_{13}\\ 0 & d_{21} & d_{22} & d_{23}\\ 0 & d_{31} & d_{32} & d_{33}\end{bmatrix} \tag{4-145}$$

式中 d_{11}——$d_{11}=-q_{CP-0}q_{Cb-3}-q_{CP-1}q_{Cb-2}-q_{CP-2}q_{Cb-1}-q_{CP-3}q_{Cb-0}$；

d_{12}——$d_{12}=-q_{Cb-2}q_{CP-2}+q_{CP-1}q_{Cb-1}-q_{Cb-3}q_{CP-3}+q_{CP-0}q_{Cb-0}$；

d_{13}——$d_{13}=q_{Cb-0}q_{CP-1}-q_{CP-3}q_{Cb-2}+q_{Cb-3}q_{CP-2}-q_{CP-0}q_{Cb-1}$；

d_{21}——$d_{21}=-q_{Cb-2}q_{CP-2}+q_{CP-1}q_{Cb-1}+q_{Cb-3}q_{CP-3}-q_{CP-0}q_{Cb-0}$；

d_{22}——$d_{22}=-q_{CP-0}q_{Cb-3}+q_{CP-1}q_{Cb-2}+q_{CP-2}q_{Cb-1}-q_{CP-3}q_{Cb-0}$；

d_{23}——$d_{23}=q_{Cb-1}q_{CP-3}+q_{CP-2}q_{Cb-0}-q_{Cb-3}q_{CP-1}-q_{CP-0}q_{Cb-2}$；

d_{31}——$d_{31}=q_{Cb-0}q_{CP-1}-q_{CP-3}q_{Cb-2}-q_{Cb-3}q_{CP-2}+q_{CP-0}q_{Cb-1}$；

d_{32}——$d_{32}=q_{Cb-1}q_{CP-3}+q_{CP-2}q_{Cb-0}+q_{Cb-3}q_{CP-1}+q_{CP-0}q_{Cb-2}$；

d_{33}——$d_{33}=-q_{CP-0}q_{Cb-3}+q_{CP-1}q_{Cb-2}-q_{CP-2}q_{Cb-1}+q_{CP-3}q_{Cb-0}$。

4.3.2 基于 Rodrigues 参数化的对偶四元数和 EKF 的飞行器相对位姿动态确定算法(DRQEKF)

4.3.1 节系统地讨论了对偶四元数在基于机器视觉相对位姿确定中的应用，并将其应用到空间目标相对位姿动态确定中，推导并建立了其相应的模型。但是，其算法模型的状态量仍然是 10 个，能否将 Rodrigues 参数引入对偶四元数模型以减少状态量个数，从而提高整个算法的效率呢？本节就此问题对基于对偶四元数的模型作了改进，称其为 Rodrigues 参数化的对偶四元数。以下将介绍基于 Rodrigues 参数化的对偶四元数和 EKF 的飞行器相对位姿动态确定模型的建立思路。

4.3.2.1 DRQEKF 状态方程的建立

基于 Rodrigues 参数化的对偶四元数和 EKF 的飞行器相对位姿动态确定模型相对基于对偶四元数的模型来说，是将状态量中的四元数替换为 Rodrigues 参数，因此，关于该模型中状态方程的建立与基于对偶四元数的方法类似，这里不再展开讨论。

4.3.2.2 DRQEKF 观测方程的建立

根据姿态矩阵的唯一性，式(4-135) 中的 $\boldsymbol{R}_M$ 等价于

$$\boldsymbol{R}_M=\begin{bmatrix}1 & 0 & 0 & 0\\ 0 & l_{11} & l_{12} & l_{13}\\ 0 & l_{21} & l_{22} & l_{23}\\ 0 & l_{31} & l_{32} & l_{33}\end{bmatrix} \tag{4-146}$$

式(4-146) 中的 $l_{ij}\,(i=1,2,3;j=1,2,3)$ 与式(4-103) 中的相同。

因此，式(4-138)对状态量 $\boldsymbol{\Phi}_{AP-b-i}(i=1,2,3)$ 求偏导，有

$$\frac{\partial \boldsymbol{m}_b}{\partial \boldsymbol{\Phi}_{AP-b-i}}=\frac{\partial \boldsymbol{R}_M}{\partial \boldsymbol{\Phi}_{AP-b-i}}\boldsymbol{m}_a+\frac{1}{2}\boldsymbol{M}_{t,t^*}\frac{\partial \boldsymbol{R}_M}{\partial \boldsymbol{\Phi}_{AP-b-i}}\boldsymbol{l}_a,\quad i=1,2,3 \tag{4-147}$$

关于 $\frac{\partial \boldsymbol{m}_b}{\partial \boldsymbol{\Phi}_{AP-b-i}}$ 的具体推导与前面基于 Rodrigues 方法类似，这里从略。观测方程中关于其他状态量的偏导数完全与基于对偶四元数相同。

4.3.3　基于 DQ 和 UKF(Unscented Kalman Filter)的矿井多智体相对位姿动态确定算法(DQUKF)

无迹卡尔曼滤波(UKF,Unscented Kalman Filter)是根据 Unscented 变化(无迹变换)和卡尔曼滤波相结合得到的一种滤波算法。该滤波算法主要运用卡尔曼滤波的思想，但在求解目标后续时刻的预测值和量测值时，则需应用采样点来计算。UKF 通过设计加权点来近似表示 n 维目标采样点，计算加权点经由非线性函数的传播，通过非线性状态方程获得更新后的滤波值，从而实现了对目标的跟踪。UKF 有效地克服了扩展卡尔曼滤波的估计精度低、稳定性差的缺陷。

4.3.3.1　DQUKF 状态方程的建立

在基于 UKF 的动态估计建模中，首先要根据实际应用问题，选择合适的状态参数，建立状态方程；其次，要寻找状态参数和观测量之间的联系，建立观测方程。

1. 状态量的选择

根据矿井导航应用特点，选择主动矿井智能体 A 相对于目标矿井智能体 T 之间的相对位置 $[\Delta x_{TA-n}\quad \Delta y_{TA-n}\quad \Delta z_{TA-n}]^{\mathrm{T}}$ 和相对速度 $[\Delta Vx_{TA-n}\quad \Delta Vy_{TA-n}\quad \Delta Vz_{TA-n}]^{\mathrm{T}}$，以及相对姿态参数 $[q_{0-AT-B}\quad q_{1-AT-B}\quad q_{2-AT-B}\quad q_{3-AT-B}]^{\mathrm{T}}$ 作为状态参数。在基于机器视觉的相对位姿确定中，可通过安装在主动矿井智能体上摄像机建立摄像机坐标系与目标矿井智能体坐标系之间的相对位姿关系。摄像机和主动矿井智能体之间的相对关系，可以通过量测获得，最终将通过观测方程的转移矩阵实现。

相对姿态状态量直接选取主动矿井智能体 A 相对于目标矿井智能体 T 在主动矿井智能体 A 本体坐标系的姿态四元数阵 $\boldsymbol{Q}_{AT-B}=[q_{0-AT-B}\quad q_{1-AT-B}\quad q_{2-AT-B}\quad q_{3-AT-B}]^{\mathrm{T}}$，所以选择的状态变量为

$$\boldsymbol{X}=[\Delta x_{TA-n}\quad \Delta y_{PA-n}\quad \Delta z_{TA-n}\quad \Delta Vx_{TA-n}\quad \Delta Vy_{TA-n}\quad \Delta Vz_{TA-n}\quad q_{0-AT-B}\quad q_{1-AT-B}\quad q_{2-AT-B}\quad q_{3-AT-B}]^{\mathrm{T}}$$

2. 状态方程的建立

根据假设的矿井智能体运动方程得到关于状态量的非线性连续函数为

$$f(\boldsymbol{S})=\frac{\mathrm{d}}{\mathrm{d}t}\begin{bmatrix}\Delta x_{TA-n}\\ \Delta y_{TA-n}\\ \Delta z_{TA-n}\\ \Delta Vx_{TA-n}\\ \Delta Vy_{TA-n}\\ \Delta Vz_{TA-n}\\ q_{0-AT-B}\\ q_{1-AT-B}\\ q_{2-AT-B}\\ q_{3-AT-B}\end{bmatrix} \tag{4-148}$$

进一步可得到其相应的状态转移矩阵为

$$\boldsymbol{F}=\frac{1}{2}\begin{bmatrix} 0 & 0 & 0 & 2 & 0 & 0 & 0 & 0 & 0 & 0 \\ 0 & 0 & 0 & 0 & 2 & 0 & 0 & 0 & 0 & 0 \\ 0 & 0 & 0 & 0 & 0 & 2 & 0 & 0 & 0 & 0 \\ -2\times10^{-10} & 0 & 0 & 0 & 0 & 0 & 0 & 0 & 0 & 0 \\ 0 & -2\times10^{-6} & 0 & 0 & 0 & 0 & 0 & 0 & 0 & 0 \\ 0 & 0 & -2\times10^{-8} & 0 & 0 & 0 & 0 & 0 & 0 & 0 \\ 0 & 0 & 0 & 0 & 0 & 0 & 0 & \omega_z & -\omega_y & \omega_x \\ 0 & 0 & 0 & 0 & 0 & 0 & -\omega_z & 0 & \omega_x & \omega_y \\ 0 & 0 & 0 & 0 & 0 & 0 & \omega_y & -\omega_x & 0 & \omega_z \\ 0 & 0 & 0 & 0 & 0 & 0 & -\omega_x & -\omega_y & -\omega_z & 0 \end{bmatrix} \tag{4-149}$$

根据 UKF 理论进行离散化处理后可作为实际数据处理中的状态转移矩阵，经离散化后的状态方程为

$$\boldsymbol{x}_k=\boldsymbol{\Phi}_{k,k-1}\boldsymbol{x}_{k-1}+\boldsymbol{W}_{k-1} \tag{4-150}$$

式中　$\boldsymbol{\Phi}_{k,k-1}$—— 状态转移阵，$\boldsymbol{\Phi}_{k,k-1}=\mathrm{e}^{\boldsymbol{F}t}=\sum_{k=0}^{\infty}\frac{\boldsymbol{F}^k\boldsymbol{t}^k}{k!}$，$t$ 为采样周期；

$\boldsymbol{W}_{k-1}$—— 系统噪声。

4.3.3.2　DQUKF 观测方程的建立

共线方程是基于机器视觉的位姿确定计算的基础，其中平移参数是摄像机坐标系中心至目标矿井智能体中心矢径在摄像机坐标系中的分量。由于状态量的选择与摄像机之间没有直接的联系，需通过观测方程的转移矩阵建立它们之间的关系。

1.相对位置状态量的转换

首先将$[\Delta x_{TA-n}\quad \Delta y_{TA-n}\quad \Delta z_{TA-n}]^{\mathrm{T}}$ 转换到坐标原点为主动矿井智能体 A 中心的导航坐标系，可得

$$\begin{bmatrix}\Delta x_{AT-n}\\ \Delta y_{AT-n}\\ \Delta z_{AT-n}\end{bmatrix}=-\begin{bmatrix}\Delta x_{TA-n}\\ \Delta x_{TA-n}\\ \Delta x_{TA-n}\end{bmatrix} \tag{4-151}$$

将$[\Delta x_{AT-n}\quad \Delta y_{AT-n}\quad \Delta z_{AT-n}]^{\mathrm{T}}$ 转换到主动矿井智能体 A 的本体坐标系，可得

$$\begin{bmatrix}\Delta x_{AT-B}\\ \Delta y_{AT-B}\\ \Delta z_{AT-B}\end{bmatrix}=-\boldsymbol{R}_{A-Bn}\begin{bmatrix}\Delta x_{AT-n}\\ \Delta x_{AT-n}\\ \Delta x_{AT-n}\end{bmatrix} \tag{4-152}$$

将$[\Delta x_{AT-B}\quad \Delta y_{AT-B}\quad \Delta z_{AT-B}]^{\mathrm{T}}$ 转换到摄像机坐标系，可得

$$\begin{bmatrix}\Delta x_{AT-C}\\ \Delta y_{AT-C}\\ \Delta z_{AT-C}\end{bmatrix}=\boldsymbol{M}\begin{bmatrix}\Delta x_{AT-B}\\ \Delta x_{AT-B}\\ \Delta x_{AT-B}\end{bmatrix}+\boldsymbol{T} \tag{4-153}$$

式　$\boldsymbol{M}$—— 摄像机坐标系和主动矿井多智体本体坐标系的坐标原点平移值；

$\boldsymbol{T}$—— 摄像机坐标系和主动矿井多智体本体坐标系的旋转矩阵。

主动矿井智能体 A 与目标矿井智能体 T 的相对位置关系可以用摄像机坐标系与目标矿井智能体 T 在导航坐标系的关系建立，则有

$$\begin{bmatrix}\Delta x_{AT-C}\\ \Delta y_{AT-C}\\ \Delta z_{AT-C}\end{bmatrix}=-\boldsymbol{MR}_{A-Bn}\begin{bmatrix}\Delta x_{TA-n}\\ \Delta x_{TA-n}\\ \Delta x_{TA-n}\end{bmatrix}+\boldsymbol{T}=\begin{bmatrix}r_{11} & r_{12} & r_{13}\\ r_{21} & r_{22} & r_{23}\\ r_{31} & r_{32} & r_{33}\end{bmatrix}\begin{bmatrix}\Delta x_{TA-n}\\ \Delta x_{TA-n}\\ \Delta x_{TA-n}\end{bmatrix}+\begin{bmatrix}T_1\\ T_2\\ T_3\end{bmatrix} \tag{4-154}$$

2. 相对姿态状态量的转换

旋转矩阵 $\boldsymbol{M}$ 所对应的四元数阵为 $[q_{0-CB}\quad q_{1-CB}\quad q_{2-CB}\quad q_{3-CB}]^{\mathrm{T}}$，将相对姿态 $[q_{0-AP-B}\quad q_{1-AP-B}\quad q_{2-AP-B}\quad q_{3-AP-B}]^{\mathrm{T}}$ 转换到摄像机坐标系相对于目标矿井智能体 T 本体坐标系的姿态在摄像机坐标系的姿态四元数阵为

$$\begin{bmatrix}q_{0-CT}\\ q_{1-CT}\\ q_{2-CT}\\ q_{3-CT}\end{bmatrix}=\begin{bmatrix}q_{0-AT-B}\\ q_{1-AT-B}\\ q_{2-AT-B}\\ q_{3-AT-B}\end{bmatrix}\begin{bmatrix}q_{0-CB}\\ q_{1-CB}\\ q_{2-CB}\\ q_{3-CB}\end{bmatrix} \tag{4-155}$$

根据四元数的乘法公式，将式(4－155) 展开，可得

$$\begin{bmatrix}q_{0-CT}\\ q_{1-CT}\\ q_{2-CT}\\ q_{3-CT}\end{bmatrix}=\begin{bmatrix}q_{0-AT-B}q_{0-CB}-q_{1-AT-B}q_{1-CB}q_{2-AT-B}q_{2-CB}-q_{3-AT-B}q_{3-CB}\\ q_{1-AT-B}q_{0-CB}+q_{0-AT-B}q_{1-CB}q_{3-AT-B}q_{2-CB}+q_{2-AT-B}q_{3-CB}\\ q_{2-AT-B}q_{0-CB}+q_{3-AT-B}q_{1-CB}q_{0-AT-B}q_{2-CB}-q_{3-AT-B}q_{3-CB}\\ q_{3-AT-B}q_{0-CB}-q_{2-AT-B}q_{1-CB}q_{1-AT-B}q_{2-CB}+q_{0-AT-B}q_{3-CB}\end{bmatrix} \tag{4-156}$$

影像测量的特征点($M_{W1}, M_{W2}, \cdots, M_{WN}$) 所构成的直线在投影平面上所对应的投影特征线点分别为($P_1, P_2, \cdots, P_n$)，则投影特征线点所对应的图像坐标 $\boldsymbol{P}(P_1, P_2, \cdots, P_n)=[x_{iP1}\quad y_{iP1}\quad x_{iP2}\quad y_{iP2}\quad \cdots\quad x_{iPn}\quad y_{iPn}]^{\mathrm{T}}$ 为观测向量，在测量存在噪声的情况下，测量方程为

$$\boldsymbol{y}_k=\boldsymbol{h}(\boldsymbol{X}_k)=\begin{bmatrix}x_{iP1}\\ y_{iP1}\\ \vdots\\ x_{iPn}\\ y_{iPn}\end{bmatrix}=\begin{bmatrix}-f\dfrac{m_{2(1)x,k}m_{2(1)z,k}}{m_{2(1)x,k}^2+m_{2(1)y,k}^2}\\ -f\dfrac{m_{2(1)y,k}m_{2(1)z,k}}{m_{2(1)x,k}^2+m_{2(1)y,k}^2}\\ \vdots\\ -f\dfrac{m_{2(n)x,k}m_{2(n)z,k}}{m_{2(n)x,k}^2+m_{2(n)y,k}^2}\\ -f\dfrac{m_{2(n)y,k}m_{2(n)z,k}}{m_{2(n)x,k}^2+m_{2(n)y,k}^2}\end{bmatrix}+\boldsymbol{V}_k \tag{4-157}$$

式中　$\boldsymbol{h}$—— 量测函数，是状态量的非线性函数；

$\boldsymbol{V}_k$—— 测量噪声，假定其均值为零，协方差阵为 $\boldsymbol{R}_k$ 的随机白噪声。

测量方程关于状态参数的线性化处理与基于 DQEKF 方法相似。

4.4 导航算法的精度评定

在一般情况下，利用最小二乘求解的相对位置参数和相对姿态参数向量 $\boldsymbol{X}$ 的协方差阵往往是不知道的，为了评定精度，还要利用改正数 $\boldsymbol{V}$ 计算单位权方差的估计值 $\hat{\delta}_0^2$，然后才能计算相对位置参数和相对姿态参数向量 $\boldsymbol{X}$ 的协方差阵。以下根据测量平差数据处理的知识，直接给出相关公式。

单位权方差公式为

$$\hat{\delta}_0^2=\frac{\boldsymbol{V}^{\mathrm{T}}\boldsymbol{P}\boldsymbol{V}}{n-t} \tag{4-158}$$

式中 n—— 方程总个数；

t——$\boldsymbol{X}$ 的维数。

有了单位权方差的估值和向量 $\boldsymbol{X}$ 的验后协因数阵 $\boldsymbol{Q}_{\hat{X}\hat{X}}$（$\boldsymbol{Q}_{\hat{X}\hat{X}}=(\boldsymbol{A}^{\mathrm{T}}\boldsymbol{PA})^{-1}$，$(\boldsymbol{A}^{\mathrm{T}}\boldsymbol{PA})$ 的逆矩阵或广义逆，$\boldsymbol{Q}_{\hat{X}\hat{X}}=(\boldsymbol{A}^{\mathrm{T}}\boldsymbol{PA})^{-}$），即可计算最小二乘的估值 $\hat{\boldsymbol{X}}$ 的协方差阵：

$$\boldsymbol{D}_{\hat{X}\hat{X}}=\hat{\delta}_0^2\boldsymbol{Q}_{\hat{X}\hat{X}} \tag{4-159}$$

因此，$\hat{\boldsymbol{X}}$ 的计算中误差为

$$\boldsymbol{\delta}_{\hat{X}\hat{X}}=\hat{\delta}_0\sqrt{\boldsymbol{Q}_{\hat{X}\hat{X}}} \tag{4-160}$$

另外，在设计的仿真计算中，首先根据假定的主动空间目标 A 和被动空间目标 P 的姿轨参数计算空间目标 A 和 P 的相对位置和姿态，并把它们作为真实值 $\tilde{\boldsymbol{X}}$，然后根据此值，计算各个特征点对应的像平面坐标，并给这些像平面坐标加白噪声误差作为模拟观测值，最后再计算相对位置和姿态 $\hat{\boldsymbol{X}}$。因此，可以定义真实值 $\tilde{\boldsymbol{X}}$ 和计算值 $\hat{\boldsymbol{X}}$ 的差值作为实际误差，即

$$\boldsymbol{E}_{\mathrm{V}}=\tilde{\boldsymbol{X}}-\hat{\boldsymbol{X}} \tag{4-161}$$

通过计算中误差 $\boldsymbol{\delta}_{\hat{X}\hat{X}}$ 和实际误差 $\boldsymbol{E}_V$，可以对上述算法精度作出更为客观的评价。

4.5 仿真计算与实验验证及分析

4.5.1 空间飞行器相对导航的仿真计算及分析

4.5.1.1 远距离空间飞行器相对导航的仿真计算及分析

在上述算法的基础上，假定星载面阵CCD摄像机的分辨率为12 000×12 000，像元宽度为12 μm，摄像机焦距为350 mm，参考东方红三号卫星、资源一号卫星某些参数的量级[91]，假定主动飞行器 A 为2.4 m×2.4 m×2.4 m的一个立方体，质量为1 500 kg；设目标飞行器 P 为2 m×2 m×2 m的一个立方体，质量为1 400 kg，取特征点在其本体坐标系的坐标为

{−1，−1，1}，{−1，−1，−1}，{−1，1，1}，{−1，1，−1}，{−1，0，−1}，{0，0，1}，{1，−1，1}，{1，1，1}。表 4-1 给出了主动飞行器 A 和目标飞行器 P 的姿轨参数。如前所述，首先，根据表 4-1 的参数，计算出主动飞行器 A 和目标飞行器 P 的相对位置和相对姿态，并把它们作为真实值 $\tilde{\boldsymbol{X}}$；然后，计算各个特征点对应的像平面坐标，并给这些像平面坐标加 1 个像元的白噪声误差作为模拟观测值；最后，利用上述算法计算相对位置和姿态 $\hat{\boldsymbol{X}}$，仿真时间为 12 000 s，仿真步长为 5 s，输出间隔为 100 s。

表 4-1　空间飞行器 *A*、*P* 姿轨参数

参数	主动飞行器 A	目标飞行器 P
升交点赤经 /(°)	0.0	0.0
轨道倾角 /(°)	98.498 005	98.498
近地点幅角 /(°)	0.0	0.0
偏心率	0.000 000 01	0.0
半长轴 /km	7 200.500	7 200.500
过近地点时刻 /s	0.008	0.0
初始滚转角 /(°)	0.5	0.5
初始俯仰角 /(°)	0.2	0.2
初始偏航角 /(°)	0.5	0.4
滚转角速率 /[(°)·s^{-1}]	5×10^{-7}	5×10^{-7}
俯仰角速率 /[(°)·s^{-1}]	5×10^{-7}	5×10^{-7}
偏航角速率 /[(°)·s^{-1}]	5×10^{-7}	5×10^{-7}

图 4-4～图 4-11 给出了基于四元数的飞行器相对导航算法的仿真结果。图 4-4～图 4-10 中(a) 表示以飞行器 A、P 姿轨参数所计算的相对位姿信息作为最小二乘估计的初始值所得的仿真结果，(b) 表示以任意值为初始值所得的仿真结果，这里的任意值为 $q_0=1$，$q_1=0$，$q_2=0$，$q_3=0$(满足四元数的约束条件 $q_0^2+q_1^2+q_2^2+q_3^2=1$)，$t_1=50$ m，$t_2=10$ m，$t_3=10$ m；各图中横轴表示仿真时间(单位：s)，竖轴表示误差，虚线表示实际误差曲线，实线表示基于最小二乘的中误差曲线。图 4-11 中“◆”表示以任意值为初始值的计算迭代次数，“×”表示以飞行器 A、P 姿轨参数所计算的相对位姿信息作为最小二乘估计的初始值的计算迭代次数。

从仿真结果可以看出，利用最小二乘的计算中误差作为精度的评判依据和利用实际误差来评定基于四元数的飞行器相对导航算法的精度是等效的，这同时说明了该算法具有较好的可靠性；在同等精度的结果中，利用方法(a) 比利用方法(b) 的迭代次数减少约一半，在联想 Lenovo Intel (R)，Core(TM)i5-3230M CPU 2.60GHz，4.0GB 内存配置 PC 上的计算耗时上，(a) 方法耗时 454 ms，(b) 方法耗时 706 ms，因此，以飞行器 A、P 姿轨参数所计算的相对位姿信息作为最小二乘估计的初始值方法(a) 比以任意值为初值的方法(b) 计算效率提高约一倍。

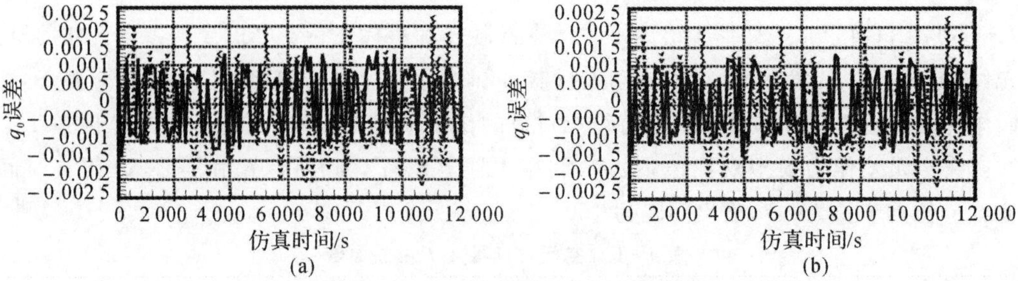

图 4－4　基于四元数算法的 q_0 误差曲线

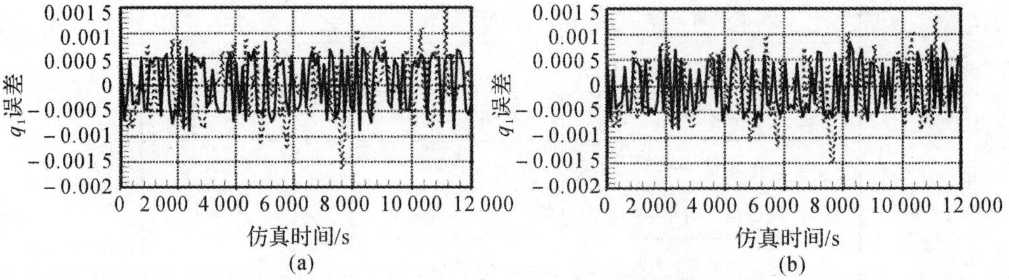

图 4－5　基于四元数算法的 q_1 误差曲线

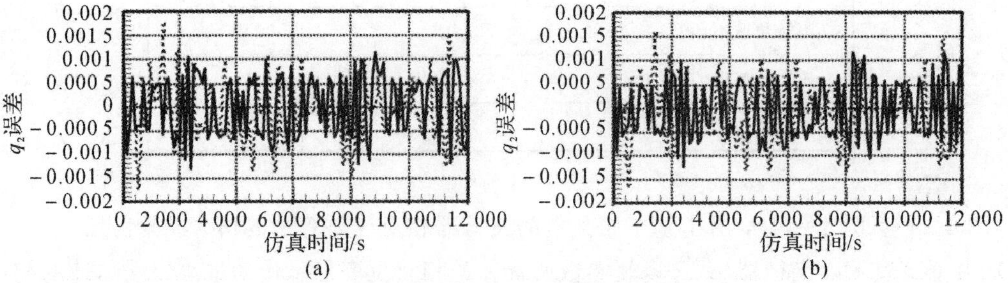

图 4－6　基于四元数算法的 q_2 误差曲线

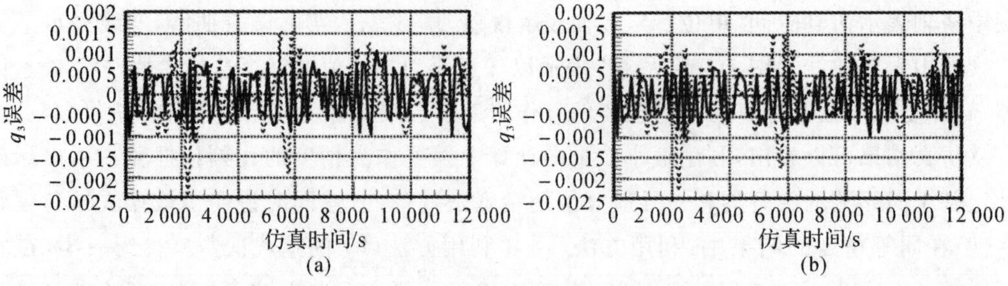

图 4－7　基于四元数算法的 q_3 误差曲线

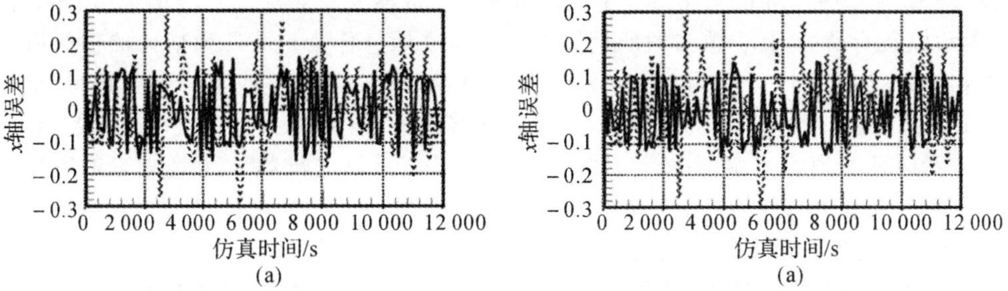

图 4-8　基于四元数算法的 x 轴误差曲线

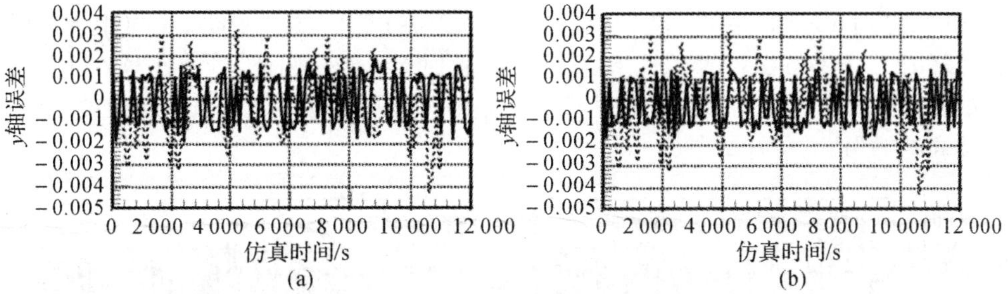

图 4-9　基于四元数算法的 y 轴误差曲线

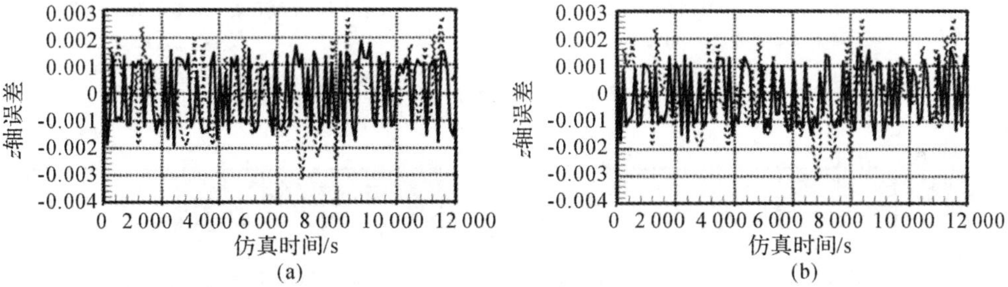

图 4-10　基于四元数算法的 z 轴误差曲线

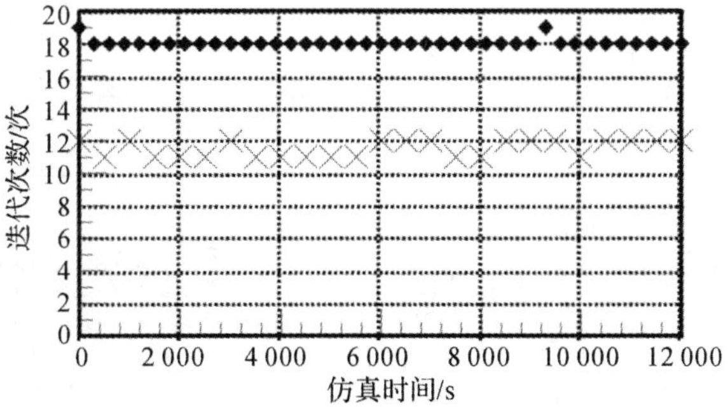

图 4-11　基于四元数算法的仿真计算迭代次数

图 4-12～图 4-18 给出了基于 Rodrigues 的飞行器视觉算法结果。图 4-12～图 4-17 中(a) 表示以飞行器 A、P 姿轨参数所计算的相对位姿信息作为最小二乘估计的初始值所得的仿真结果,(b) 表示以任意值为初始值所得的仿真结果;各图中横轴表示仿真时间(单位:s),竖轴表示误差,虚线表示实际误差曲线,实线表示基于最小二乘的计算中误差曲线。图 4-18 中"◆"表示以任意值为初始值的计算迭代次数,"×"表示以飞行器 A、P 姿轨参数所计算的相对位姿信息作为最小二乘估计的初始值的计算迭代次数。为了与前面基于四元数的飞行器视觉算法相比较,这里的任意值设定为 $Rodr\_a=0$,$Rodr\_b=0$,$Rodr\_c=0$,$t_1=50$ m,$t_2=10$ m,$t_3=10$ m。从仿真结果可以看出,利用最小二乘的计算中误差作为精度的评判依据和利用实际误差来评定基于 Rodrigues 参数的飞行器相对导航算法的精度是等效的,这同时说明了该算法具有较好的可靠性;在同等精度的结果中,利用方法(a) 比利用方法(b) 的迭代次数减少约一半,在联想 Lenovo Intel (R), Core(TM)i5-3230M CPU 2.60GHz, 4.0GB 内存配置 PC 上的计算耗时上,(a) 方法耗时 328 ms,(b) 方法耗时 634 ms,因此,以飞行器 A、P 姿轨参数所计算的相对位姿信息作为最小二乘估计的初始值方法(a) 比以任意值为初值的方法(b) 计算效率提高约一倍。

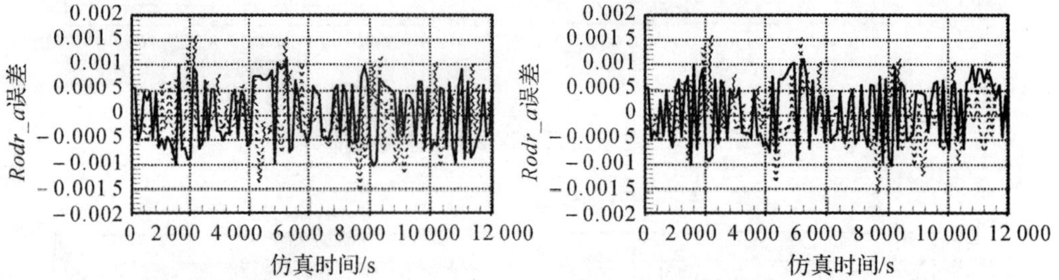

(a) (b)

图 4-12　基于 Rodrigues 算法的 *Rodr_a* 误差曲线

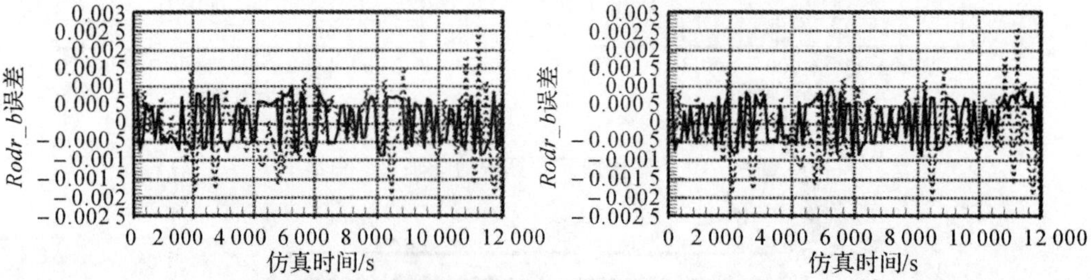

(a) (b)

图 4-13　基于 Rodrigues 算法的 *Rodr_b* 误差曲线

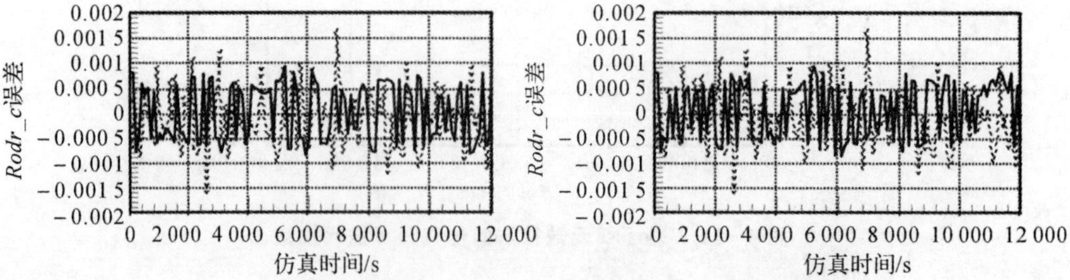

(a) (b)

图 4-14　基于 Rodrigues 算法的 *Rodr_c* 误差曲线

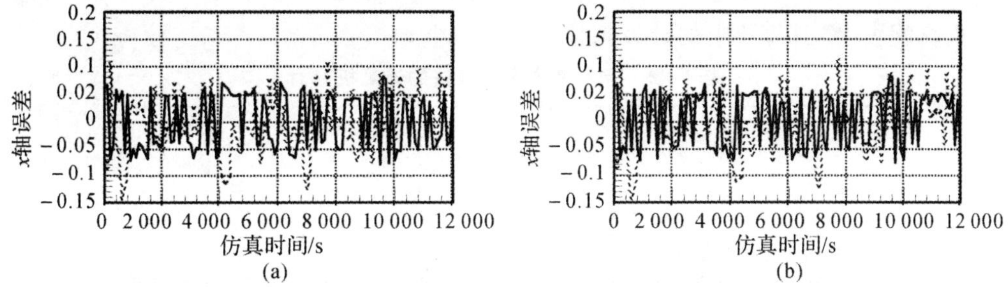

图 4－15　基于 Rodrigues 算法的 x 轴误差曲线

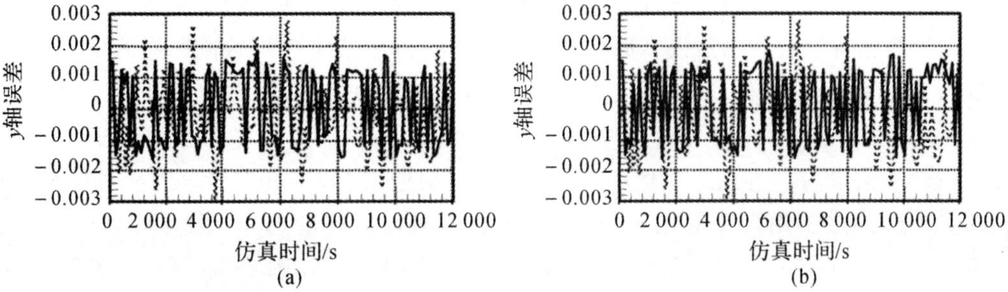

图 4－16　基于 Rodrigues 算法的 y 轴误差曲线

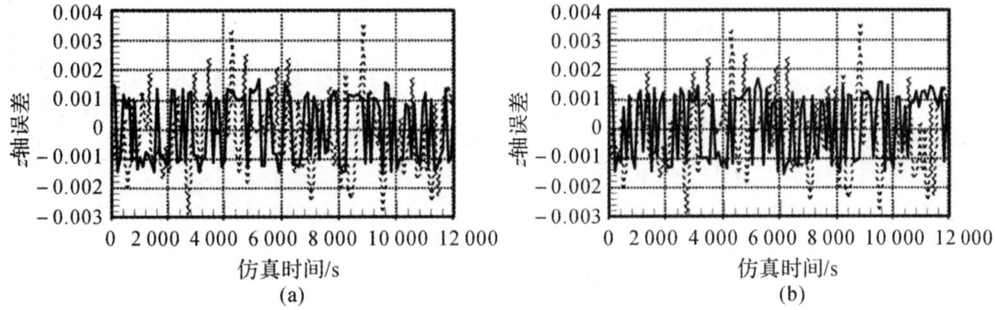

图 4－17　基于 Rodrigues 算法的 z 轴误差曲线

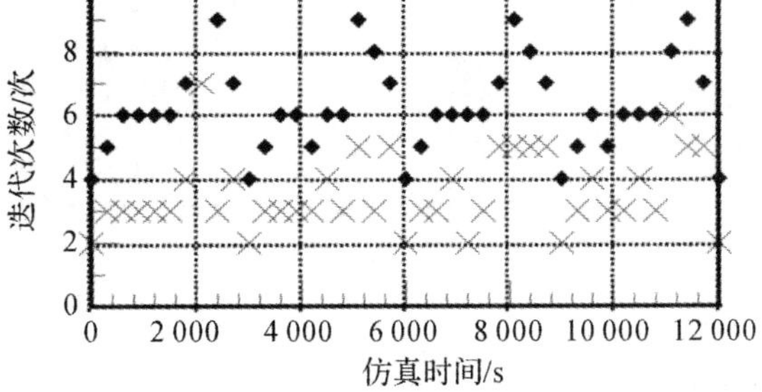

图 4－18　基于 Rodrigues 算法的仿真计算迭代次数

表 4－2 列出了两种算法在 Lenovo Intel (R), Core(TM)i5－3230M CPU 2.60GHz，4.0GB 内存配置 PC 计算机上的计算耗时。

表 4－2　两种静态预报算法的计算机耗时

算法	1 个像元观测精度的计算耗时 /ms	
	(a)	(b)
基于四元数的飞行器静态预报算法	454	706
基于 Rodrigues 参数的飞行器静态预报算法	328	634

注：表中(a)(b) 与图 4－4 ～ 图 4－10 和图 4－12 ～ 图 4－17 中(a)(b) 相同。

从图 4－4 ～图 4－18 的仿真计算结果可以看出，本书提出的基于四元数和基于 Rodrigues 参数的飞行器相对导航静态预报算法在利用飞行器姿轨信息作为初始值选择的依据后，在获得同等精度的条件下能够提高算法的计算效率。为了更直观地比较基于四元数和基于 Rodrigues 参数的飞行器相对导航两种静态预报算法的优越性，以下将相对姿态的误差输出统一为 Euler 角形式输出，即用真实的相对姿态四元数对应的 Euler 角与计算的相对姿态四元数对应的 Euler 角作差，用真实的相对姿态 Rodrigues 参数对应的 Euler 角与计算的相对姿态 Rodrigues 参数所对应的 Euler 角作差，其输出结果如图 4－19 ～ 图 4－21 所示。各图中(a) 表示基于四元数的飞行器相对导航算法的相对姿态误差，(b) 表示基于 Rodrigues 参数的飞行器相对导航静态预报算法的相对姿态误差。

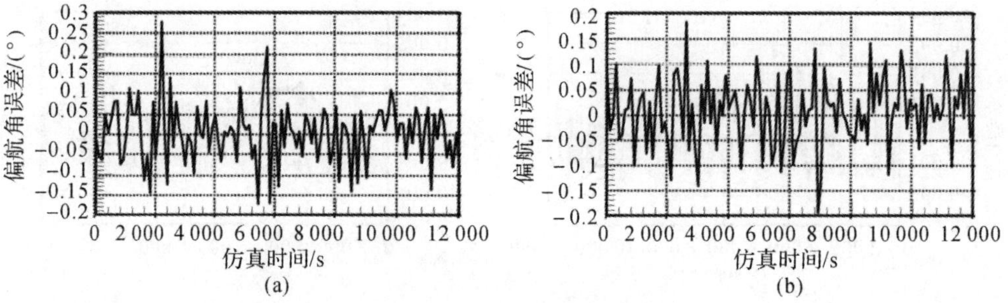

图 4－19　相对姿态偏航角误差曲线

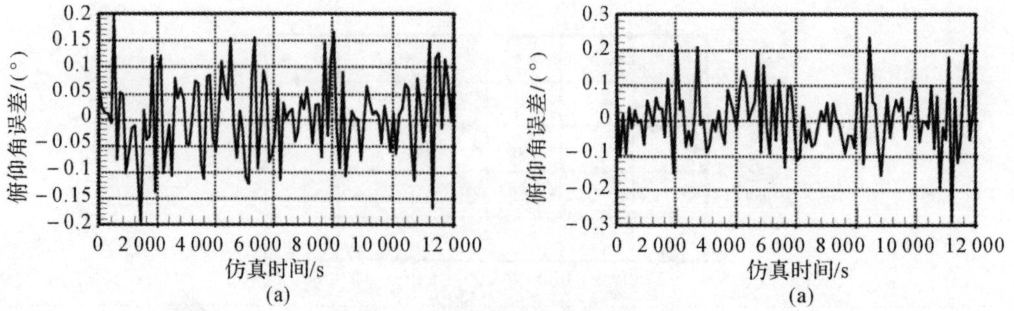

图 4－20　相对姿态俯仰角误差曲线

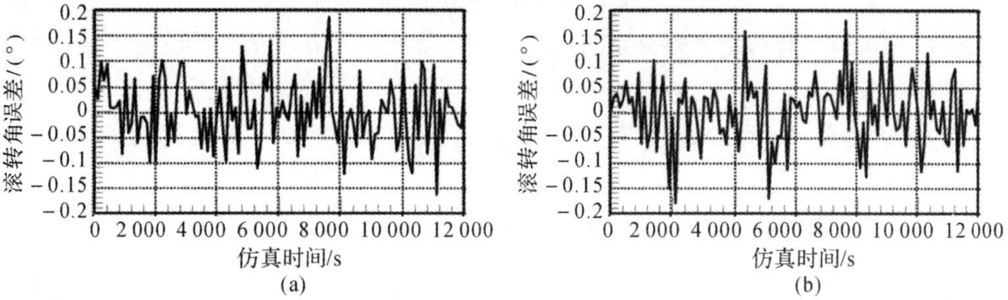

图 4－21　相对姿态滚转角误差曲线

上述关于基于四元数的飞行器视觉相对导航静态预报算法和基于 Rodrigues 的飞行器视觉相对导航静态预报算法比较分析如下：

(1) 在所给定的仿真初始条件下，两种算法都能获得较高精度的飞行器相对姿态和相对位置结果，其计算精度大致为：x 轴相对误差可分别达到 ± 0.3 m 和 ± 0.2 m；y 轴相对误差可分别达到 ± 0.004 m 左右和 ± 0.003 m 以内；z 轴相对误差均为 ± 0.003 m 左右；相对姿态偏航角误差可分别达到 $\pm 0.2°$ 左右和 $\pm 0.2°$ 以内；相对姿态俯仰角误差可分别达到 $\pm 0.2°$ 以内和 $\pm 0.2°$ 左右；相对姿态滚转角误差均可达到 $\pm 0.2°$ 以内。

(2) 在获得同等精度的情况下(如图 4－8 ～ 图 4－10 与图 4－15 ～ 图 4－17 的平移误差，即飞行器相对位置误差曲线基本一致，图 4－19 ～ 图 4－21 的飞行器相对姿态误差基本一致)，利用基于 Rodrigues 参数的飞行器视觉相对导航算法较基于四元数的飞行器视觉相对导航算法的计算速度有所提高，如表 4－2 中：基于四元数的飞行器视觉相对导航算法的(b) 方法耗时 706 ms，基于 Rodrigues 参数的飞行器视觉相对导航算法(b) 方法耗时为 634 ms；基于四元数的飞行器视觉相对导航算法的(a) 方法耗时 454 ms，基于 Rodrigues参数的飞行器视觉相对导航算法(a) 方法耗时仅为 328 ms。图 4－11 和图 4－18 的迭代计算结果和表 4－2 也证实了这一点。

结论：① 从以上的仿真结果和分析可以看出，在获得同等计算精度时，以飞行器 A、P 姿轨参数所计算的相对位姿信息作为最小二乘估计的初始值时，基于四元数的飞行器视觉相对导航静态预报算法和基于 Rodrigues 参数的飞行器视觉相对导航静态预报算法都较采用任意初值的计算迭代次数有所减少，计算机耗时也相应减少，从而计算效率大大提高；② 在获得同等精度的情况下，基于 Rodrigues 参数的飞行器相对导航的静态预报算法的计算效率优于基于四元数的飞行器相对导航静态预报算法。因此，在实际应用中，建议在小姿态角应用中选择基于 Rodrigues 参数的飞行器相对导航静态预报算法。

4.5.1.2　近距离空间飞行器相对导航的仿真计算及分析

针对较近距离的空间飞行器，以上分别推导和建立了 QEKF、REKF、DQEKF、DRQEKF 模型，以下将通过仿真计算进一步验证这些模型的有效性和正确性，并分析和比较各算法的优缺点。

首先给出仿真初始条件：① 星载面阵 CCD 摄像机的相关参数、主动飞行器 A 和目标飞行器 P 的自身参数和姿轨参数与第四章相同；② 相对位置和相对速度状态量初始值为$\boldsymbol{S}_1=$

[−59.726 516 329 1　0.040 266 267 4　0.072 380 100 181 142　0.000 151 203 7　−0.000 645 819 5　−0.000 004 519 3]^{T}，其初始方差分别为 $0.4\boldsymbol{I}_{3\times3}$ m^2，$2\times10^{-11}\boldsymbol{I}_{3\times3}$ (m/s)^2（$\boldsymbol{I}_{3\times3}$ 为单位矩阵，下同）；③ 相对姿态状态量四元数的初始值为$\boldsymbol{S}_q=[1\quad 0\quad 0\quad 0]^{T}$，其初始方差为 $1\times10^{-7}\boldsymbol{I}_{4\times4}$；④ 相对姿态状态量 Rodrigues 参数的初始值为$\boldsymbol{S}_{\mathrm{Rodr}}=[0\quad 0\quad 0]^{T}$，其初始方差为 $1\times10^{-7}\boldsymbol{I}_{3\times3}$。

在以上仿真条件下，以下给出仿真计算的结果，仿真时间为 12 000 s，仿真步长为 5 s，输出间隔为 100 s。

从图 4-22 可以看出，四种算法都满足基于 C-W 方程相对运动估计的周期性闭合条件，说明计算结果正确。

如上所述，由于四元数和 Rodrigues 矩阵描述姿态具有不直观性之缺陷，因此，以下相对姿态误差结果输出仍以 Euler 形式输出。以下通过对 QEKF、REKF、DQEKF 与 DRQEKF 四种算法仿真结果的相互比较分析它们的优缺点（注：以下仿真结果的观测量误差均为 5 个像元）。

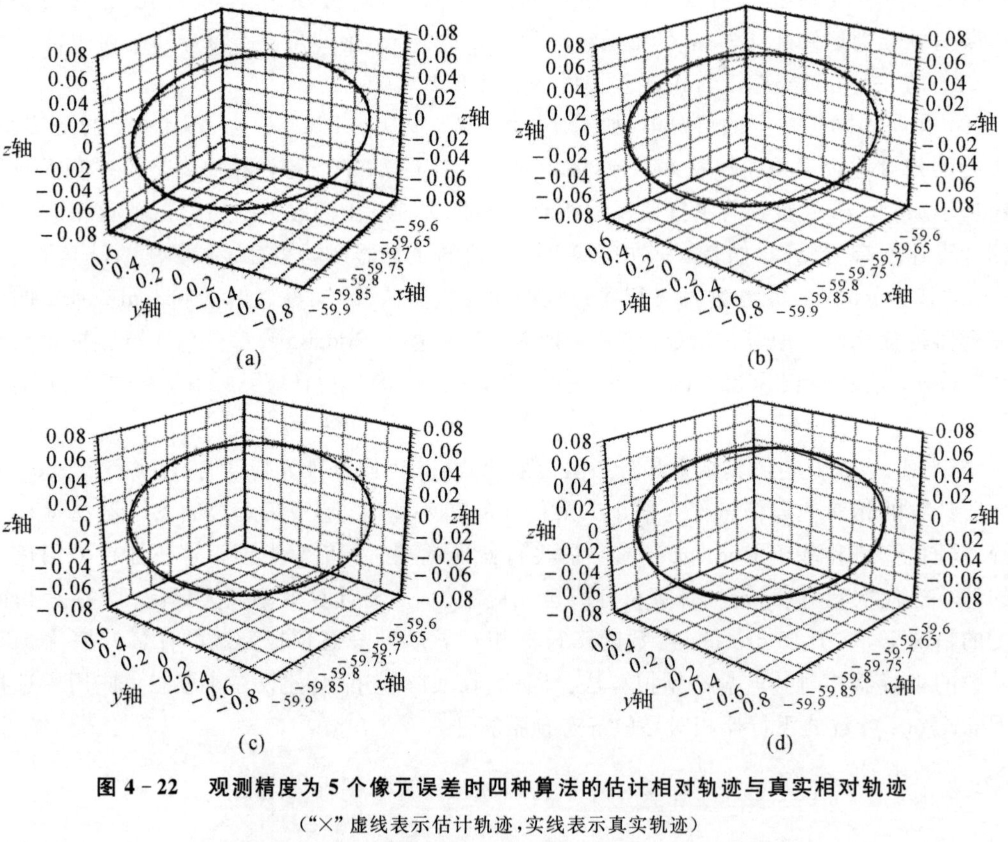

图 4-22　观测精度为 5 个像元误差时四种算法的估计相对轨迹与真实相对轨迹

（"×"虚线表示估计轨迹，实线表示真实轨迹）

(a)QEKF 算法；(b)DQEKF 算法；(c)REKF 算法；(d)DRQEKF 算法

图 4-23～图 4-28 给出了 QEKF 与 DQEKF 算法、REKF 与 DRQEKF 算法比较的仿真结果。

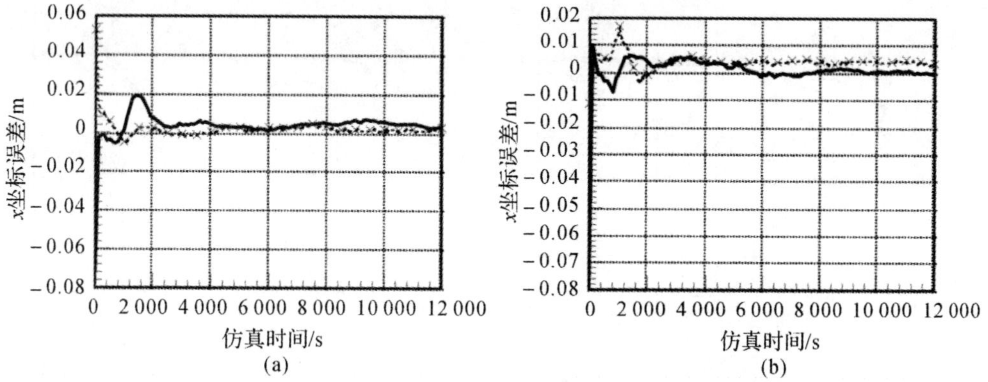

图 4－23　不同算法的 x 坐标误差曲线比较

（"×"虚线表示 QEKF 与 REKF 算法的结果，实线表示 DQEKF 与 DRQEKF 算法的结果）

(a)QEKF 算法与 DQEKF 算法比较；（b)REKF 算法与 DRQEKF 算法比较

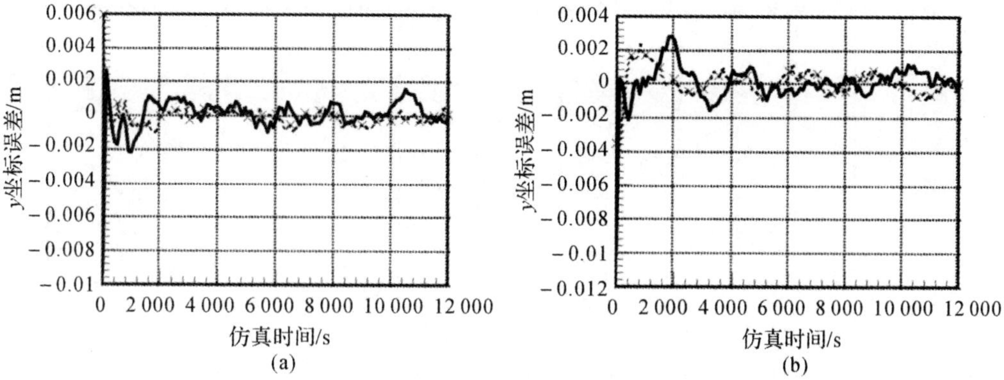

图 4－24　不同算法的 y 坐标误差曲线比较

（"×"虚线表示 QEKF 与 REKF 算法的结果，实线表示 DQEKF 与 DRQEKF 算法的结果）

(a)QEKF 算法与 DQEKF 算法比较；（b)REKF 算法与 DRQEKF 算法比较

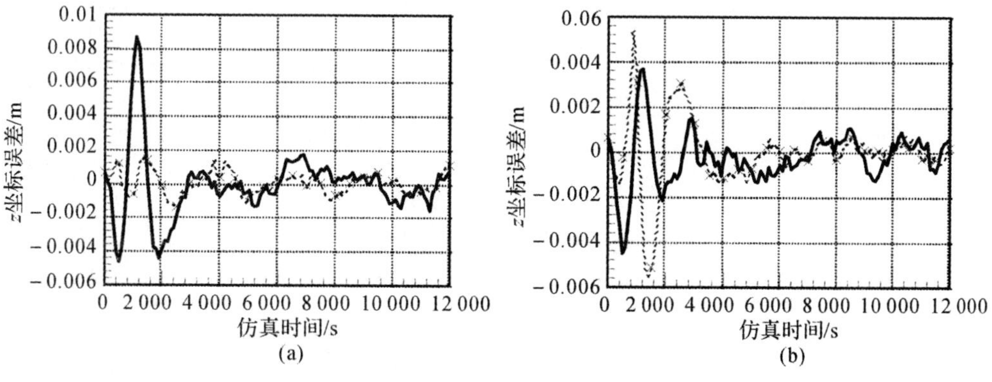

图 4－25　不同算法的 z 坐标误差曲线比较

（"×"虚线表示 QEKF 与 REKF 算法的结果，实线表示 DQEKF 与 DRQEKF 算法的结果）

(a)QEKF 算法与 DQEKF 算法比较；（b)REKF 算法与 DRQEKF 算法比较

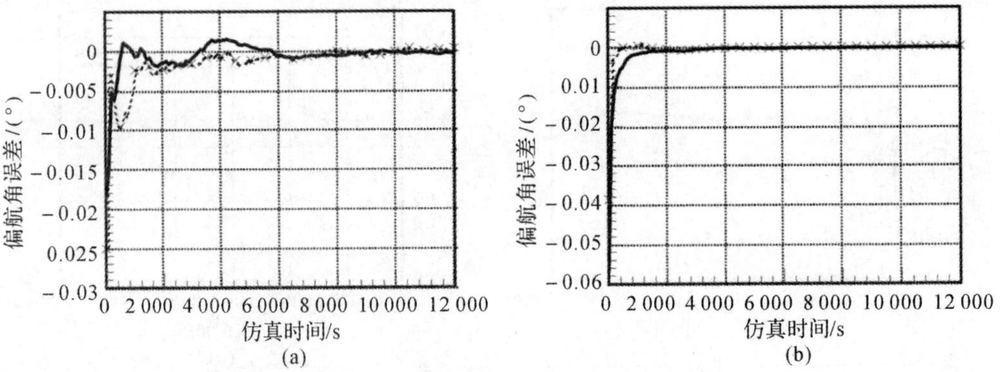

图 4-26　不同算法的偏航角误差曲线比较

（“×”虚线表示 QEKF 与 REKF 算法的结果，实线表示 DQEKF 与 DRQEKF 算法的结果）

(a)QEKF 算法与 DQEKF 算法比较；(b)REKF 算法与 DRQEKF 算法比较

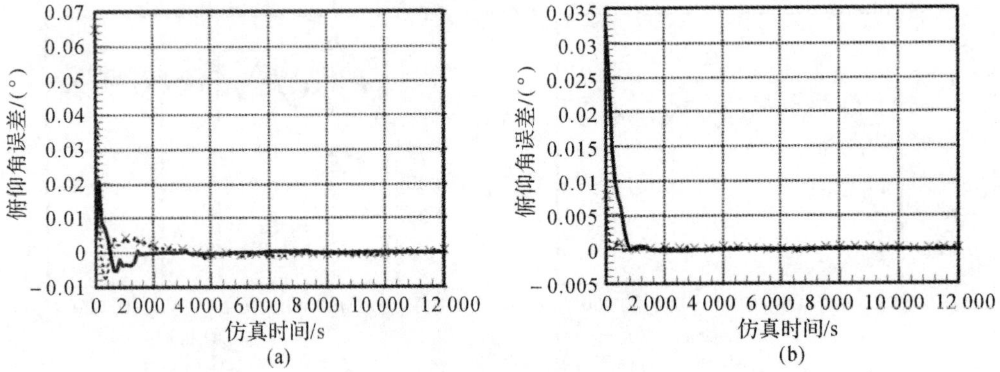

图 4-27　不同算法的俯仰角误差曲线

（“×”虚线表示 QEKF 与 REKF 算法的结果，实线表示 DQEKF 与 DRQEKF 算法的结果）

(a)QEKF 算法与 DQEKF 算法比较；(b)REKF 算法与 DRQEKF 算法比较

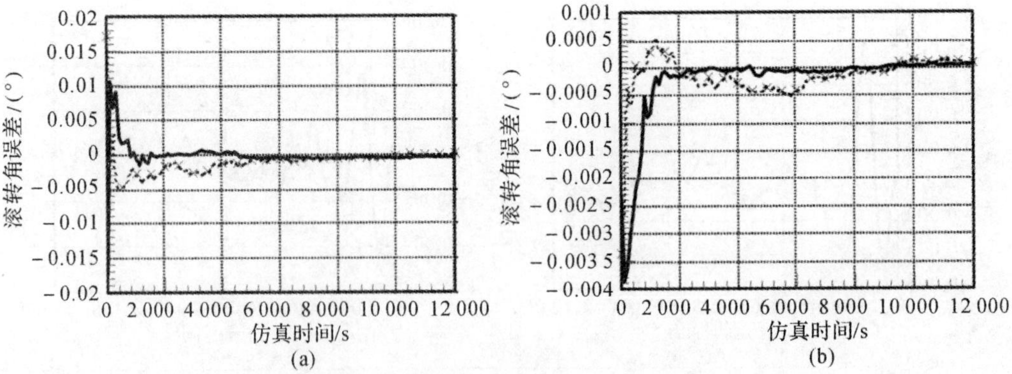

图 4-28　不同算法的滚转角误差曲线比较

（“×”虚线表示 QEKF 与 REKF 算法的结果，实线表示 DQEKF 与 DRQEKF 算法的结果）

(a)QEKF 算法与 DQEKF 算法比较；(b)REKF 算法与 DRQEKF 算法比较

从图 4 - 23 ～ 图 4 - 28 的仿真计算结果可以得出如下结论。

(1) 对于相对位置估计。(a)QEKF 与 DQEKF 算法比较，QEKF 算法的相对位置计算精度和收敛速度略优于 DQEKF 算法。具体情况是：①2 000 s 前，两种算法都很快收敛，QEKF 算法的 x 轴相对误差在±0.01 m左右，DQEKF算法的 x 轴相对误差较之略大，在±0.02 m范围内；QEKF 算法的 y 轴相对误差在±0.001 m左右，DQEKF 算法的 y 轴相对误差较之略大，在±0.002 m 范围内；QEKF 算法的 z 轴相对误差在±0.002 m 左右，DQEKF 算法的 z 轴相对误差较之略大，在±0.0084 m 范围内。②2 000 s 后，两种算法的 x 轴相对误差均在±0.01 m 范围内，y 轴相对误差均趋向于±0.001 m，z 轴相对误差逐渐趋向±0.002 m。(b)REKF 与 DRQEKF 算法比较，DRQEKF 算法的相对位置计算精度和收敛速度略优于 REKF 算法。具体情况是：①2 000 s 前，两种算法都很快收敛，DRQEKF 算法的 x 轴相对误差在±0.01 m 范围内，REKF 算法的 x 轴相对误差较之略大，在±0.02 m范围内；REKF 和 DRQEKF 算法的 y 轴相对误差均在±0.002 m左右；DRQEKF算法的 z 轴相对误差在±0.004 m左右，REKF 算法的 z 轴相对误差较之略大，在±0.006 m 范围内。②2 000 s 后，两种算法的 x 轴相对误差均在±0.005 m 范围内，y 轴相对误差均在±0.002 m 范围内，z 轴相对误差逐渐趋向±0.002 m。

(2) 对于相对姿态估计。(a)QEKF 与 DQEKF 算法比较：DQEKF 算法的相对姿态计算精度和收敛速度较明显优于 QEKF 算法。具体情况是：1 400 s 左右，两种算法都很快收敛，2 000 s 前，QEKF 算法的偏航角相对误差在±0.01°范围内，DQEKF 算法的偏航角相对误差在±0.005°范围内；QEKF 算法的俯仰角相对误差在±0.005°左右，DQEKF 算法的俯仰角相对误差则在±0.005°以内；两种算法的滚转角相对误差在±0.005°范围。②2 000 s 后，两种算法的偏航角相对误差在 0.002°左右，并逐渐趋向于 0°；两种算法的俯仰角相对误差均在±0.002°范围内，并逐渐趋向于 0°；QEKF 算法的滚转角相对误差初在±0.003°左右，后逐渐趋向于 0°，而 DQEKF 算法的滚转角相对误差一直在 0°左右。(b)REKF 与 DRQEKF 算法比较，从总体看，DRQEKF 算法的相对姿态计算精度和收敛速度略优于 REKF 算法。具体情况是：两种算法都很快收敛，两种算法的偏航角相对误差初在±0.005°左右，后均趋向于 0°；两种算法的俯仰角相对误差初在±0.005°左右，后均趋向于 0°；两种算法的滚转角相对误差初在±0.001°左右，之后，REKF 算法的滚转角相对误差在±0.000 5°以内，DRQEKF 算法的滚转角相对误差则在 0°左右，并趋向于 0°。

图 4-29 ～ 图 4-34 给出了 QEKF 与 REKF 算法、DQEKF 与 DRQEKF 算法的比较结果。

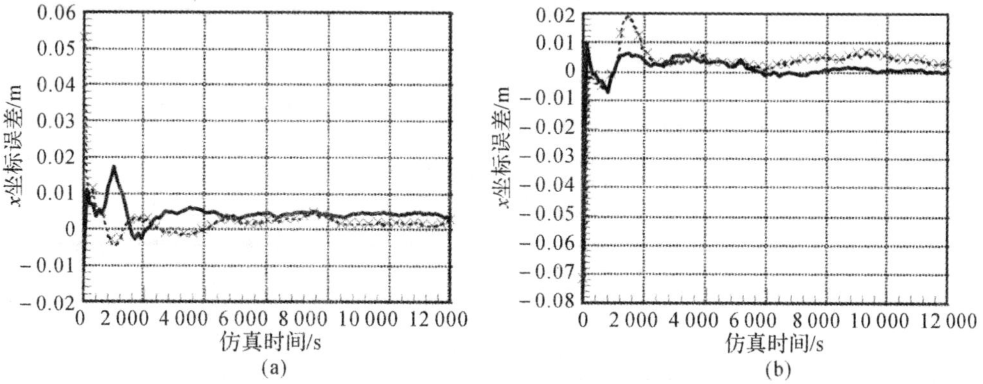

图 4 - 29　不同算法的 x 坐标误差曲线比较

(“×”虚线表示 QEKF 与 DQEKF 算法的结果，实线表示 REKF 与 DRQEKF 算法的结果)

(a)QEKF 算法与 REKF 算法比较；(b)DQEKF 算法与 DRQEKF 算法比较

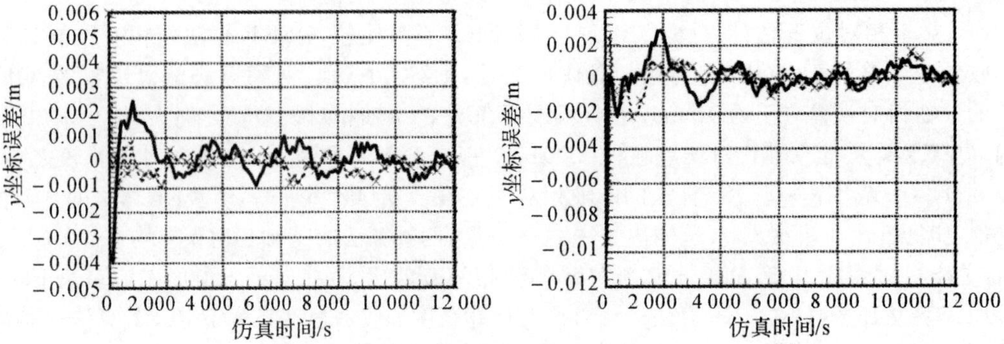

(a) (b)

图 4－30　不同算法的 y 坐标误差曲线比较

（“×”虚线表示 QEKF 与 DQEKF 算法的结果，实线表示 REKF 与 DRQEKF 算法的结果）

(a)QEKF 算法与 REKF 算法比较；(b)DQEKF 算法与 DRQEKF 算法比较

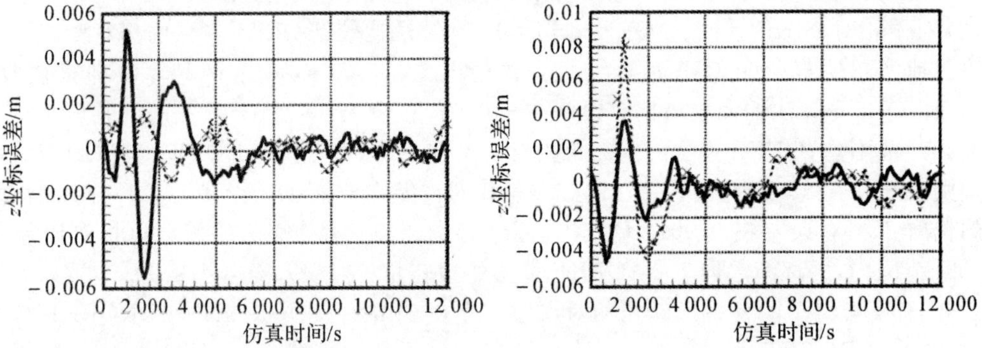

(a) (b)

图 4－31　不同算法的 z 坐标误差曲线比较

（“×”虚线表示 QEKF 与 DQEKF 算法的结果，实线表示 REKF 与 DRQEKF 算法的结果）

(a)QEKF 算法与 REKF 算法比较；(b)DQEKF 算法与 DRQEKF 算法比较

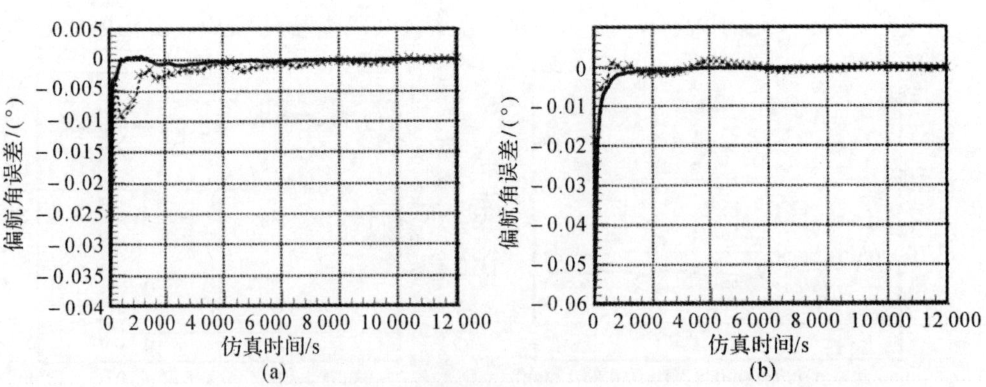

(a) (b)

图 4－32　不同算法的偏航角误差曲线

（“×”虚线表示 QEKF 与 DQEKF 算法的结果，实线表示 REKF 与 DRQEKF 算法的结果）

(a)QEKF 算法与 REKF 算法比较；(b)DQEKF 算法与 DRQEKF 算法比较

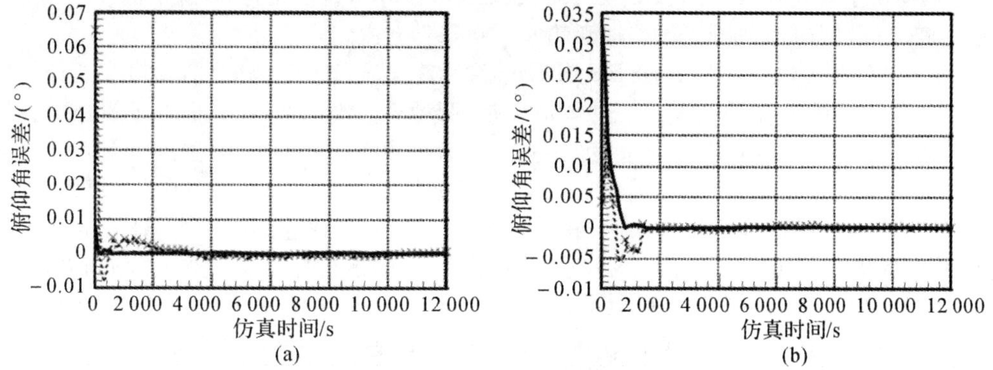

图 4-33　不同算法的俯仰角误差曲线比较

(“×”虚线表示 QEKF 与 DQEKF 算法的结果，实线表示 REKF 与 DRQEKF 算法的结果)

(a)QEKF 算法与 REKF 算法比较；(b)DQEKF 算法与 DRQEKF 算法比较

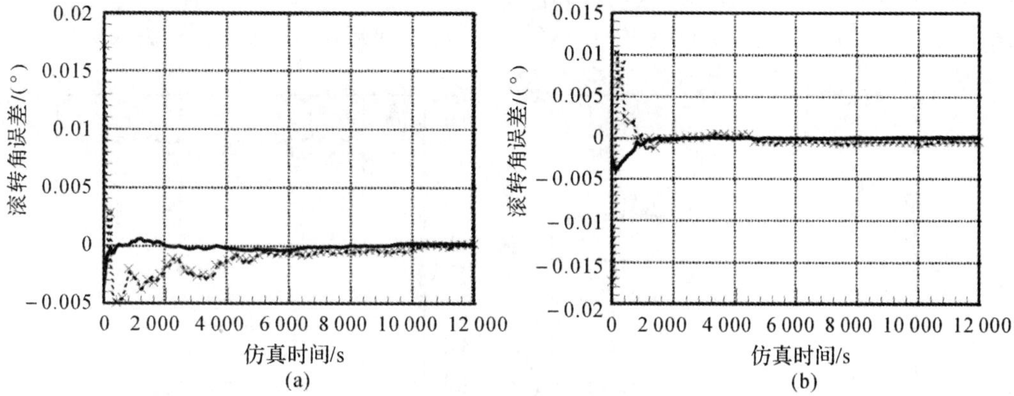

图 4-34　不同算法的滚转角误差曲线比较

(“×”虚线表示 QEKF 与 DQEKF 算法的结果，实线表示 REKF 与 DRQEKF 算法的结果)

(a)QEKF 算法与 REKF 算法比较；(b)DQEKF 算法与 DRQEKF 算法比较

从图 4-29～图 4-34 的仿真计算结果可以得出如下结论。

(1)对于相对位置估计。(a)QEKF 与 REKF 算法比较：QEKF 算法的相对位置计算精度和收敛速度略优于 REKF 算法。具体情况是：①2 000 s 前，两种算法都很快收敛，QEKF 算法的 x 轴相对误差达到 ±0.01 m，REKF 算法的 x 轴相对误差较之略大，在 ±0.02 m 范围内；QEKF 算法的 y 轴相对误差在 ±0.001 m 左右，REKF 算法的 y 轴相对误差较之略大，在±0.002 m 左右；QEKF 算法的 z 轴相对误差在 ±0.002 m 范围内，REKF 算法的 z 轴相对误差较之略大，在 ±0.006 m 范围内。②2 000 s 后，两种算法的 x 轴相对误差均在±0.005 m 左右，y 轴相对误差均在±0.001 m 范围内，z 轴相对误差逐渐趋向±0.002 m。(b)DQEKF 与 DRQEKF 算法比较：从总体上分析，DRQEKF 算法的相对位置计算精度和收敛速度略优于 DQEKF 算法。具体情况是：①2 000 s 前，两种算法都很快收敛，DRQEKF 算法的 x 轴相对误差在 ±0.01 m 范围内，DQEKF 算法的 x 轴相对误差较之略大，在±0.02 m 范围内；DQEKF 和 DRQEKF 算法的 y 轴相对误差均在 ±0.002 m 左右；DRQEKF 算法的 z 轴相对误差在±0.006 m 范围内，DQEKF 算法的 z 轴相对误差较之略小，在 ±0.002 m 范围内。②2 000 s 后，DRQEKF 算法的 x 轴相对误差在 ±0.005 m

范围内，DQEKF 算法的 x 轴相对误差较之略大，在 ± 0.008 m 范围内，两种算法的 y 轴相对误差均在± 0.002 m 范围内，z 轴相对误差逐渐趋向 ± 0.002 m 内。

(2) 对于相对姿态估计。(a)QEKF 与 REKF 算法比较：REKF 算法的相对姿态计算精度和收敛速度较明显优于 QEKF 算法。具体情况是：两种算法都很快收敛，QEKF 算法的偏航角相对误差初在$\pm 0.01°$以内，后在$\pm 0.002°$左右，最后趋向于 0°；REKF 算法的偏航角相对误差初在$\pm 0.005°$以内，后很快趋向于 0°；QEKF 算法的俯仰角相对误差初在$\pm 0.01°$以内，之后趋向于 0°；REKF 算法的俯仰角相对误差初在$\pm 0.002°$以内，后快速趋向于 0°；QEKF 算法的滚转角相对误差初在$\pm 0.005°$以内，后逐渐趋向于 0°；REKF 算法的滚转角相对误差初在$\pm 0.001°$左右，后快速趋向于 0°。(b)DQEKF 与 DRQEKF 算法比较：DRQEKF 算法的相对姿态计算精度和收敛速度略优于 DQEKF 算法。具体情况是：两种算法都很快收敛，DQEKF 算法的偏航角相对误差初在$\pm 0.004°$左右，后逐渐趋向于 0°；DRQEKF 算法的偏航角相对误差初在$\pm 0.004°$左右，后则快速趋向于 0°；DQEKF 算法的俯仰角相对误差初在$\pm 0.005°$左右，后逐渐趋向于 0°；DRQEKF 算法的俯仰角相对误差初在$\pm 0.005°$左右，后则快速趋向于 0°；DQEKF 算法滚转角相对误差初在$\pm 0.005°$左右，后在$\pm 0.001°$左右；DRQEKF 算法的滚转角相对误差初在$\pm 0.005°$范围内，后则快速趋向于 0°。

图 4-35～图 4-40 给出了 QEKF 与 DRQEKF 算法，DQEKF 与 REKF 算法的仿真结果。

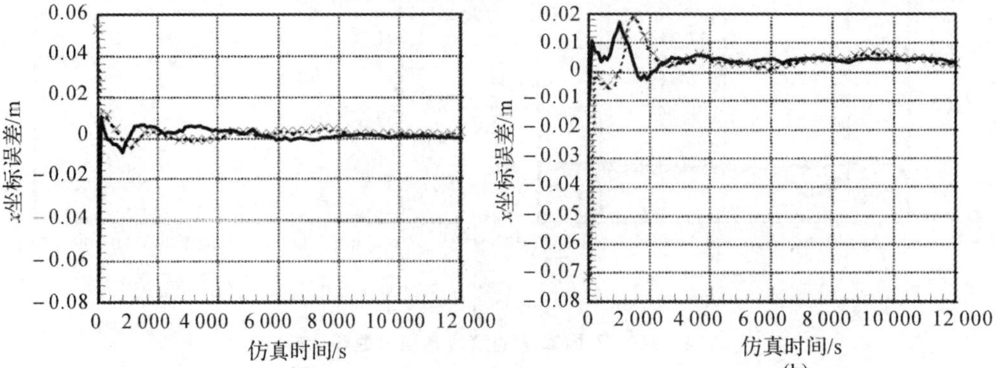

(a) (b)

图 4-35　不同算法的 x 坐标误差曲线比较

(“×”虚线表示 QEKF 与 DQEKF 算法的结果，实线表示 REKF 与 DRQEKF 算法的结果)

(a)QEKF 算法与 DRQEKF 算法比较；(b)DQEKF 算法与 REKF 算法比较

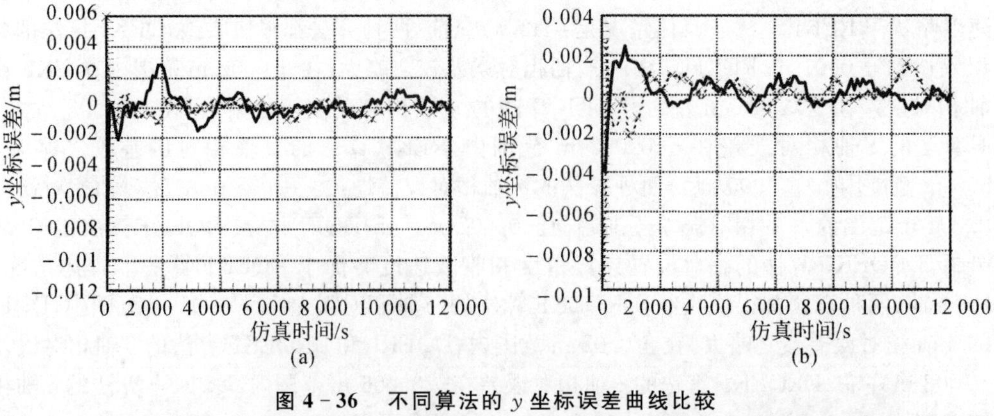

(a) (b)

图 4-36　不同算法的 y 坐标误差曲线比较

(“×”虚线表示 QEKF 与 DQEKF 算法的结果，实线表示 REKF 与 DRQEKF 算法的结果)

(a)QEKF 算法与 DRQEKF 算法比较；(b)DQEKF 算法与 REKF 算法比较

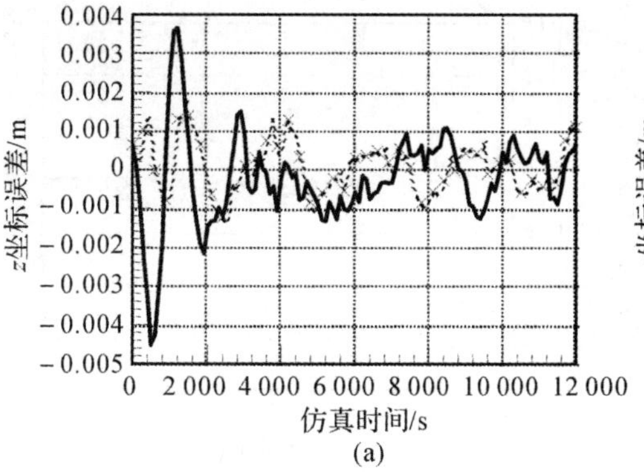

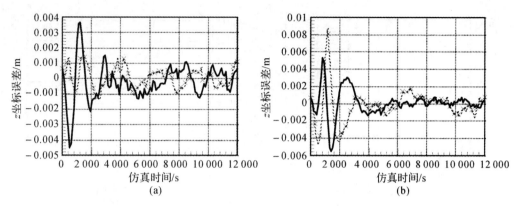

图 4－37　不同算法的 z 坐标误差曲线比较

(“×”虚线表示 QEKF 与 DQEKF 算法的结果，实线表示 REKF 与 DRQEKF 算法的结果)

(a)QEKF 算法与 DRQEKF 算法比较；(b)DQEKF 算法与 REKF 算法比较

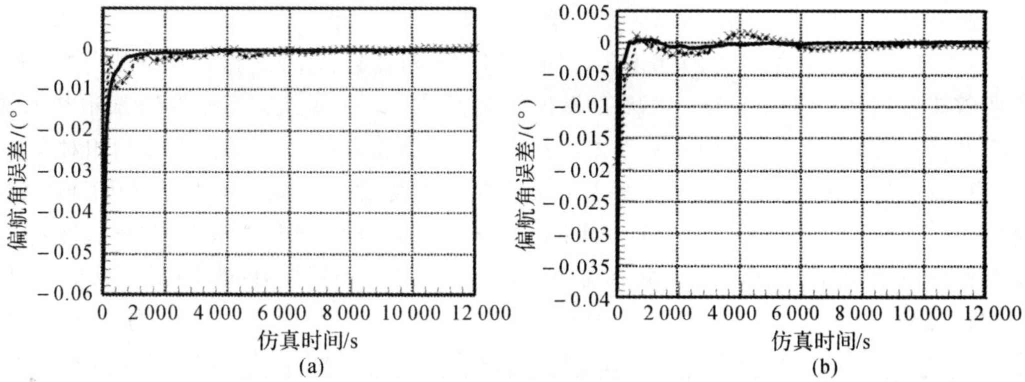

图 4－38　不同算法的偏航角误差曲线比较

(“×”虚线表示 QEKF 与 DQEKF 算法的结果，实线表示 REKF 与 DRQEKF 算法的结果)

(a)QEKF 算法与 DRQEKF 算法比较；(b)DQEKF 算法与 REKF 算法比较

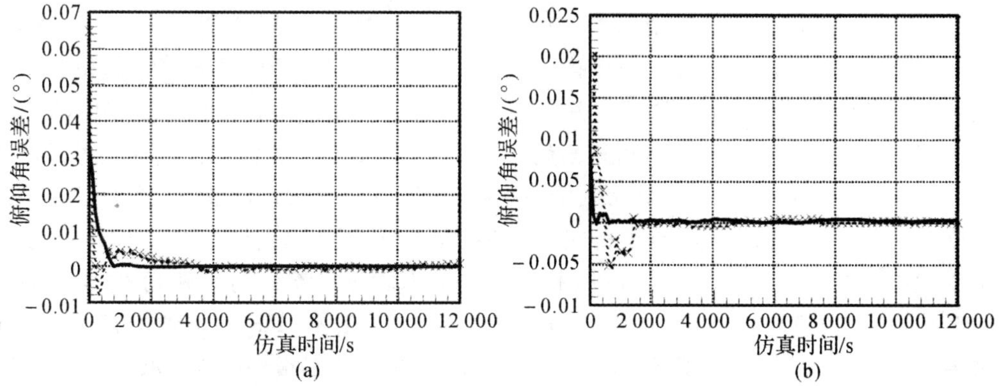

图 4－39　不同算法的俯仰角误差曲线比较

(“×”虚线表示 QEKF 与 DQEKF 算法的结果，实线表示 REKF 与 DRQEKF 算法的结果)

(a)QEKF 算法与 DRQEKF 算法比较；(b)DQEKF 算法与 REKF 算法比较

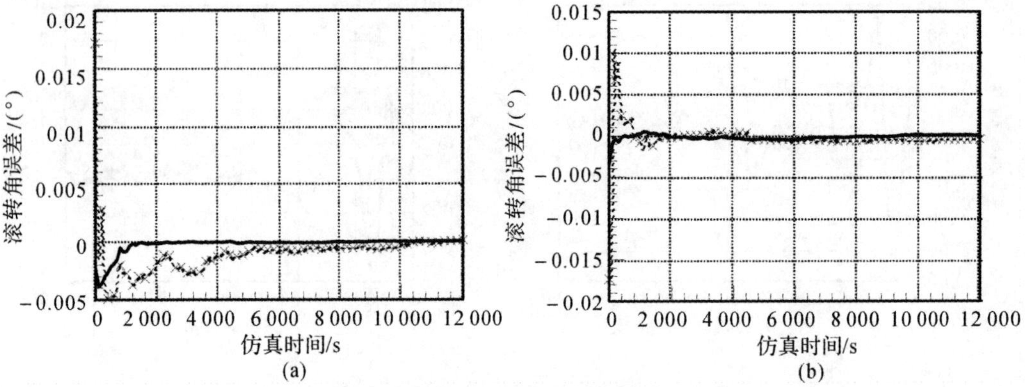

图 4-40　不同算法的滚转角误差曲线比较

(“×”虚线表示 QEKF 与 DQEKF 算法的结果，实线表示 REKF 与 DRQEKF 算法的结果)

(a)QEKF 算法与 DRQEKF 算法比较；(b)DQEKF 算法与 REKF 算法比较

从图 4-35 ～ 图 4-40 的仿真计算结果可以得出如下结论。

(1) 对于相对位置估计。(a)QEKF 与 DRQEKF 算法比较:QEKF 算法的相对位置计算精度和收敛速度略优于 DRQEKF 算法。具体情况是:① 2 000 s 前，两种算法都很快收敛，QEKF 和 DRQEKF 算法的 x 轴相对误差均在 ±0.008 m 左右;QEKF 算法的 y 轴相对误差在 ±0.001 m 左右，DRQEKF 算法的 y 轴相对误差较之略大，在 ±0.002 m 左右;QEKF 算法的 z 轴相对误差在 ±0.002 m 范围内，DRQEKF 算法的 z 轴相对误差较之略大，在 ±0.004 m 左右。②2 000 s 后，QEKF 算法的 x 轴相对误差在 ±0.004 m 范围内，DRQEKF 算法的 x 轴相对误差较之略大，在 ±0.005 m 左右，y 轴相对误差均在 ±0.002 m 范围内，z 轴相对误差逐渐趋向 ±0.001 m。(b)DQEKF 与 REKF 算法比较:REKF 算法的相对位置计算精度和收敛速度略优于 DQEKF 算法。具体情况是:①2 000 s 前，两种算法都很快收敛，REKF 算法的 x 轴相对误差均在 ±0.016 m 左右，DQEKF 算法的结果较之略大;DQEKF 与 REKF 算法的 y 轴相对误差均在 ±0.002 m 左右;REKF 算法的 z 轴相对误差在 ±0.006 m 范围内，DQEKF 算法的 z 轴相对误差较之略大，在 ±0.0084 m 左右。②2 000 s 后，两种算法的 x 轴相对误差在 ±0.004 m 左右，y 轴相对误差均在 ±0.002 m 范围内，z 轴相对误差逐渐趋向 ±0.002 m。

(2) 对于相对姿态估计。(a)QEKF 与 DRQEKF 算法比较:DRQEKF 算法的相对姿态计算精度和收敛速度较明显优于 QEKF 算法。具体情况是:两种算法都很快收敛，QEKF 算法的偏航角相对误差初在 ±0.01° 以内，后逐渐趋向于零度;DRQEKF 算法的偏航角相对误差初在 ±0.01°，后快速趋向于 0°;QEKF 算法的俯仰角相对误差初在 ±0.01° 以内，后在 ±0.002° 左右;DRQEKF 算法的俯仰角相对误差初在 ±0.01° 左右，后则快速趋向于 0°;QEKF 算法的滚转角相对误差初在 ±0.005° 内，后逐渐趋向于 0°;DRQEKF 算法的滚转角相对误差初在 ±0.005° 内，后则快速趋向于 0°。(b)DQEKF 与 REKF 算法比较:REKF 算法的相对姿态计算精度和收敛速度略优于 DQEKF 算法。具体情况是:两种算法都很快收敛，DQEKF 算法的偏航角相对误差初在 ±0.005° 内，后约在 ±0.002° 左右，并逐渐趋向于 0°;REKF 算法的偏航角相对误差初在 ±0.005° 以内，后则快速趋向于 0°;DQEKF 算法的俯仰角相对误差初在 ±0.005° 范围，后在 ±0.001° 左右;REKF 算法的俯仰角相对误差初在 ±0.001° 左右，后则快速趋向于 0°；DQEKF 算法的滚转角相对误差初在 ±0.01° 范围，后在 ±0.001° 左右；REKF 算法的滚转角相对误差初在 ±0.005° 以内，后则快速趋向于 0°。

表 4-3 给出了四种飞行器相对位姿动态估计算法在 Lenovo Intel (R)，Core(TM)i5-3230M CPU 2.60GHz，4.0GB 内存配置 PC 上的计算耗时。

表 4-3　四种飞行器相对位姿动态估计算法计算耗时

算法	计算耗时 /ms (5 像素观测误差)
QEKF	668
REKF	418
DQEKF	1 243
DRQEKF	714

通过以上的仿真计算结果和相应分析后，可以得出如下结论。

(1) 本书所给出的四种动态估计算法都能得到较高精度的相对导航动态估计结果。

(2) 在本书所给出的初始仿真条件下，上述四种动态估计算法的在相对位置估计方面都能得到较好的精度，其精度的量级相当。① 四种算法相对位置计算精度的基本情况是：当算法达到收敛后，在最初 2 000 s 内，x 轴相对误差均在 ±0.02 m 以内，之后，其误差逐渐趋向于 ±0.01 m 以内；y 轴相对误差均在 ±0.002 m 左右；z 轴相对误差最初在 ±0.008 4 m 以内，之后逐渐趋向 ±0.002 m。但四种算法的相对位置计算精度和收敛速度仍略有差别，其优先次序为 QEKF ＞ DRQEKF ＞ REKF ＞ DQEKF(＞ 表示优于)。② 四种算法相对姿态计算精度的基本情况是：RQEKF 和 DRQEKF 算法的相对姿态计算精度和收敛速度较好，这两种算法很快能达到收敛，它们的相对偏航角误差和相对俯仰角误差很快达到±0.005° 以内，并很快趋向 0°，其相对滚转角误差初在 ±0.000 5°，并很快趋向于 0°；DQEKF 和 QEKF 算法的相对姿态计算精度和收敛速度略较差，这两种算法很快能达到收敛，它们的相对偏航角误差和相对俯仰角误差初在 ±0.01°，并逐渐趋向于 0°，其相对滚转角误差初在 ±0.005°，并逐渐趋向于 0°。但四种算法的相对姿态估计精度和收敛速度仍然略有差别，其优先次序为 DRQEKF ⩾ REKF ⩾ DQEKF ＞ QEKF(＞ 表示较明显优于，⩾ 表示略优于)。

综上所述，有如下建议：

(1) 从四种算法相对位置计算精度优劣和算法的收敛速度考虑，如果估计算法是基于特征点提取的，则建议选择 QEKF；如果估计算法是基于特征线提取的，则建议选择 DRQEKF。

(2) 从四种算法相对姿态计算精度优劣和算法的收敛速度考虑，在不出现 Rodrigues 参数奇异现象的小姿态角应用中，如果估计算法是基于特征点提取的，则建议选择 REKF；如果估计算法是基于特征线提取的，则建议选择 DRQEKF。

(3) 从算法的计算速度考虑，可以从表 4-3 所列出的四种飞行器相对位姿动态估计算法计算耗时看出，如果估计算法是基于特征点提取的，则建议选择 REKF；如果估计算法是基于特征线提取的，则建议选择 DRQEKF。

4.5.2 矿井多智体相对导航的仿真计算及分析

针对上述基于对偶四元数和UKF的动态估计模型，通过仿真计算来验证该模型的有效性和正确性。假定目标矿井智能体 T 为1 m×1 m×1 m的一个立方体，质量为200 kg，特征点在本体坐标系中的坐标见表4-4。

表4-4 目标矿井智能体特征点在其本体坐标中的坐标

特征点	X	Y	Z
1	1	1	1
2	1	−1	1
3	−1	−1	1
4	−1	1	−1
5	−1	1	1
6	−1	−1	−1
7	1	1	−1
8	1	−1	−1

(1) 假定安装在主动矿井智能体的CCD相机分辨率为10 000×10 000，像元宽度为10 μm，焦距为1 m，假定主动矿井智能体 A 为1.2 m×1.2 m×1.2 m的一个立方体，质量为500 kg，主动矿井智能体和目标矿井智能体的相对姿态参数见表4-5。

表4-5 矿井智能体 A、T 的相对姿态参数

	初始滚转角 (°)	初始俯仰角 (°)	初始偏航角 (°)	滚转角速率 (°)·s^{-1}	俯仰角速率 (°)·s^{-1}	偏航角速率 (°)·s^{-1}
主动矿井智能体 A	0.25	0.1	0.25	2×10^{-5}	2×10^{-5}	2×10^{-5}
目标矿井智能体 T	0.25	0.1	0.2	2×10^{-5}	2×10^{-5}	2×10^{-5}

(2) 相对位置和相对速度初始值为

$$[4.100\,0 \quad 5.129\,9 \quad -0.141\,4 \quad 0 \quad -0.000\,000\,75 \quad -0.000\,141\,42]^{T}$$

其初始方差分别为 $0.2\boldsymbol{I}_{3\times3}\ m^2$，$10^{-9}\boldsymbol{I}_{3\times3}\ (m/s)^2$；相对姿态状态量的初始值为 $[1 \quad 0 \quad 0 \quad 0]^{T}$，其初始方差为 $10^{-5}\boldsymbol{I}_{4\times4}$。

(3) 仿真结果及分析。首先，根据初始仿真条件，利用上述的的DQUKF模型，计算主动矿井智能体 A 和目标矿井智能体 T 的的相对位置和姿态，并把它们作为真实值 X，然后根据此值，利用共线方程计算各个特征点对应的像平面坐标，并给这些像平面坐标加白噪声误差作为模拟观测值，最后根据DQUKF的算法计算得到相对位置和相对姿态 $\hat{X}$，就可以得到真实值 X 和计算值的差值的差值 $E=X-\hat{X}$，将此值作为导航精度的评价依据。

图4-41给出了为主动矿井智能体 A 和目标矿井智能体 T 的运动轨迹，图4-42～图4-47给出了基于DQUKF算法的主动矿井智能体A与目标矿井智能体T的相对姿态、相对位置的估计误差曲线，相对姿态误差结果转换为欧拉角形式给出。

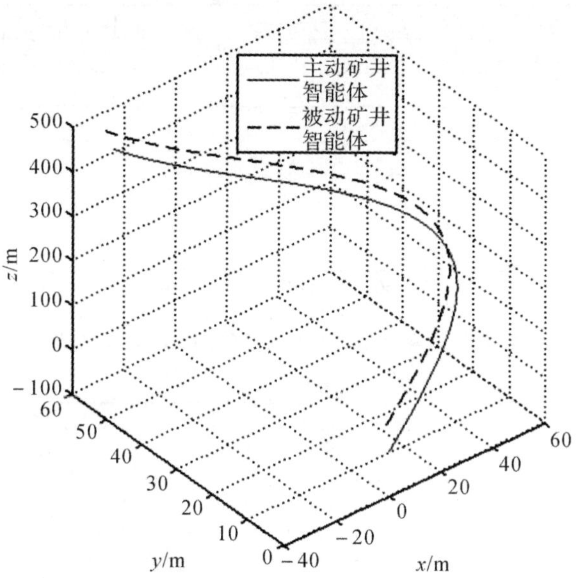

图 4－41　主动矿井智能体与被动矿井智能体的相对运动轨迹

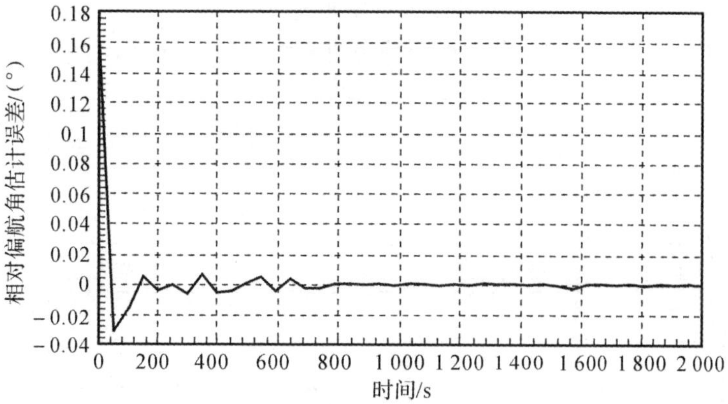

图 4－42　主动矿井智能体与被动矿井智能体的相对偏航角估计误差曲线

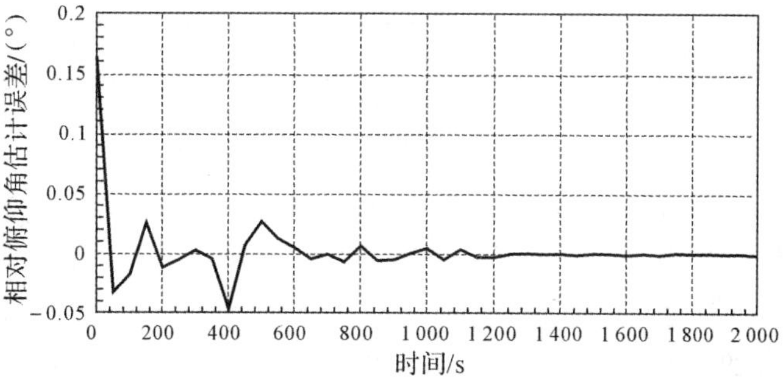

图 4－43　主动矿井智能体与被动矿井智能体的相对俯仰角估计误差曲线

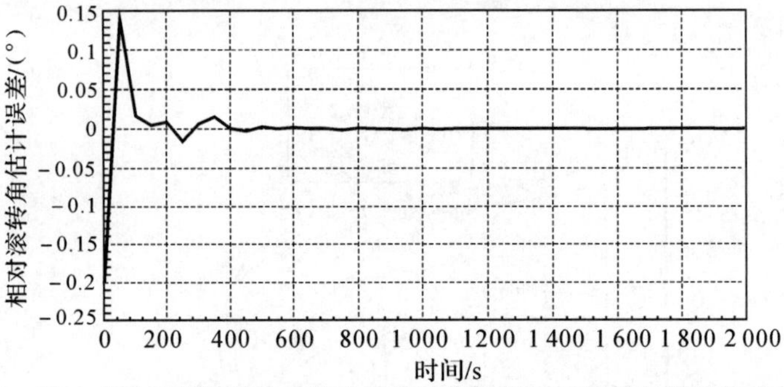

图 4-44　主动矿井智能体与被动矿井智能体的相对滚转角估计误差曲线

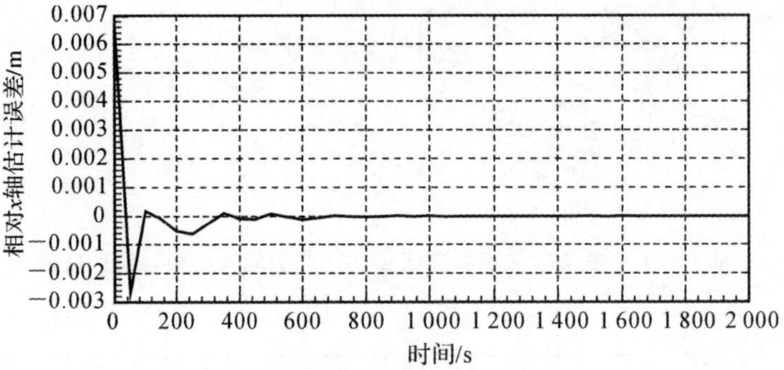

图 4-45　主动矿井智能体与被动矿井智能体的相对 x 轴估计误差曲线

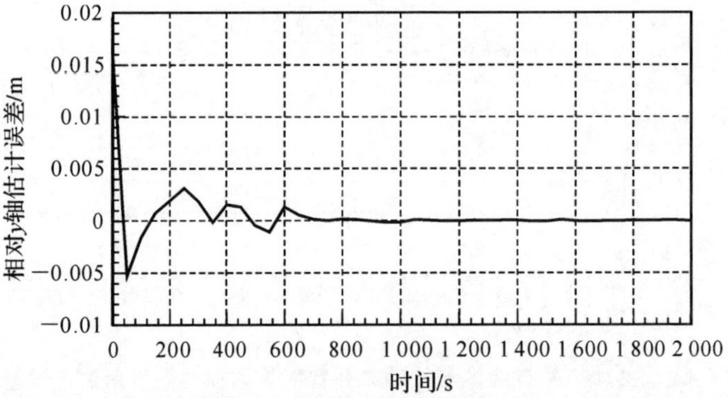

图 4-46　主动矿井智能体与被动矿井智能体的相对 y 轴估计误差曲线

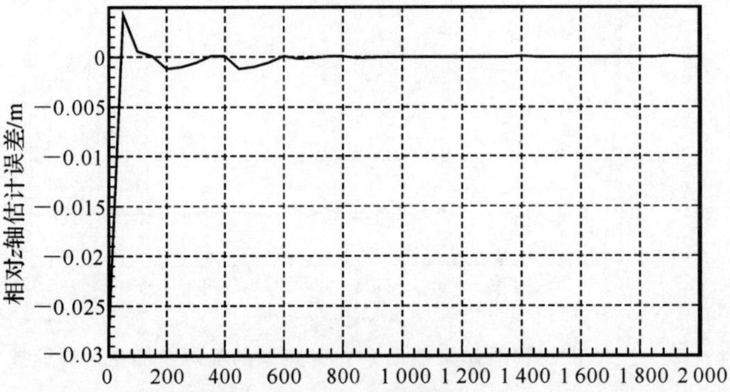

图 4-47　主动矿井智能体与被动矿井智能体的相对 z 轴估计误差曲线

从图 4-42 ～ 图 4-47 的仿真计算结果可以看出，800 s 前，DQUKF 算法很快收敛，具体情况如下：

(1) 相对姿态估计：由于四元数描述姿态具有不直观性的缺陷，DQUKF 算法的偏航角相对误差初在 ±0.02° 范围，后约在 ±0.004° 左右，并逐渐趋向于 0°；DQUKF 算法的俯仰角相对误差初在 ±0.05° 以内，后在 ±0.01° 左右，并逐渐趋向于 0°；DQUKF 算法的滚转角相对误差初在 ±0.15° 以内，后快速趋向 ±0.02° 左右，并逐渐趋向于 0°。

(2) 相对位置估计：DQUKF 算法的 x 轴相对误差初在 ±0.003 m 范围，后约在 ±0.001 m 左右；DQUKF 算法的 y 轴相对误差初在 ±0.005 m 范围，后约在 ±0.002 m 左右；DQUKF 算法的 z 轴相对误差初在 ±0.004 m 范围，后约在 ±0.001 m 左右。通过仿真结果表明：DQUKF 算法相对位置、相对姿态计算精度和收敛速度较好，能够较好地满足矿井智能体相对导航的要求。

4.5.3　空间目标相对导航的地面实验验证及分析

以上从视觉导航的两大关键技术（即特征提取与位姿确定算法）入手，以空间飞行器相对导航为背景，从理论角度研究并仿真验证了基于四元数、Rodrigues 参数的航天器相对位姿静态预报算法，基于点特征的航天器动态估计算法 QEKF 和 REKF，基于线特征提取的航天器动态估计算法 DQEKF 和 DRQEKF。以下通过设计一个简单的地面实物实验，试图模拟主动飞行器与目标飞行器之间的简单相对运动，初步验证远距离的空间目标相对导航和近距离的动态估计算法，目的在于为空间飞行器自主交会对接、燃料加注、在轨维护等实际应用提供进一步的理论验证研究。

4.5.3.1　实验思路

实验思路介绍：将数码相机固定于相机三脚架上，距离视觉智能云台三脚架约 1 m，利用视觉智能数字云台系统自带的控制软件 PlatApp.exe 控制云台按 0.2°/s 水平匀速转动，数码相机每 5 s 记录一次数据，最后对拍摄的数据进行离线处理，确定出相机与目标之间的相对位姿关系。具体处理思路如下：① 利用自己编制的数学形态学程序实现目标的特征提取；② 利用德国 MVTec 公司编制的 HALCON 7.1 进行特征匹配并提取特征点的像素坐标；③ 将图像像素坐标转换为图像物理坐标；④ 利用本文的静态预报算法确定相机与目标的相对位姿，并拟合出相对平移速度和相对角速度；⑤ 以静态预报算法的计算结果作为比较的基准，并为动态估计算法提供初值，进行相机与目标之间的相对位姿动态估计。以上思路可用简单流程图表示，如图 4-48 所示。

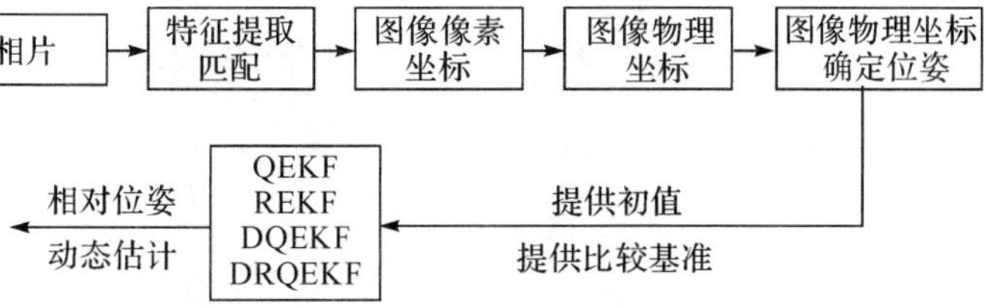

图 4-48　实验思路流程图

4.5.3.2 实验设备介绍

实验设备介绍：采用Canon Digital IXUS V3型号数码照相机，该相机的有效像素为320万像素，最高分辨率为2 048×1 538，光学变焦2倍，数字变焦3.2倍，相当于35 mm镜头尺寸35～70 mm。目标由两长方形模块组成，上面做了12个特征标记，然后将其架在由陕西维视数字图像技术有限公司开发的视觉智能数字云台上，以便通过计算机串口实现对目标的运动控制，设备如图4-49所示。

图4-49　视觉智能数字云台系统

另外，实验设备还有相机三脚架1个，钢卷尺1把，计算机除图4-49所示云台控制计算机外，还有专门的数据处理计算机1台，其具体参数为Lenovo Intel (R), Core(TM)i5-3230M CPU 2.60GHz, 4.0GB内存，后面数据离线处理是在该计算机上进行的，所给出算法的耗时也是针对该计算机的。

4.5.3.3 实验数据处理及结果

(1) 目标坐标系定义及目标特征点坐标的量测。如图4-50所示，选大长方形模块与小模块的接触面中心为坐标原点O_W，平行于特征标记4和5的方向为X_W轴，平行于特征标记12和13的方向作为Z_W轴，Y_W轴符合右手法则，垂直向下。经量测得各特征标记十字中心在目标坐标系中的坐标见表4-6。

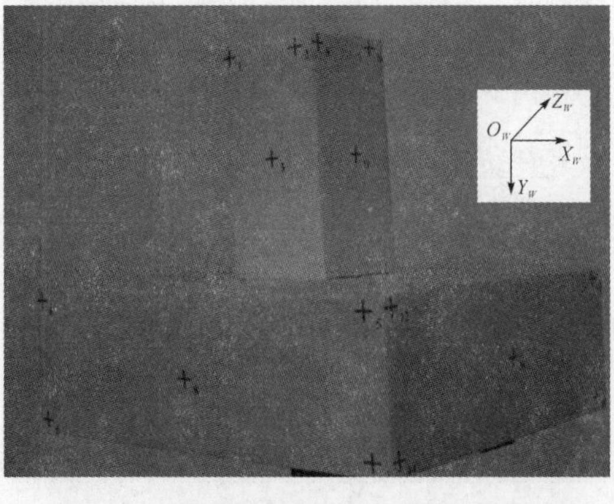

图4-50　目标及特征标记、坐标系示意图

表 4-6　特征标记点坐标

特征标记点	X_W/m	Y_W/m	Z_W/m
1	−0.036	−0.164	−0.044
2	0.030 0	−0.167	−0.044
3	0.000 0	−0.087	−0.044
4	−0.159 5	0.009	−0.143 5
5	0.152 5	0.009	−0.143 5
6	−0.159 5	0.099	−0.143 5
7	0.153 5	0.100 0	−0.143 5
8	0.004	0.058	−0.143 5
9	0.044	−0.167 0	−0.035 0
10	0.044	−0.168 5	0.026 0
11	0.044	0.087 0	0.000 0
12	0.166 5	0.008	−0.135 5
13	0.166 5	0.008	0.126 5
14	0.167 5	0.099	−0.135 5
15	0.167 5	0.097	0.125 5
16	0.167 0	0.052	0.001 5

(2) 利用数学形态学算法对所拍摄的数字化照片进行特征提取，再利用德国 MVTec 公司编制的 HALCON 7.1 软件进行特征匹配并提取特征点的图像像素坐标，并通过自编制的程序将图像像素坐标转换为图像物理坐标。

(3) 在上述远距离空间目标相对导航算法的基础上，分别采用基于四元数和 Rodrigues 参数的相对导航算法计算相机与目标的相对位姿关系，数据处理所耗的时间分别为 172 ms 和 15 ms。其初值参数分别为，四元数 $\boldsymbol{q}=[1\quad 0\quad 0\quad 0]^{\mathrm{T}}$，Rodrigues 参数 $\boldsymbol{Rodr}=[0\quad 0\quad 0]^{\mathrm{T}}$，平移矢量 $\boldsymbol{t}=[0\quad 0\quad 0.976]^{\mathrm{T}}$ m。计算中误差 m_0 均达到10^{-4} 量级，基于四元数和 Rodrigues 的相对导航算法计算各时刻具体中误差 m_0，计算结果见图 4-51，计算的相对位姿各参数的误差曲线见图 4-52 ～ 图 4-54，相对位姿参数的计算结果见图 4-55 ～ 图 4-56，为描述直观，相对姿态参数仍转为 Euler 角输出。

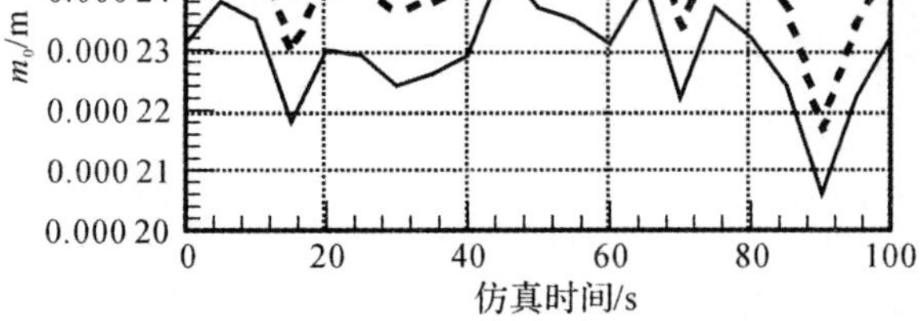

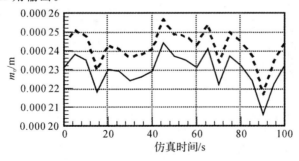

图 4-51　基于四元数和 Rodrigues 参数相对导航算法各时刻中误差 m_0

(虚线表示基于四元数法的结果，实线表示基于 Rodrigues 参数法的结果)

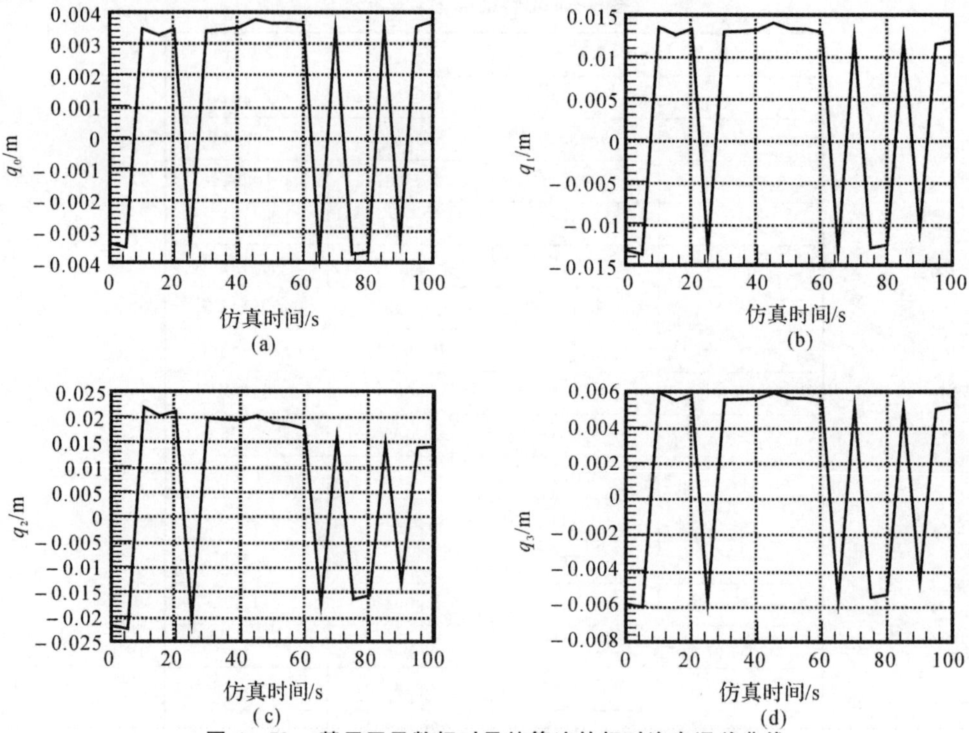

图 4-52　基于四元数相对导航算法的相对姿态误差曲线

(a)q_0；（b)q_1；（c)q_2；（d)q_3

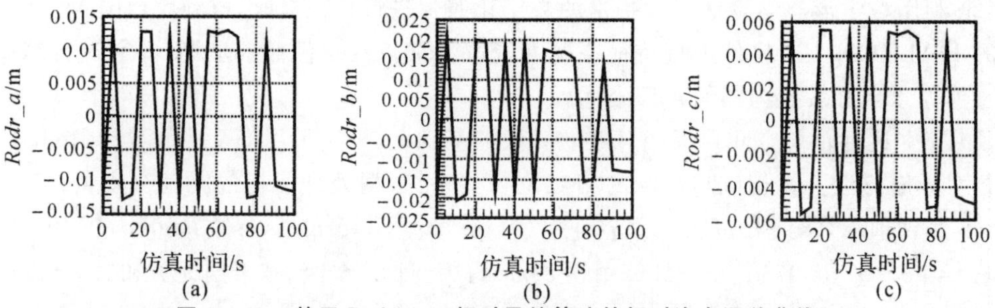

图 4-53　基于 Rodrigues 相对导航算法的相对姿态误差曲线

(a)*Rodr_a*；（b)*Rodr_b*；（c)*Rodr_c*

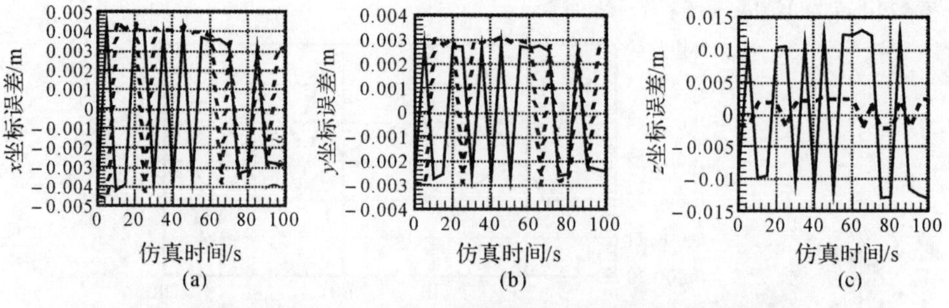

图 4-54　基于四元数和 Rodrigues 参数相对导航算法的相对位置误差

（虚线表示基于四元数法的结果，实线表示基于 Rodrigues 参数法的结果）

(a)x 轴相对误差曲线；（b)y 轴相对误差曲线；（c)z 轴相对误差曲线

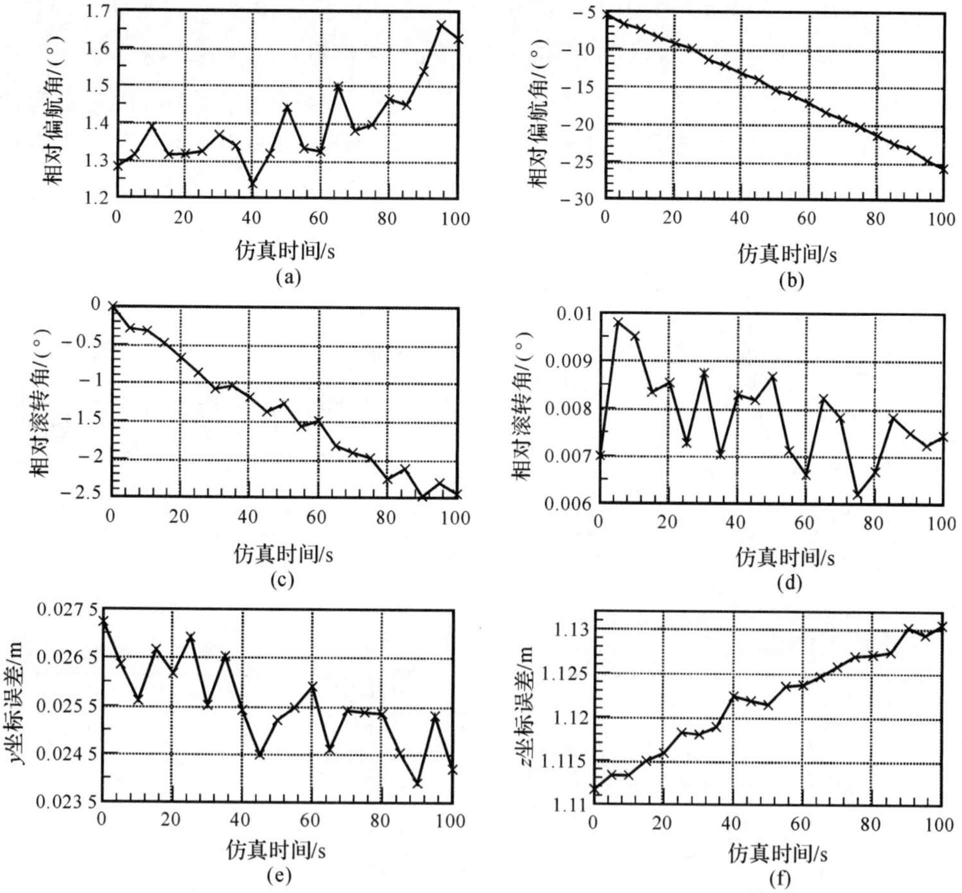

图 4-55　基于四元数和 Rodrigues 参数相对导航算法的相对位姿结果

（“×”虚线表示基于 Rodrigues 参数算法的结果，绿色实线表示基于四元数算法的结果）

(a) 相对偏航角；(b) 相对俯仰角；(c) 相对滚转角；(d) x 轴相对坐标；(e) y 轴相对坐标；(f) z 轴相对坐标

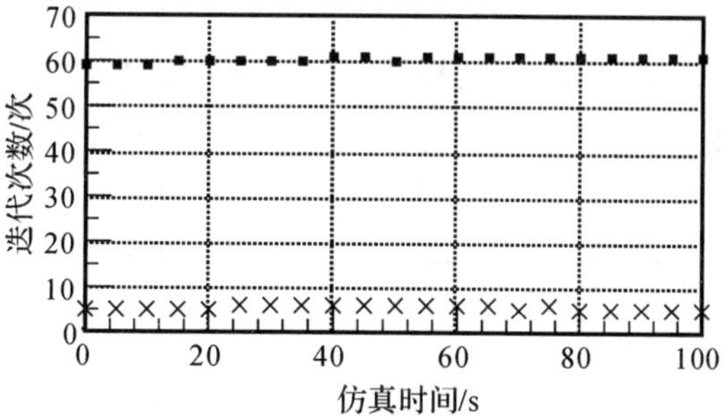

图 4-56　基于四元数和 Rodrigues 参数相对导航算法的迭代次数

（“×”表示基于 Rodrigues 参数算法结果，“■”表示基于四元数算法结果）

(4) 以上述静态状态下相对位姿结果作为真值，并拟合出相机与目标的相对角速度为 $\boldsymbol{\omega}=[-0.000\,4\quad -0.003\,54\quad 0]^{\mathrm{T}}$(rad/s)，其他初始参数为，相对位置和相对速度状态量初值 $[0.006\,994\quad 0.027\,228\quad 1.111\,67\quad 0\quad 0\quad 0.000\,2]^{\mathrm{T}}$，其相应的初始方差分别为

$0.4\boldsymbol{I}_{3\times3}\ \mathrm{m}^2$，$2\times10^{-11}\ \boldsymbol{I}_{3\times3}(\mathrm{m}^2/\mathrm{s}^2)$（$\boldsymbol{I}_{3\times3}$ 为单位矩阵）；相对姿态状态量四元数的初始值 $[0.998\,811\quad 0.000\,494\quad -0.047\,449\quad 0.011\,178]^{\mathrm{T}}$，其初始方差为 $1\times10^{-7}\ \boldsymbol{I}_{4\times4}$；相对姿态状态量 Rodrgiues 参数的初值 $[0.000\,494\quad -0.047\,505\quad 0.011\,191]^{\mathrm{T}}$，其初始方差为 $1\times10^{-7}\ \boldsymbol{I}_{3\times3}$。在解决了初值设置后，在 QEKF，REKF，DQEKF，DRQEKF 算法基础上进行相机和目标之间的相对位姿估计，其估算的误差曲线见图 4-57～图 4-60，其数据处理所耗费的时间列于表 4-7。

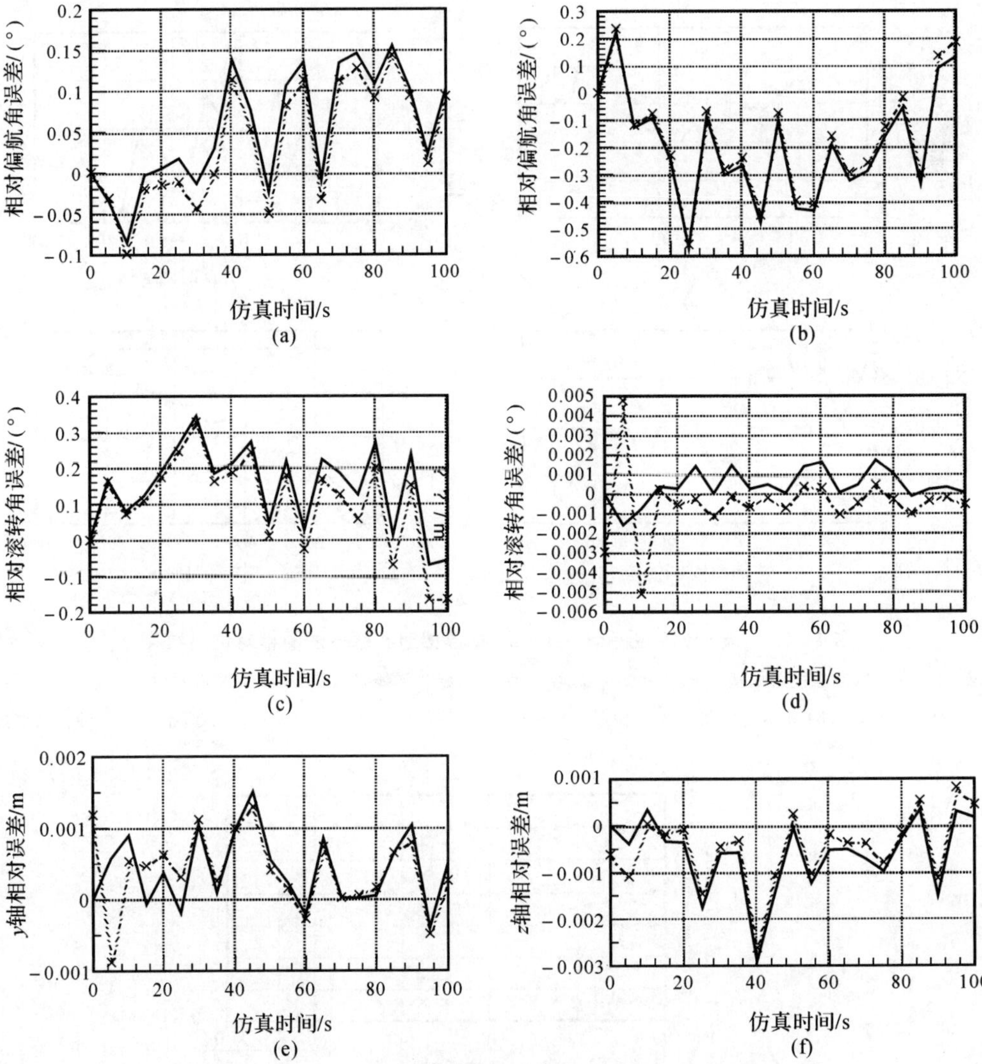

图 4-57　QEKF 与 DQEKF 动态估计算法结果比较

（“×”虚线表示 DQEKF 算法结果，实线表示 QEKF 算法结果）

(a) 相对偏航角误差曲线；(b) 相对俯仰角误差曲线；(c) 相对滚转角误差曲线；

(b) 相对 x 轴误差曲线；(e) y 轴相对误差曲线；(f) z 轴相对误差曲线

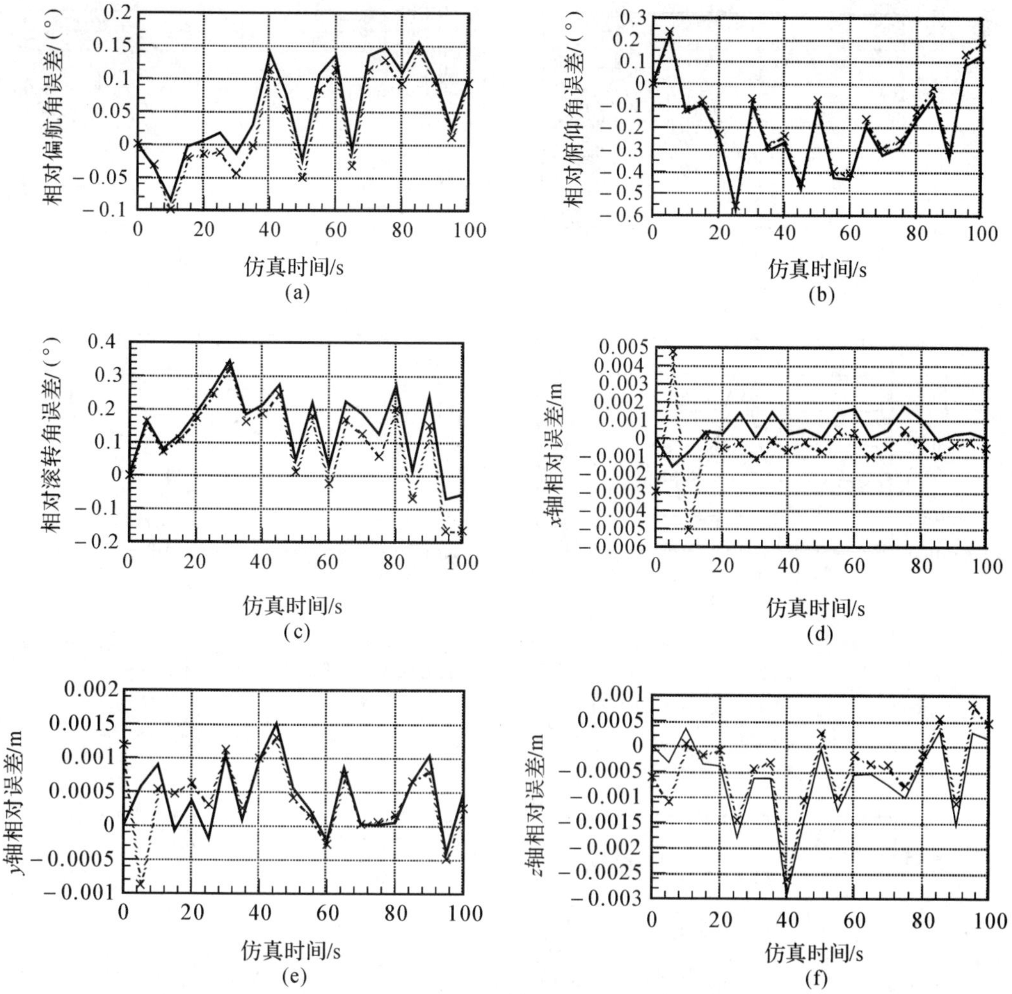

图 4-58　REKF 与 DRQEKF 动态估计算法结果比较

(“×”虚线表示 DRQEKF 算法结果，实线表示 REKF 算法结果)

(a) 相对偏航角误差曲线；(b) 相对俯仰角误差曲线；(c) 相对滚转角误差曲线；
(d) x 轴相对误差曲线；(e) y 轴相对误差曲线；(f) z 轴相对误差曲线

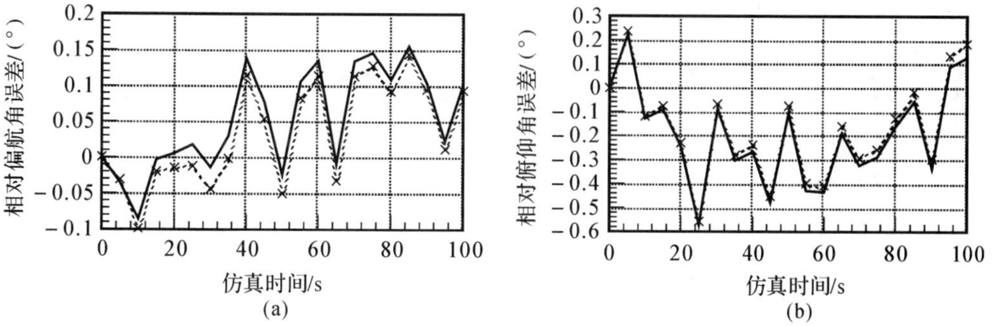

图 4-59　QEKF 与 DRQEKF 动态估计算法结果比较

(“×”虚线表示 DRQEKF 算法结果，实线表示 QEKF 算法结果)

(a) 相对偏航角误差曲线；(b) 相对俯仰角误差曲线

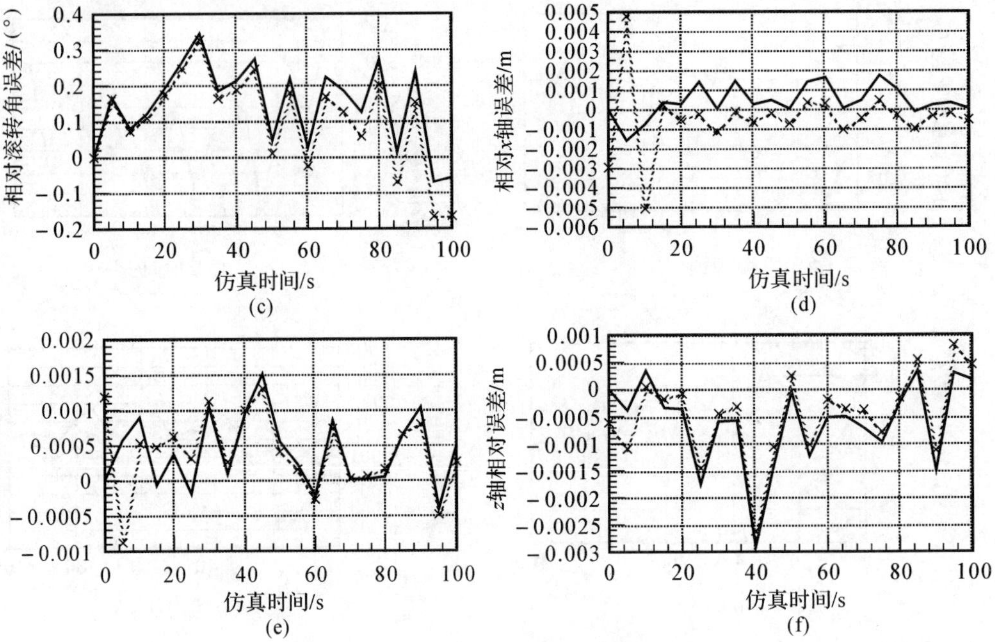

续图 4-59　QEKF 与 DRQEKF 动态估计算法结果比较

(“×”虚线表示 DRQEKF 算法结果，实线表示 QEKF 算法结果)

(c) 相对滚转角误差曲线；(d) 相对 x 轴误差曲线；(e) y 轴相对误差曲线；(f) z 轴相对误差曲线

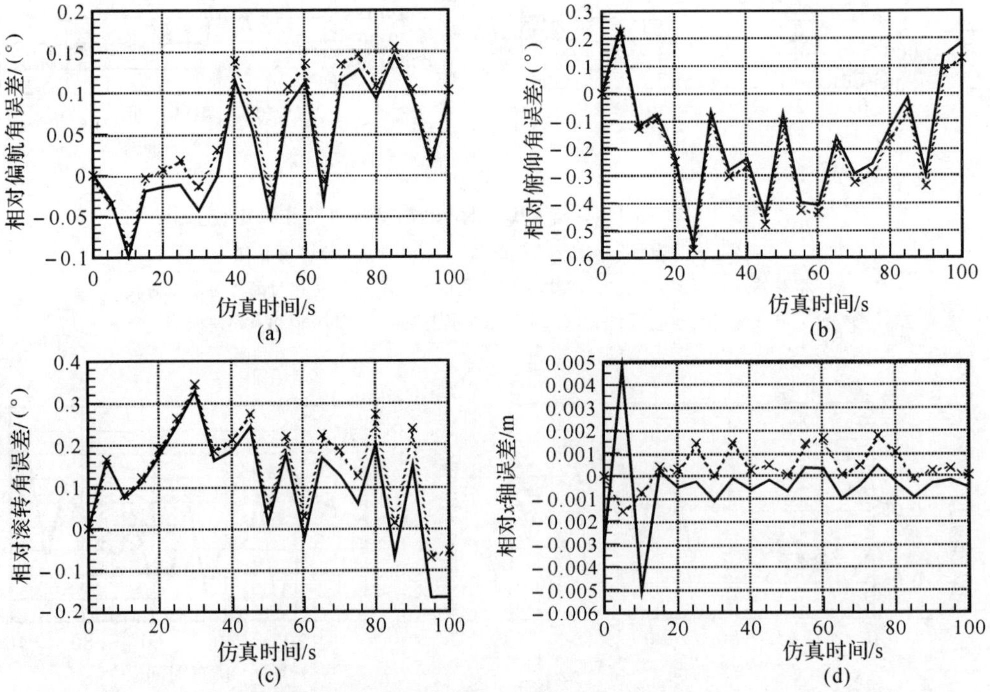

图 4-60　REKF 与 DQEKF 动态估计算法结果比较

(“×”虚线表示 REKF 算法结果，实线表示 DQEKF 算法结果)

(a) 相对偏航角误差曲线；(b) 相对俯仰角误差曲线；(c) 相对滚转角误差曲线；(d) 相对 x 轴误差曲线

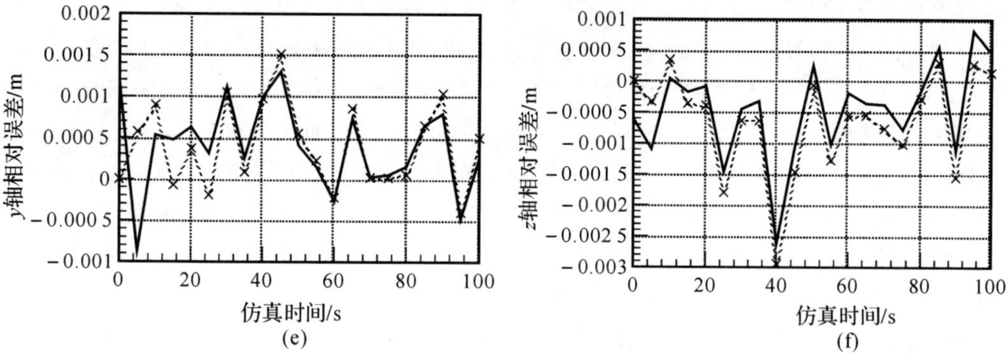

续图 4-60　REKF 与 DQEKF 动态估计算法结果比较

（“×”虚线表示 REKF 算法结果，实线表示 DQEKF 算法结果）

(e) y 轴相对误差曲线；(f) z 轴相对误差曲线

表 4-7　四种位姿动态估计算法所耗时间

位姿动态估计算法	数据处理所耗时间 /ms
QEKF	31
REKF	16
DQEKF	94
DRQEKF	31

4.5.3.4　实验结果分析

从上述的实验及处理结果可以得出如下结论。

(1) 在相对位姿的处理中，从图 4-51 的中误差曲线来看，基于四元数算法和基于 Rodrigues 参数算法的导航精度量级相当，这说明其最小二乘迭代过程中的终止阈值相当。在此阈值条件下，结合图 4-52～图 4-54 的误差曲线和图 4-55 的相对位姿结果，可以看出，两种算法的相对姿态结果相当。从图 4-54 可以直观地看出，两种算法的 x 轴相对误差在 ±0.005 m 以内，y 轴相对误差在 ±0.004 m 以内，基于四元数的静态预报算法的 z 轴相对误差在 ±0.005 m 以内，基于 Rodrigues 参数的静态预报算法的 z 轴相对误差略较大，约为 ±0.01 m 左右。但是，在计算速度方面，基于四元数的静态预报算法所需的迭代次数是 60 次左右，基于 Rodrigues 参数的静态预报算法所需的迭代次数是 5 次左右，从处理所耗的时间上比较，前者是 172 ms，后者是 15 ms。因此，从数据处理的时效方面考虑，且在小姿态角变化应用中（因 Rodrigues 参数法在等效旋转角趋于 ±180° 时出现奇异），建议选用基于 Rodrigues 参数的静态预报算法。

(2) 在相对位姿的动态估计处理中，四种算法的计算精度量级相当，其动态估计精度的具体情况如下：

1) QEKF 与 DQEKF 算法比较。① 相对位置估计：如图 4-57 所示，从总体上看，QEKF 算法的相对位置估计略优于 DQEKF 算法的结果。大致情况是：QEKF 算法的 x 轴相对误差在 ±0.002 m 以内，DQEKF 算法的 x 轴误差最初在 ±0.005 m 左右，之后趋向于 ±0.001 m 左右；两种算法的 y 轴相对误差都在±0.001 m左右，但从曲线的分布看，QEKF 算法的 y 轴相对误差曲线较平稳；QEKF 算法的 z 轴相对误差曲线较 DQEKF 算法的 z 轴相对误差曲线变化略缓和。② 相对姿态估计：从两种算法的误差曲线总体分布来看，DQEKF 算法的相对姿态估计略优于 QEKF 算法的结果，其大致情况是：两种算法的偏航角误差曲线分布在 $-0.1°$ 和 $+0.15°$ 左右，DQEKF 算法的估计误差曲线基本分布在 QEKF 算法的误差曲线内侧，因此，DQEKF 算法的偏航角误差略小于 QEKF 算法的偏航角误差；DQEKF 算法的俯仰角估计结果略优于 QEKF 算法的俯仰角估计结果，其误差曲线分布在 $-0.6°$ 以内和 $+0.24°$ 以内；DQEKF 算法的滚转角估计略优于 QEKF 算法的滚转角估计，其误差曲线分布在 $-0.2°$ 以内和 $+0.34°$ 以内。

2)DRQEKF 与 REKF 算法比较。① 相对位置估计：如图 4-58 所示，从总体上看，DRQEKF 算法的相对位置估计略优于 REKF 算法的结果。大致情况是：DRQEKF 算法的 x 轴相对误差曲线最初分布在±0.005 m左右，12 s后，DRQEKF 算法的 x 轴相对误差结果优于 REKF 算法的结果；两种算法的 y 轴相对误差都在 -0.001 m 和 $+0.001\,5$ m 以内；两种算法的 z 轴相对误差曲线分布在 -0.003 m 和 $+0.001$ m 之内，DRQEKF 算法的估计误差曲线基本分布在 REKF 算法的误差曲线内侧，因此，DRQEKF 算法的 z 轴位置估计略优于 REKF 算法的估计结果。② 相对姿态估计：从两种算法的误差曲线总体分布来看，DRQEKF 算法的相对姿态估计略优于 REKF 算法的结果，其大致情况是：两种算法的偏航角误差曲线分布在 $-0.1°$ 和 $+0.15°$ 左右，DRQEKF 算法的估计误差曲线基本分布在 REKF 算法的误差曲线内侧，因此，DRQEKF 算法的偏航角误差略小于 REKF 算法的偏航角误差；DRQEKF 算法的俯仰角估计略优于 REKF 算法的俯仰角估计，其误差曲线分布在 $-0.6°$ 以内和 $+0.25°$ 以内；DRQEKF 算法的滚转角估计较明显优于 REKF 算法的滚转角估计，它们的误差曲线分布在 $-0.2°$ 以内和 $+0.34°$ 以内。

3)QEKF 与 DRQEKF 算法比较。① 相对位置估计：如图 4-59 所示，从总体上看，QEKF 算法的相对位置估计略优于 DRQEKF 算法的结果。大致情况是：QEKF 算法的 x 轴相对误差曲线分布在±0.002 m以内，DRQEKF 算法的 x 轴相对误差最初分布在±0.005 m左右，16 s后分布在±0.002 m；QEKF 算法的 y 轴相对误差曲线分布在 $-0.000\,5$ m 和 $+0.001\,5$ m 之间，DRQEKF 算法的 y 轴相对误差分布在 -0.001 m 和 $+0.001\,5$ m 之间；两种算法的 z 轴相对误差曲线分布在 -0.003 m 和 0.001 m 之内，QEKF 算法的结果略优于 DRQEKF 算法的估计结果。② 相对姿态估计：从两种算法的误差曲线总体分布来看，DRQEKF 算法的相对姿态估计略优于 QEKF 算法的结果。其大致情况是：两种算法的偏航角误差曲线分布在 $-0.1°$ 和 $+0.152°$ 之间，DRQEKF 算法的估计误差曲线基本分布在 QEKF 算法的误差曲线内侧，因此，DRQEKF 算法的偏航角误差略小于 QEKF 算法的偏航角误差；DRQEKF 算法的俯仰角估计精度与 QEKF 算法的俯仰角估计精度相当，其误差曲线分布在 $-0.6°$ 以内和 $+0.3°$ 以内；DRQEKF 算法的滚转角估计较明显优于 QEKF 算法的滚转角估计，它们的误差曲线分布在 $-0.2°$ 和 $+0.35°$ 之间。

4)DQEKF 与 REKF 算法比较。① 相对位置估计：如图 4-60 所示，从总体上看，REKF 算法的相对位置估计略优于 DQEKF 算法的结果。大致情况是：REKF 算法的 x 轴相对误差在±0.002 m，DQEKF 算法的 x 轴相对误差曲线最初分布在±0.005 m左右，8 s后，它的误差也达到±0.002 m；两种算法的 y 轴相对误差都在 -0.001 m 和 $+0.002$ m，REKF 算法的估计结果略优于 DQEKF 算法的估计结果；两种算法的 z 轴相对误差曲线分布在 -0.003 m＋

0.001 m 之内，其估计精度相当。② 相对姿态估计：从两种算法的误差曲线总体分布来看，REKF 算法的相对姿态估计略优于 DQEKF 算法的结果。其大致情况是：两种算法的偏航角误差曲线分布在 -0.1° 和 $+0.2^\circ$，REKF 算法的估计误差曲线基本分布在 DQEKF 算法的误差曲线内侧，因此，REKF 算法的偏航角误差略小于 DQEKF 算法的偏航角误差；两种算法的相对俯仰角估计精度相当，其误差曲线分布在 $-0.6^\circ \sim +0.25^\circ$；两种算法的滚转角估计精度相当，它们的误差曲线分布在 $-0.2^\circ \sim +0.34^\circ$。

从上述的分析比较可以得出：① 四种算法相对位置计算精度的基本情况是：x 轴相对误差均在 -0.006 m $\sim +0.005$ m；y 轴相对误差均在 -0.001 m $\sim +0.001\,5$ m；z 轴相对误差均在 -0.003 m $\sim +0.001$ m。但四种算法的相对位置计算精度仍略有差别，它们的优先次序为 QEKF $>$ DRQEKF $>$ REKF $>$ DQEKF（$>$ 表示优于）（与第 5 章的仿真结果完全一致）。② 四种算法相对姿态计算精度的基本情况是：相对偏航角误差分布在 $-0.1^\circ \sim +0.2^\circ$ 之间，相对俯仰角误差分布在 $-0.6^\circ \sim +0.3^\circ$ 之间；相对滚转角误差分布在 $-0.2^\circ \sim 0.4^\circ$ 之间，但它们的相对姿态估计精度仍略有差别，其优先次序为 DRQEKF $\geqslant$ REKF $\geqslant$ DQEKF $\geqslant$ QEKF（$\geqslant$ 表示略优于）（与第 5 章的仿真结果基本一致）。

（3）从算法的处理时间上比较，见表 4-7，QEKF 算法所耗时间（31 ms）约为 REKF 算法（16 ms）的 2 倍，DQEKF 算法所耗时间（94 ms）约为 DRQEKF 算法（31 ms）的 3 倍。

结论：综上所述，以上所进行的实验及数据处理结果与前文的理论分析一致，数据处理的结果分别与前面的仿真计算结果基本一致。从相对位姿动态处理的时效方面考虑，且保证 Rodrigues 参数不出现奇异现象的情况下，如算法是基于点特征提取的，建议采用 REKF 算法，如算法是基于线特征的，建议采用 DRQEKF 算法。

4.5.4　矿井多智体相对导航的地面实验验证及分析

在目标矿井智能体上安装光学特征装置，在主动矿井智能体上安装 CCD 相机，特征装置的几何形状及尺寸可以事先测定已知，通过主动矿井智能体 CCD 相机获得目标矿井智能体的影像，并对其进行特征提取与匹配，获得目标矿井智能体光学特征的相关像素坐标值后，通过计算就可以确定主动矿井智能体和目标矿井智能体之间的相对位置和姿态。本节根据矿井环境，设计一个简单的地面实物实验，模拟矿井中主动矿井智能体与目标矿井智能体之间的简单相对运动，初步验证 DQUKF 算法的正确性和有效性。

4.5.4.1　实验设备介绍

本次的实验设备主要有：陕西维视数字图像技术有限公司的 MV-VEM500SM 相机和 MV-VEM120SM 相机，MV5959 云台及制作的实验目标。CCD 相机 MV-VEM120SM 和 MV-VEM500SM 最高分辨率分别为 $1\,280 \times 960$，640×480；传感器尺寸分别为 2/3″（8.8 mm × 6.6 mm），1/2″（6.4 mm × 4.8 mm）；焦距分别为 26 mm（× 1.295），27 mm。智能控制机器视觉云台 MV-5959 的技术参数见表 4-8。

表 4-8　MV-5959 云台功能指标与技术参数

旋转角度	水平 −160° ～ 160°，垂直 −36° ～ 36°
最高转速	1 000 步 /s(12.9°/s)
最低转速	60 步 /s(0.75°/s)
承载能力	在电机 1 000 步 /s 时，负载 3 kg
自身质量	1.17 kg
通信方式	RS232
定位精度	0.026°
加速度	≤1 000 步 /s²
DC 电压	24 V

在MV5959云台上安置目标，通过计算机串口实现对MV5959云台的运动控制，从而可实现对目标的运动控制，目标由两长方形模块组成，上面做了 19 个特征标记，如图 4-61 所示。

图 4-61　目标、特征点标记及坐标系示意图

另外，还有以下实验设备：4 台徕卡 GPS(BB17-GJS101-F82) 接收机，1 台(套) 高精度测量机器人(莱卡 TCA2003)，2 台反光棱镜。计算机除了云台控制计算机外，还有 1 台专门的数据处理计算机，数据的离线处理是在该计算机上进行的，其参数为 Intel Celeron Dual-Core T3000 1.8GHz，2GB 内存。

4.5.4.2　实验数据的获取

1. 实验场地的基准测量

首先，通过 4 台徕卡 GPS(BB17-GJS101-F82) 接收机和一台套高精度测量机器人(莱卡 TCA2003) 获得实验观测墩的校园坐标系坐标，实验场地如图 4-62 所示。

图 4-62　观测墩示意图

经过联合测量和测量平差数据处理，得到三个大观测墩的校园坐标系坐标（出于数据安全角度，x 坐标统一减去 ****.***，y 坐标统一减去 ***.***，后同），见表 4-9。

表 4-9　三个观测大墩的 GPS 测量坐标

站点名	North/m	East/m	Height/m
01(北墩)	388 564 5.708	430 881.097	109.913
05(南墩)	388 562 8.095	430 883.571	109.881
Zj(中间)	388 563 5.133	430 882.579	109.900

然后用高精度测量机器人 TCA2003 对 4 个目标观测小墩进行观测，解算出坐标。由于 GPS 测量处理的结果与全站仪测量所处的投影面选择不同，GPS 测量对应的 Zj-05 边的距离为 7.107 56 m；Zj-01 边的距离为 10.678 34m。而通过全站仪测距测量出 Zj-05 边的距离为 7.139 26 m；Zj-01 边的距离为 10.714 8 m。在后续的实验验证中是以测量机器人 TCA2003 作为测量验证工具和依据的。因此，以 Zj 点为基准可通过计算得三个观测大墩的坐标见表 4-10。

表 4-10　三个观测大墩的 TCA2003 测量坐标

站点名	North/m	East/m	Height/m
01(北墩)	388 564 5.744	430 881.092 8	109.914 4
05(南墩)	388 562 8.065	430 883.575 9	109.908 6
Zj(中间)	388 563 5.133	430 882.579 0	109.900 0

然后以表 4-10 的坐标为基础，利用测量机器人 TCA2003 进行四个观测小墩的测量，从南向北依次编号为 A、B、C、D，分别测出其坐标，见表 4-11。

表 4-11　四个观测小墩的 TCA2003 测量坐标

站点名	North/m	East/m	Height/m
A	388 563 0.661	430 876.564 9	109.617 1
B	388 563 4.188	430 876.121 8	109.595 5
C	388 563 7.754	430 875.612 0	109.609 6
D	388 564 1.482	430 875.129 6	109.615 0

最后，再利用测量机器人 TCA2003 测出各观测大墩上相机安置点的坐标，见表 4－12。

表 4－12　大墩相机安置点坐标

站点名	North/m	East/m	Height/m
01 相机安置点	388 564 5.607	430 881.014 5	109.884
05 相机安置点	388 562 8.187	430 883.470 7	109.906
Zj 相机安置点	388 563 5.121	430 882.446 1	109.891

2. 影像数据的测量

实验采用一台套 MV－5959 高精度智能控制机器视觉云台获取实验数据：在高精度智能控制机器视觉云台 MV－5959 上架设目标，给目标设置特征线，并通过电脑控制，给随动云台跟踪系统 MV－5959 设置一定的运动规律，利用云台系统自带的控制软件控制云台水平匀速转动 8 000 步。同时，实验中，MV－VEM500SM 相机和 MV－VEM120SM 相机安置在预先定位好的观测墩上，对 MV5959 云台上的目标和观测墩及墙体上的目标进行同步观测，每 1 s 记录一次数据，产生一系列 CCD 观测影像。最后，对拍摄的数据进行离线处理，确定出相机与目标之间的相对位姿关系。在现有实验场地的条件下，特意选择夜间模拟矿井环境，进行了实验验证，实验现场概况如图 4－63 所示。

图 4－63　数据采集现场

4.5.4.3　实验数据处理及结果

1. 目标坐标系的建立及目标特征点的精确量测

(1) 目标坐标系的建立。

以观测小墩 A 为坐标原点 O_W，x_W 轴平行于特征点 2 和 6 的方向，z_W 轴平行于特征点 1 方向垂直向上，y_W 垂直于 $x_WO_Wz_W$ 平面，并与 x_W、z_W 轴构成左手坐标系。

(2) 目标特征点的精确量测。

为了精确量测特征点坐标，利用高精度测量机器人(莱卡 TCA2003) 测定。操作步骤：将目标体安装在观测墩 A 上(已测出其坐标)，然后将全站仪分别架设在基准墩 05(南) 和 Zj 点，分别以 01(北) 定向后，瞄准目标特征点进行角度测量，分别记录水平角和竖直角，然后利用三维空间前方交会原理进行计算，得出特征点在大地坐标系(beijing－54)中的坐标。三维前方交会的目的是确定未知点的平面位置及高程，为避免错误须增加观测的检核条件。因此，本实验中对每一个点的观测中都是采用双组前方交会。若双组观测所得结果的较差大就要重测，保证了获取数据的准确性。如图 4－64 所示，图中 A,B,C 为已知控制点，$\alpha_1,\beta_1,\alpha_2,\beta_2$ 为水平角观测值，$\delta_1,\delta_2,\delta_3$ 为垂直角观测值，P' 点为 P 点的水平投影位置。

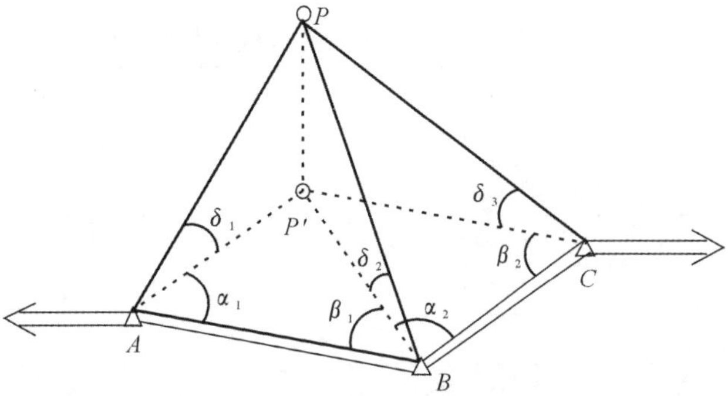

图 4－64　三维空间前方交会示意图

未知点 P 平面坐标可通过下面的公式计算：

$$\left.\begin{aligned} x_{P_1} &= \frac{x_A\cot\beta_1 + x_B\cot\alpha_1 + (y_B - y_A)}{\cot\alpha_1 + \cot\beta_1} \\ y_{P_1} &= \frac{y_A\cot\beta_1 + y_B\cot\alpha_1 - (x_B - x_A)}{\cot\alpha_1 + \cot\beta_1} \end{aligned}\right\} \tag{4-162}$$

$$\left.\begin{aligned} x_{P_2} &= \frac{x_B\cot\beta_2 + x_C\cot\alpha_2 + (y_C - y_B)}{\cot\alpha_2 + \cot\beta_2} \\ y_{P_2} &= \frac{y_B\cot\beta_2 + y_C\cot\alpha_2 - (x_C - x_B)}{\cot\alpha_2 + \cot\beta_2} \end{aligned}\right\} \tag{4-163}$$

结合平面解析几何知识，根据两个已知点的坐标和两个观测值，可以唯一地确定未知待定点的二维坐标。由于观测存在误差，结果 P 点就会有两组不同数据，当值在某测量允许范围之内时，认为未知点坐标就是二坐标平均值，即

$$\left.\begin{aligned} x_P &= (x_{P_1} + x_{P_2})/2 \\ y_P &= (y_{P_1} + y_{P_2})/2 \end{aligned}\right\} \tag{4-164}$$

未知点 P 高程坐标计算基本公式为

$$\left.\begin{aligned} D_{AP} &= \sqrt{(x_A - x_P)^2 + (y_A - y_P)^2} \\ D_{BP} &= \sqrt{(x_B - x_P)^2 + (y_B - y_P)^2} \\ D_{CP} &= \sqrt{(x_C - x_P)^2 + (y_C - y_P)^2} \end{aligned}\right\} \tag{4-165}$$

$$\left.\begin{aligned} h_{P_1} &= H_A + I_A + D_{AP}\tan\delta_1 \\ h_{P_2} &= H_B + I_B + D_{BP}\tan\delta_2 \\ h_{P_3} &= H_C + I_C + D_{CP}\tan\delta_3 \end{aligned}\right\} \tag{4-166}$$

$$h_P = (h_{P_1} + h_{P_2} + h_{P_3})/3 \tag{4-167}$$

式中 H_A, H_B, H_C—— 测站点 A、B、C 的高程;

I_A, I_B, I_C—— 测站点 A、B、C 的仪器高。

在上述原理和基本计算公式的基础上,用 MATLAB 编程软件编辑程序可方便计算出特征点的坐标,分别交会出图 4-61 中墩面特征点和墙面特征点的坐标以及视觉云台系统 $x=0$ 步,$y=0$ 步;$x=4\ 000$ 步,$y=0$ 步;$x=8\ 000$ 步,$y=0$ 步时的目标特征点大地测量坐标,见表 4-13 ~ 表 4-16。

表 4-13 墩面特征点和墙面特征点的大地测量坐标

点号	East/m	North/m	Height/m
墩 1	388 563 0.724 3	430 876.686 4	109.404 4
墩 2	388 563 0.629 5	430 876.686 3	109.499 3
墙 1	388 563 0.186 4	430 876.388 6	109.575 8
墙 2	388 563 0.297 4	430 876.372 9	110.061 7
墙 3	388 563 0.656 2	430 876.321 8	110.072 4
墙 4	388 563 0.654 0	430 876.321 8	110.411 1
墙 5	388 563 0.932 8	430 876.283 2	110.274 4
墙 6	388 563 1.154 3	430 876.250 5	109.788 2

表 4-14 $x=0, y=0$ 步时目标特征点大地测量坐标

点号	East/m	North/m	Height/m
1	388 563 0.655 6	430 876.591 1	110.161 7
2	388 563 0.782 6	430 876.546 4	109.979 0
3	388 563 0.672 9	430 876.624 1	109.919 9
4	388 563 0.671 0	430 876.615 1	109.978 9
6	388 563 0.527 5	430 876.605 8	109.983 0
11	388 563 0.719 7	430 876.609 4	110.020 5
14	388 563 0.761 8	430 876.601 0	109.938 8
15	388 563 0.582 8	430 876.646 4	109.939 3

表 4-15 $x=4\ 000, y=0$ 步时目标特征点大地测量坐标

点号	East/m	North/m	Height/m
1	388 563 0.643 0	430 876.582 6	110.161 8
2	388 563 0.756 4	430 876.647 2	109.977 9
3	388 563 0.624 9	430 876.612 5	109.919 6
4	388 563 0.631 5	430 876.606 0	109.978 9
10	388 563 0.725 7	430 876.566 1	110.022 0
12	388 563 0.588 0	430 876.579 9	110.022 2
14	388 563 0.698 4	430 876.667 1	109.935 8
T21	388 563 0.766 1	430 876.579 9	109.902 0

表 4-16　$x=8\,000, y=0$ 步时目标特征点大地测量坐标

点号	East/m	North/m	Height/m
1	388 563 0.642 7	430 876.566 5	110.162 5
2	388 563 0.658 3	430 876.694 3	109.976 9
9	388 563 0.661 6	430 876.659 5	109.918 4
10	388 563 0.704 0	430 876.618 0	110.020 5
11	388 563 0.609 8	430 876.620 1	110.019 1
14	388 563 0.606 6	430 876.660 9	109.935 6
17	388 563 0.716 1	430 876.657 2	109.939 7
T20	388 563 0.607 0	430 876.659 7	109.897 3

2. 相机标记点的精确量测

利用高精度测量机器人(莱卡 TCA2003) 测定。操作步骤:将摄像机分别安置在 Zj 相机安置点和 05 相机安置点上(已测出其坐标),然后将全站仪分别架设在观测小墩 A 和 B 点,分别以观测大墩 01(北) 定向后,瞄准摄像头中心进行角度测量,分别记录水平角和竖直角,然后利用三维空间前方交会原理进行计算,得出相机标记点在大地坐标系(beijing-54) 中的坐标。

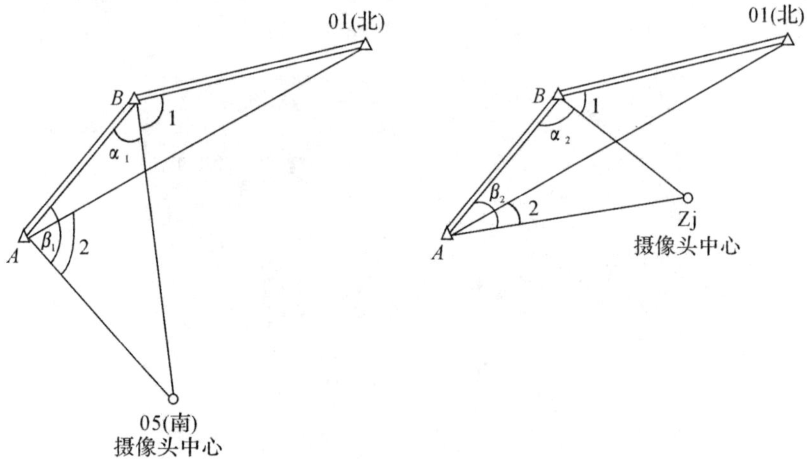

图 4-65　两摄像头中心测量示意图

根据图中测量方法,利用前面的三维空间交会原理及其计算公式便可计算出两摄像头中心点的坐标,图中,A,B,01 点的坐标已知,角 1 和角 2 为水平测量角,根据坐标方位角可推算出 α_1,β_1,α_2,β_2 的值。则计算的相机标记点的坐标见表 4-17。

表 4-17　相机标记点坐标

点号	North/m	East/m	Height/m
Zj 摄像头中心	388 563 5.073 6	430 882.401 4	110.085 5
Zj 摄像机身中心	388 563 5.105 9	430 882.444 6	110.106 6
南 05 摄像头中心	388 562 8.164 6	430 883.422 2	110.088 6
南 05 摄像机身中心	388 562 8.159 7	430 883.467 6	110.106 0

3. 计算目标特征点坐标

根据所获取的影像数据，结合云台跟踪系统 MV－5959 的运动规律和相机观测墩的定位信息，利用数学形态学算法对所拍摄的观测影像进行特征提取，再利用德国 MVTec 公司编制的 HALCON 软件进行特征匹配并提取特征点的图像像素坐标，然后通过自编程序将图像像素坐标转换为像平面坐标。在初始观测历元，MV－VEM500SM 相机和 MV－VEM120SM 相机观测的数据分别如图 4－66 和图 4－67 所示。

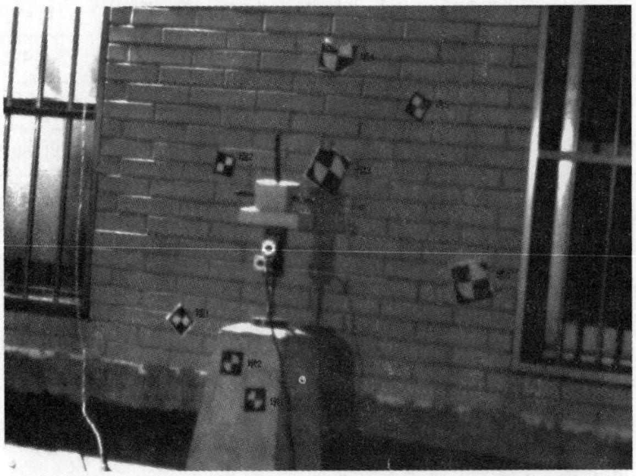

图 4－66　MV－VEM120SM 相机采集的图像数据

图 4－67　MV－VEM500SM 相机采集的图像数据

根据所建立的目标坐标系，得到墩面特征点和墙面特征点的坐标，见表 4－18。

表 4－18　墩面特征点和墙面特征点的目标坐标系坐标

点号	X/m	Y/m	Z/m
墩 1	0.063 7	0.121 5	－0.212 7
墩 2	－0.031 1	0.121 4	－0.117 8
墙 1	－0.474 2	－0.176 3	－0.041 3
墙 2	－0.363 2	－0.192 0	0.444 6
墙 3	－0.004 4	－0.243 1	0.455 3

续 表

点号	X/m	Y/m	Z/m
墙 4	−0.006 6	−0.243 1	0.794
墙 5	0.272 2	−0.281 7	0.657 3
墙 6	0.493 7	−0.314 4	0.171 1

利用对偶四元数算法，可计算出 MV－5959 云台上的目标特征点（见图 4－68）的坐标，见表 4－19。

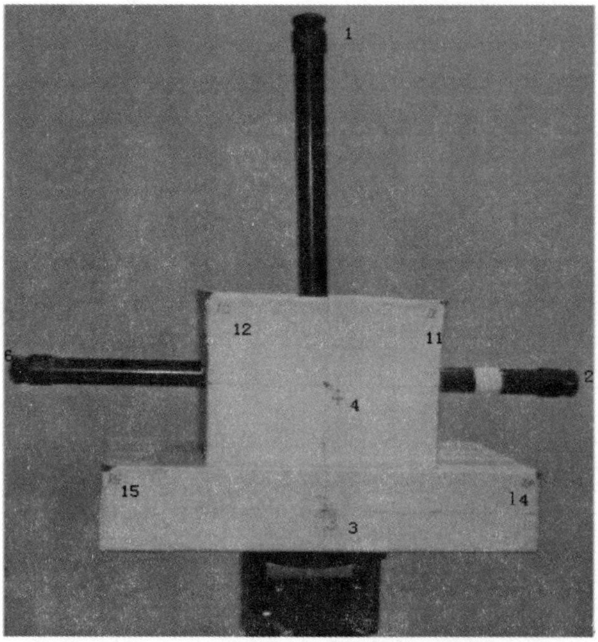

图 4－68　MV－5959 云台上的目标特征点

表 4－19　MV－5959 云台上的目标特征点坐标

点号	X/m	Y/m	Z/m
1	−0.005	0.026 2	0.544 6
2	0.122	−0.018 5	0.361 9
3	0.012 3	0.059 2	0.302 8
4	0.010 4	0.050 2	0.361 8
6	−0.133 1	0.040 9	0.365 9
11	0.059 1	0.044 5	0.403 4
12	−0.038 5	0.067 3	0.403 2
14	0.101 2	0.036 1	0.321 7
15	−0.077 8	0.081 5	0.322 2

4. 坐标系转换

由于所选择的目标坐标系与摄像机坐标系不属于同一坐标系，所以在进行相对位姿解算时先要进行坐标转换。

以云台设置点为原点，该点大地坐标值为[3 885 630.660 6　430 876.564 9　109.617 1]^T，先变 y 为负，之后，坐标系符合右手系法则，再绕 x 轴顺时针转 90°，变换矩阵为

$$\begin{bmatrix}1 & 0 & 0\\0 & \cos\theta & -\sin\theta\\0 & \sin\theta & \cos\theta\end{bmatrix}\begin{bmatrix}x\\-y\\z\end{bmatrix}=\begin{bmatrix}1 & 0 & 0\\0 & 0 & -1\\0 & 1 & 0\end{bmatrix}\begin{bmatrix}x\\-y\\z\end{bmatrix}=\begin{bmatrix}x\\-z\\-y\end{bmatrix} \tag{4-168}$$

之后，由于负片，所对应 $-y$ 坐标取负变为 y。

(1) 以下分别列出视觉云台目标转动 0～8 000 步情况下，MV-VEM500SM 相机采集的特征点的目标坐标系坐标及其转换坐标，以及相应的像素坐标。

表 4-20　$y=0,x=0$ 步目标坐标系中特征点坐标

点号	X/m	Y/m	Z/m
1	−0.005 0	0.026 2	0.544 6
2	0.122 0	−0.018 5	0.361 9
3	0.012 3	0.059 2	0.302 8
4	0.010 4	0.050 2	0.361 8
6	−0.133 1	0.040 9	0.365 9
11	0.059 1	0.044 5	0.403 4
14	0.101 2	0.036 1	0.321 7
15	−0.077 8	0.081 5	0.322 2

表 4-21　进行坐标转换处理后的特征点坐标

点号	X/m	Y/m	Z/m
1	−0.005 0	0.544 6	0.026 2
2	0.122 0	−0.361 9	−0.018 5
3	0.012 3	−0.302 8	0.059 2
4	0.010 4	−0.361 8	0.050 2
6	−0.133 1	−0.365 9	0.040 9
11	0.059 1	−0.403 4	0.044 5
14	0.101 2	−0.321 7	0.036 1
15	−0.077 8	−0.322 2	0.081 5

表 4-22　特征点像素坐标

点号	u	v
1	270	183
2	318	241
3	291	272

续表

点号	u	v
4	287	249
6	235	255
11	302	231
14	321	260
15	256	274

表 4-23　$y=0, x=4\ 000$ 步目标坐标系中特征点坐标

点号	X/m	Y/m	Z/m
1	−0.017 6	0.017 7	0.544 7
2	0.095 8	0.082 3	0.360 8
3	−0.035 7	0.047 6	0.302 5
4	−0.029 1	0.041 1	0.361 8
10	0.065 1	0.001 2	0.404 9
12	−0.072 6	0.015	0.405 1
14	0.037 8	0.102 2	0.318 7
T21	0.105 5	0.015	0.284 9

表 4-24　进行坐标转换处理后的坐标

点号	X/m	Y/m	Z/m
1	−0.017 6	−0.544 7	0.017 7
2	0.095 8	−0.360 8	0.082 3
3	−0.035 7	−0.302 5	0.047 6
4	−0.029 1	−0.361 8	0.041 1
10	0.065 1	−0.404 9	0.001 2
12	−0.072 6	−0.405 1	0.015
14	0.037 8	−0.318 7	0.102 2
T21	0.105 5	−0.284 9	0.015

表 4-25　特征点像素坐标

点号	u	v
1	262	182
2	322	242
3	274	274
4	274	252
10	298	228
12	252	239
14	306	264
T21	322	270

表 4-26　$y=0, x=8\ 000$ 步目标坐标系中特征点坐标

点号	X/m	Y/m	Z/m
1	−0.017 9	0.001 6	0.545 4
2	−0.002 3	0.129 4	0.359 8
9	0.001 0	0.094 6	0.301 3
10	0.043 4	0.053 1	0.403 4
11	−0.050 8	0.055 2	0.402 0
14	−0.054 0	0.096 0	0.318 5
17	0.055 5	0.092 3	0.322 6
T20	−0.053 6	0.094 8	0.280 2

表 4-27　进行坐标转换处理后的坐标

点号	X/m	Y/m	Z/m
1	−0.017 9	−0.545 4	0.001 6
2	−0.002 3	−0.359 8	0.129 4
9	0.001 0	−0.301 3	0.094 6
10	0.043 4	−0.403 4	0.053 1
11	−0.050 8	−0.402	0.055 2
14	−0.054 0	−0.318 5	0.096 0
17	0.055 5	−0.322 6	0.092 3
T20	−0.053 6	−0.280 2	0.094 8

表 4-28　特征点像素坐标

点号	u	v
1	261	183
2	294	248
9	294	270
10	291	230
11	275	230
14	270	268
17	313	258
T20	261	283

(2) 以下分别列出 MV-VEM120SM 相机采集的特征点像素坐标以及云台目标转动 0～8 000 步的目标坐标。

表 4-29　$y=0,x=0$ 步目标坐标系中特征点坐标

点号	X/m	Y/m	Z/m
1	−0.005 0	0.026 2	0.544 6
2	0.122	−0.018 5	0.361 9
3	0.012 3	0.059 2	0.302 8
4	0.010 4	0.050 2	0.361 8
6	−0.133 1	0.040 9	0.365 9
11	0.059 1	0.044 5	0.403 4
14	0.101 2	0.036 1	0.321 7
15	−0.077 8	0.081 5	0.322 2

表 4-30　进行坐标转换处理后的坐标

点号	X/m	Y/m	Z/m
1	−0.005 0	−0.544 6	0.026 2
2	0.122	−0.361 9	−0.018 5
3	0.012 3	−0.302 8	0.059 2
4	0.010 4	−0.361 8	0.050 2
6	−0.133 1	−0.365 9	0.040 9
11	0.059 1	−0.403 4	0.044 5
14	0.101 2	−0.321 7	0.036 1
15	−0.077 8	−0.322 2	0.081 5

表 4-31　特征点像素坐标

点号	u	v
1	683	167
2	730	249
3	670	270
4	674	242
6	630	237
11	695	230
14	707	267
15	634	258

表 4-32　$y=0,x=4\ 000$ 步目标坐标系中特征点坐标

点号	X/m	Y/m	Z/m
1	−0.017 6	0.017 7	0.544 7
2	0.095 8	0.082 3	0.360 8
3	−0.035 7	0.047 6	0.302 5
4	−0.029 1	0.041 1	0.361 8
10	0.065 1	0.001 2	0.404 9
12	−0.072 6	0.015 0	0.405 1
14	0.037 8	0.102 2	0.318 7
T21	0.105 5	0.015 0	0.284 9

表 4-33　进行坐标转换处理后的坐标

点号	X/m	Y/m	Z/m
1	−0.017 6	−0.544 7	0.017 7
2	0.095 8	−0.360 8	0.082 3
3	−0.035 7	−0.302 5	0.047 6
4	−0.029 1	−0.361 8	0.041 1
10	0.065 1	−0.404 9	0.001 2
12	−0.072 6	−0.405 1	0.015 0
14	0.037 8	−0.318 7	0.102 2
T21	0.105 5	−0.284 9	0.015 0

表 4-34　特征点像素坐标

点号	u	v
1	681	165
2	696	246
3	657	265
4	663	241
10	706	230
12	657	222
14	670	263
T21	714	280

表 4-35　$y=0, x=8\ 000$ 步目标坐标系中特征点坐标

点号	X/m	Y/m	Z/m
1	−0.017 9	0.001 6	0.545 4
2	−0.002 3	0.129 4	0.359 8
9	0.001 0	0.094 6	0.301 3
10	0.043 4	0.053 1	0.403 4
11	−0.050 8	0.055 2	0.402 0
14	−0.054 0	0.096 0	0.318 5
17	0.055 5	0.092 3	0.322 6
T20	−0.053 6	0.094 8	0.280 2

表 4-36　进行坐标转换处理后的坐标

点号	X/m	Y/m	Z/m
1	−0.017 9	−0.545 4	0.001 6
2	−0.002 3	−0.359 8	0.129 4
9	0.001 0	−0.301 3	0.094 6
10	0.043 4	−0.403 4	0.053 1
11	−0.050 8	−0.402 0	0.055 2
14	−0.054 0	−0.318 5	0.096 0
17	0.055 5	−0.322 6	0.092 3
T20	−0.053 6	−0.280 2	0.094 8

表 4-37　特征点像素坐标

点号	u	v
1	684	167
2	648	241
9	655	269
10	685	229
11	654	225
14	638	259
17	678	261
T20	639	275

5. 基于对偶四元数的矿井多智体相对导航算法的实验数据处理

在完成基于对偶四元数的位姿表达和变换模型后，利用 VC ++ 平台编写了计算程序，进行实验数据的处理，验证模型算法的正确性和有效性。设计了晚上进行数据采集，模拟矿井环境。分别采集了 MV－5959 云台静止状态(0 步转动)、水平方向 4 000 步、8 000 步转动情况下的目标影像数据，分别计算出了云台目标相对 MV－VEM500SM 相机和 MV－VEM120SM 相机的绝对定向参数，其结果见表 4－38 和表 4－39。

表 4－38　云台目标相对 MV－VEM500SM 相机的绝对定向参数

旋转步数	相对姿态(对偶四元数)				相对姿态(欧拉角)/(°)			相对位置 /m		
	q_0	q_1	q_2	q_3	ψ	θ	φ	x	y	z
0 步	0.986	0.080	−0.127	0.066	6.532 0	15.108 0	8.443 0	−0.072 8	0.375 8	7.250 0
4 000 步	0.982	0.037	−0.158	0.094	10.551 0	18.480 0	2.566 0	−0.047 9	0.377 5	7.255 0
8 000 步	0.986	0.015	−0.155	0.063	7.191 8	17.918 7	0.578 4	−0.073 1	0.382 3	7.256 2

表 4－39　云台目标相对 MV－VEM120SM 相机的绝对定向参数

旋转步数	相对姿态(对偶四元数)				相对姿态(欧拉角)/(°)			相对位置 /m		
	q_0	q_1	q_2	q_3	ψ	θ	φ	x	y	z
0 步	0.944	−0.029	0.326	−0.039	−6.727 9	37.820 4	−5.844 5	0.070 3	−0.188 0	7.274 2
4 000 步	0.954	−0.033	0.294	−0.043	−6.988 2	33.991 6	−6.057 6	0.066 2	−0.200 8	7.297 1
8 000 步	0.946	−0.059	0.318	−0.033	−7.109 5	36.700 0	−9.455 9	0.065 3	−0.194 6	7.287 3

根据以上定向参数，便可计算出目标坐标系下视觉云台目标旋转 0 ～ 8 000 步的目标特征点，进而可通过坐标转换得到大地坐标，见表 4－40 ～ 表 4－43。

表 4－40　墩面特征点和墙面特征点的大地坐标

点号	East/m	North/m	Height/m
墩 1	3 885 630.725 3	430 876.687 6	109.406 8
墩 2	3 885 630.627 7	430 876.684 5	109.498 3
墙 1	3 885 630.184 6	430 876.386 8	109.573 7
墙 2	3 885 630.298 3	430 876.373 9	110.062 5
墙 3	3 885 630.655 2	430 876.321 0	110.071 6
墙 4	3 885 630.652 7	430 876.320 9	110.410 2
墙 5	3 885 630.934 4	430 876.285 3	110.276 7
墙 6	3 885 631.153 2	430 876.251 4	109.786 5

表 4-41　$x=0, y=0$ 步时目标特征点大地坐标

点号	East/m	North/m	Height/m
1	3 885 630.653 6	430 876.592 4	110.160 5
2	3 885 630.784 4	430 876.548 3	109.976 8
3	3 885 630.676 8	430 876.628 5	109.920 5
4	3 885 630.660 9	430 876.617 7	109.977 4
6	3 885 630.529 3	430 876.607 5	109.986 2
11	3 885 630.720 0	430 876.610 6	110.021 1
14	3 885 630.762 4	430 876.601 8	109.939 5
15	3 885 630.583 4	430 876.647 5	109.938 5

表 4-42　$x=4\ 000, y=0$ 步时目标特征点大地坐标

点号	East/m	North/m	Height/m
1	3 885 630.644 0	430 876.583 5	110.162 6
2	3 885 630.755 4	430 876.646 3	109.976 8
3	3 885 630.625 3	430 876.613 4	109.918 3
4	3 885 630.632 3	430 876.605 3	109.979 5
10	3 885 630.726 6	430 876.567 5	110.023 5
12	3 885 630.586 8	430 876.577 6	110.021 5
14	3 885 630.699 6	430 876.668 3	109.937 3
T21	3 885 630.764 5	430 876.577 6	109.901 2

表 4-43　$x=8\ 000, y=0$ 步时目标特征点大地坐标

点号	East/m	North/m	Height/m
1	3 885 630.643 6	430 876.567 4	110.163 4
2	3 885 630.656 4	430 876.692 8	109.974 3
9	3 885 630.661 0	430 876.658 2	109.917 6
10	3 885 630.706 0	430 876.620 0	110.022 4
11	3 885 630.610 0	430 876.623 1	110.017 9
14	3 885 630.604 8	430 876.662 8	109.936 6
17	3 885 630.717 3	430 876.658 4	109.938 8
T20	3 885 630.605 8	430 876.657 9	109.896 3

6.基于 DQUKF 算法的实验数据处理

以上述测量计算结果为真值，并拟合出相机 MV－VEM500SM 和相机 MV－VEM120SM 与视觉云台目标的相对角速度分别为$[0.013\ 17\quad 0.014\ 71\quad -0.025\ 64]^{T}$(rad/s)，$[-0.00\ 114\quad -0.016\ 71\quad -0.000\ 93]^{T}$(rad/s)，其他初始参数有，相对位置和相对速度状态量的初始值分别为$[-0.072\ 8\quad 0.375\ 8\quad 7.250\quad 0\quad 0\quad 0.000\ 21]^{T}$，$[0.070\ 3\quad -0.188\ 0\quad 7.274\ 2\quad 0\quad 0\quad 0.000\ 13]^{T}$，相应的初始方差分别为 $0.2\boldsymbol{I}_{3\times3}\ \mathrm{m}^{2}$，$10^{-9}\boldsymbol{I}_{3\times3}\ (\mathrm{m/s})^{2}$；相对姿态状态量分别为$[0.114\ 005\quad 0.263\ 684\quad 0.147\ 358]^{T}$，$[-0.117\ 424\quad 0.660\ 091\quad -0.102\ 006]^{T}$，初始方差为$10^{-5}\boldsymbol{I}_{4\times4}$。然后在第 3 章 DQUKF 算法的基础上进行相机与目标之间的相对位姿估计，其估算误差曲线如图 4－69～图 4－74 所示。(各图中，实线表示相机 MV－VEM500SM 的误差曲线，虚线表示相机 MV－VEM120SM 的误差曲线。

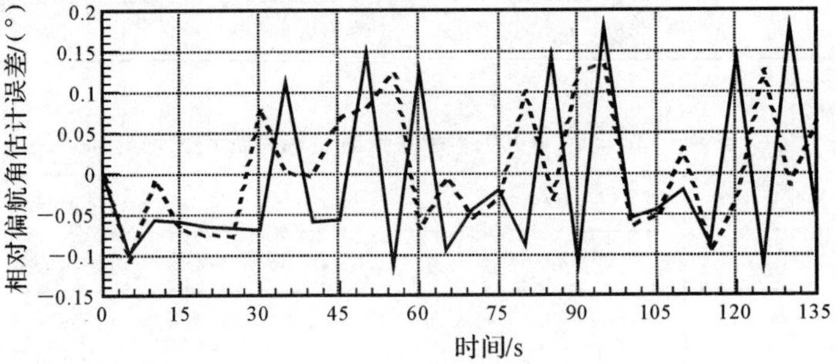

图 4－69　相对偏航角估计误差曲线

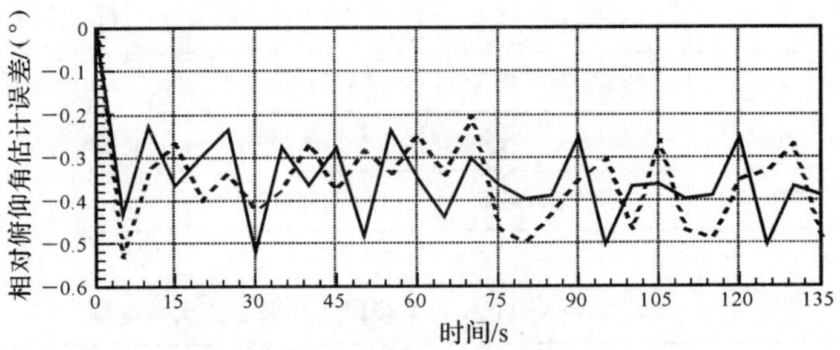

图 4－70　相对俯仰角估计误差曲线

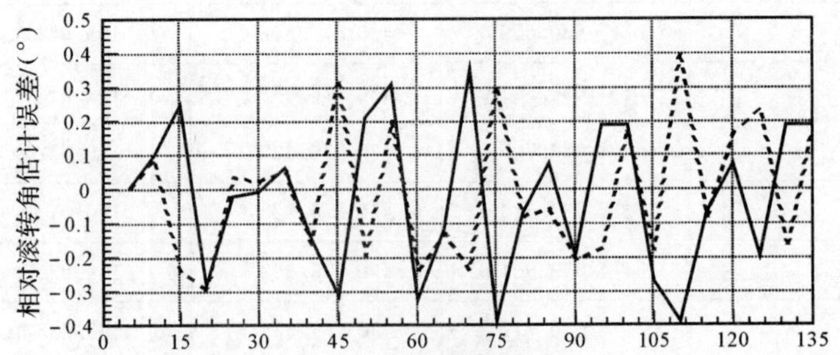

图 4－71　相对滚转角估计误差曲线

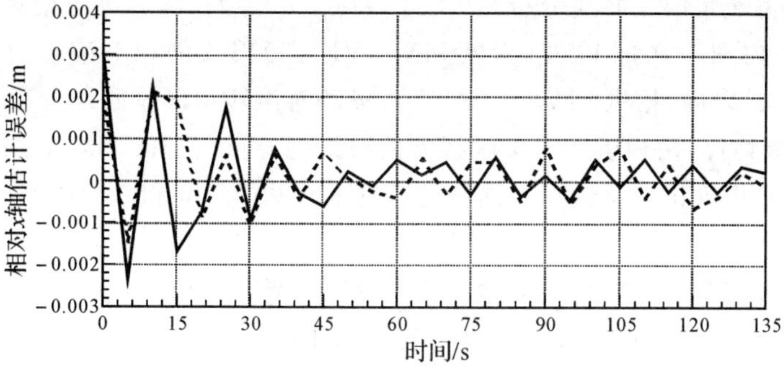

图 4-72　相对 x 轴估计误差曲线

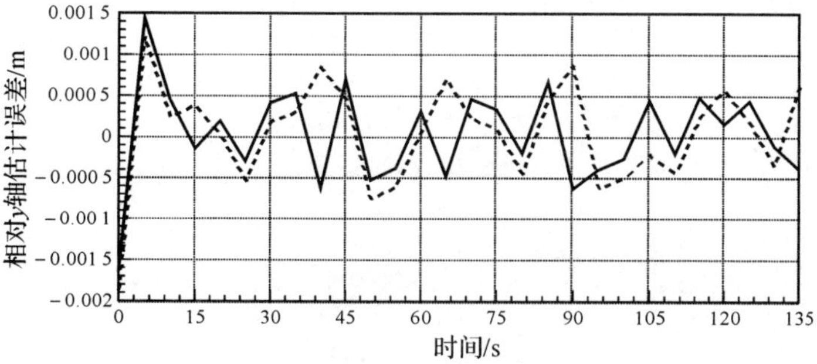

图 4-73　相对 y 轴估计误差曲线

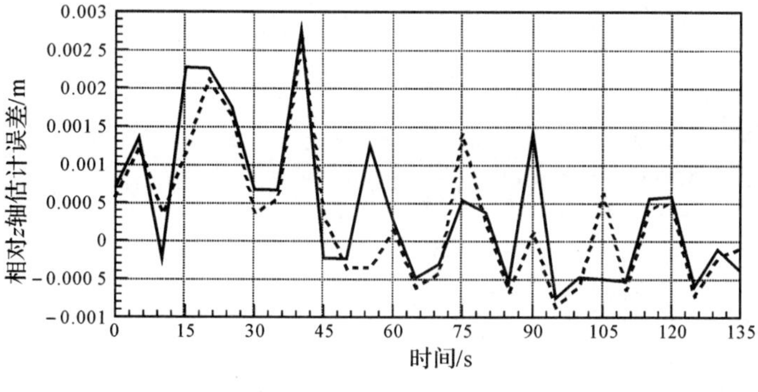

图 4-74　相对 z 轴估计误差曲线

4.5.4.4　实验结果分析

从上述的实验和处理结果可以得出如下结论。

(1) 从表 4-13 ～ 表 4-16 与表 4-40 ～ 表 4-43 对应比较可以看出，在应用对偶四元数相对位姿的视觉导航静态数据处理结果与莱卡 TCA2003 全站仪测量交会结果精度量级相当，误差在 cm 级范围之内。但是基于图像的视觉导航具有成本低廉、精度高、自主性强、易于实现等优势，更适用于矿井多智体自主相对导航需求。

(2) 图 4-69 ～ 图 4-74 给出了相对位姿的 DQUKF 动态估计处理结果，图中实线为相机 MV-VEM500SM 的误差曲线，虚线为相机 MV-VEM120SM 的误差曲线。① 相对姿态估计:两相机的相对偏航角误差曲线分布在-0.1°和0.15°左右;两相机的相对俯仰角误差曲线分布在-0.52°以内和-0.2°以内;相机 MV - VEM500SM 的相对滚转角误差曲线分布在-0.4°以内和0.34°以内,相机 MV - VEM120SM 相对滚转角误差曲线分布在-0.3°和0.4°以内。② 相对位置估计:两相机相对 x 轴误差曲线最初分布在± 0.003 m之间,30 s后分布在± 0.001 m之间;两相机相对 y 轴误差曲线分布在$-0.000\,5$ m和0.001 m左右;相对 z 轴误差曲线分布在-0.001 m和0.002 m之间。

综上可见:矿井多智体相对导航的地面实验验证结果与前面仿真计算的结果基本一致,进一步验证了基于对偶四元数算法及 DQUKF 算法的正确性和有效性。

第 5 章　GNSS 高精度定位关键技术

卫星导航定位的核心内容可以归纳为解答三大关键：①如何得到卫星的空间实时坐标；②如何得到卫星至接收机的距离；③如何得到用户所需的坐标信息。随着我国北斗卫星系统的建设和即将全球组网运行，空间可视导航星的数量将大量增加，参加导航计算星的选取、高精度载波相位测量的整周模糊度确定，以及北斗中轨道导航星的快速高精度定轨问题都是多系统融合需要研究和解决的关键问题。

5.1　基于星基测控站的 BDS 中轨道 MEO星的精密定轨

北斗卫星导航系统(BDS，BeiDou Satellite System)测控网全球布局对整体系统的全球运行至关重要。目前 BDS 的测控网仅是一个区域网，主要以大三角加一中心、外加若干监测站和差分站的方式构成[92]。正因为我国本土地面测控站组网是个区域测控网，其对 BDS MEO 导航卫星的测控覆盖率仅有 30%左右，且由于各地面测控站相互距离较近，该地面测控网的观测几何强度较低，定轨解算易出现观测方程病态、法方程秩亏、定轨精度难以提高等问题。为了消除观测方程的病态、法方程的秩亏问题，朱俊、文援兰等人[93]提出了基于双 k 型岭估计的复共线性诊断法、融合地面基准信息的 GEO 精密定轨方法；针对 GEO 精密定轨的难点问题，刘雁雨[94]、刘吉华[95]提出了关于我国区域范围 GEO 转发式测距支持精密定轨方案与多参数快速复定轨方法；提高测距精度对于精密定轨至关重要，刘基余[96]研究了双向伪距测量、精密激光测距和载波相位测距的方法；为进一步提高定轨精度，多位国内外学者进行了星地多元信息融合方法研究[97-99]；在实时精密定轨中，通过抗差滤波和积分滤波的方法可提高动态的星间导航精度[100-101]；针对区域卫星导航系统，文援兰[102]研究了测控站的几何布局对导航定位精度的影响；星间自主导航的前提之一是星间可视，石磊玉[103]提出了基于星上天线仰角约束的解析法，为星间自主导航的可视判断提供了理论依据。

从上述众多文献的研究可以看出，地面测控网与被定轨卫星构成的空间几何强度较低是引起定轨精度不高或出现定轨方程病态、法方程秩亏等问题的主要原因。基于此，本节提出以 BDS 的 5 颗 GEO 卫星和 3 颗 IGSO 卫星作为虚拟星基测控站的方法，该方法可以提高 BDS 测控网对 MEO 卫星的监测覆盖率和改善测控网的观测几何强度，进一步可实现对 MEO 卫星的精密定轨。图 5-1 给出了该方法的基本流程。

从图 5-1 可以看出，该方法的具体思路是，①所有的 BDS GEO/IGSO 卫星都可以利用我国本土地面测控站进行测控，实现其精密定轨；②在 MEO 导航卫星上安装可接收 GEO/IGSO 卫星信号的接收设备，实时接收、存储所接收 GEO/IGSO 卫星的测量信号，以 GEO/IGSO 星作为基测控站，利用多频组合技术实现北斗 MEO 导航星的精密定轨。

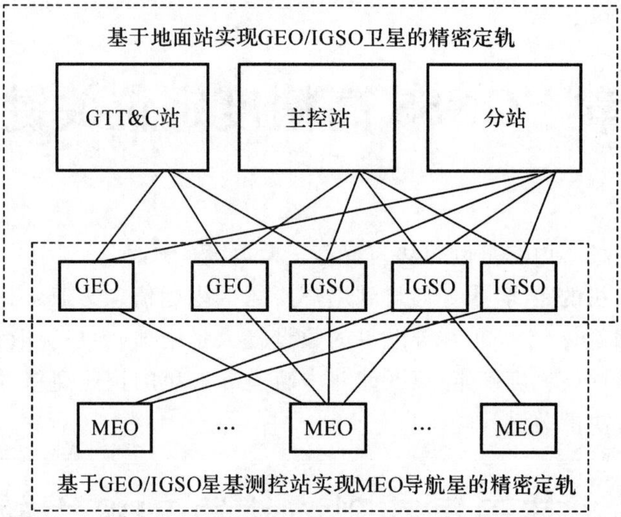

图 5-1 虚拟星基监测站对 BDS 中轨道 MEO 星的测控示意图

5.1.1 虚拟星基测控站对 MEO 导航卫星可见性和覆盖率计算模型

利用基于 GEO/IGSO 星基测控站实现对 MEO 导航星的精密定轨时，GEO/IGSO 星对 MEO 导航星的可见性是必须面对和需要解决的。以下首先讨论满足可见性的条件，然后推导并给出满足可见性的充分必要条件方程，并给出相应的覆盖率计算模型。

5.1.1.1 基于 GEO/IGSO 星基测控站与 MEO 星的可视条件描述

BDS MEO 星的轨道高度约 21 000 km，GEO/IGSO 的卫星轨道高度约 35 800 km，因此，MEO 卫星处于 GEO/IGSO 卫星坐标基本平面下方，虚拟星基俯仰角观测值 E 为负，如图 5-2 所示。

图 5-2 给出了虚拟星基俯仰角相关的物理量，平面 α 是 GEO/IGSO 卫星与地心 O 连线的垂面，h 为 GEO/IGSO 卫星离地面高度，θ 为 GEO/IGSO 卫星相对于 MEO 卫星的设计天线波束宽度角，h_{MEO} 为 MEO 卫星离远地点高度，MEO 卫星与 GEO/IGSO 卫星的连线与平面 α 的线面夹角就是虚拟星基俯仰角 E。

$$|E|=\frac{\pi}{2}-\frac{\theta}{2}=\frac{\pi}{2}-\arcsin\frac{R_{\mathrm{E}}+h_{\mathrm{MEO}}}{R_{\mathrm{E}}+h} \tag{5-1}$$

5.1.1.2 基于 GEO/IGSO 星基测控站与 MEO 星的可视的充分必要条件及覆盖率计算模型

从图 5-2 可以看出，GEO/IGSO 卫星对 MEO 卫星的覆盖范围在地球上的投影为一个圆，圆心坐标$(L_{\mathrm{S}},B_{\mathrm{S}})$为 GEO/IGSO 卫星投影中心，圆半径为$(R_{\mathrm{E}}+h_{\mathrm{MEO}})\sin B_{\mathrm{S}}$，$B_{\mathrm{S}}$ 是该圆中心的纬度。MEO 卫星星下点轨迹在此圆内是其被覆盖条件之一。满足 GEO/IGSO 卫星对 MEO

卫星的可视性的充分必要条件有如下两个。

（1）俯仰角 E 条件。E 必须满足

$$|E| > 90° - \theta_r/2 \tag{5-2}$$

式中　θ_r—— 有效波束宽度，且 $\theta_r < \theta$。

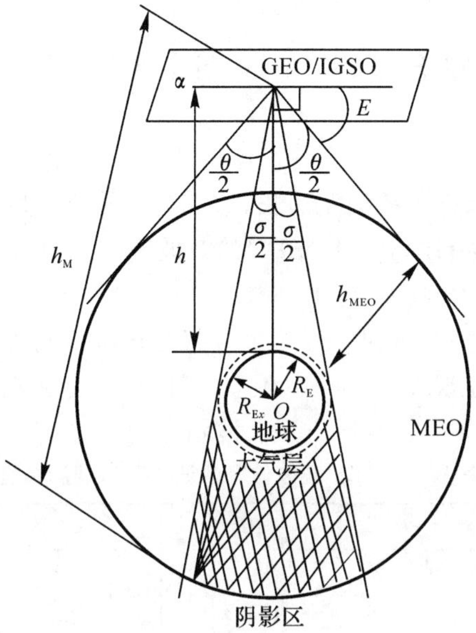

图 5-2　虚拟星基测控站对 MEO 卫星可见性示意图

（2）卫星 GEO/IGSO 和 MEO 不受地球遮挡条件。如图 5-2 所示，在阴影区，GEO/IGSO 和 MEO 之间是互不可视的。为确保信号的接收及质量，并顾及大气折射对信号的影响，可考虑给地球半径增加 $R_{Ex}=1\ 000$ km，增加被地球遮挡的区域，可提高基于 GEO/IGSO 星基测控站对 MEO 星的定轨精度。

根据以上两个可视性的充分必要条件，GEO/IGSO 卫星对 MEO 的可见性的范围有如下两个区域，满足第一个可视区域的充分必要条件为

$$\frac{\pi}{2} - \frac{\delta}{2} \geqslant |E| > \frac{\pi}{2} - \frac{\theta_r}{2} \tag{5-3}$$

$$h_M > R \geqslant [(R_E + h)^2 - R_{Ex}^2]^{\frac{1}{2}} \tag{5-4}$$

式中　$\frac{\delta}{2}$—— $\frac{\delta}{2} = \arcsin\frac{R_{EX}}{R_E + h}$；

R_{Ex}——$R_{Ex} = 1\ 000$ km；

R——GEO/IGSO 与 MEO 星间距离；

h_M——$h_M = (h+R_E)\cos\left(\frac{\delta}{2}\right) + \sqrt{(h+R_E)^2\cos^2\left(\frac{\delta}{2}\right) - (h+R_E)^2 + (h_{MEO}+R_E)^2}$。

满足第二个可视区域的充分必要条件为

$$\frac{\pi}{2} \geqslant |E| > \frac{\pi}{2} - \frac{\sigma}{2} \tag{5-5}$$

$$[(R_E + h)^2 - R_{Ex}^2]^{\frac{1}{2}} > R \geqslant (h - h_{MEO}) \tag{5-6}$$

根据以上可见性判定条件，就可以确定 MEO 卫星在飞行时间 T 内被 GEO/IGSO 卫星虚拟测控站跟踪的时间之和 $\sum t_i$，则 GEO/IGSO 对 MEO 的覆盖率计算模型可表达为

$$\zeta = \frac{\sum t_j}{T} \tag{5-7}$$

5.1.2 基于三频组合技术的 BDS MEO 精密定轨模型

利用周期性时间进行测量时，大多数情况都会出现模糊度问题。且载波信号的波长一般都只有 20 cm 左右，相对数万千米的测距边长，这一载波相位的整周模糊度通常确定困难。载波波长越长，其相位模糊度越易解算。以 BDS 的载波频率来说，已播发的服务信号频率有 B1 1 561.098 MHz；B2 1 207.14 MHz；B3 1 268.52 MHz[104]。从文献[105]知北斗二号系统的原子钟已优于 6 ns，唐桂芬等[106]通过 AR 模型预报 6 h 的 BDS 轨道精度可达 2 ns；一般情况下，载波相位测量关于多路径误差是小于其波长的 1/4，结合文献[106]，假定 GEO/IGSO 的轨道误差为 2 dm 量级，见表 5－1，并给出了载波相位的波长及其观测精度。

表 5－1　BDS 载波信号的波长及其观测精度

载波信号	B1	B2	B3
波长/cm	19.2	24.8	23.6
相位噪声/cm	0.192	0.248	0.236
多路径误差/cm	4.8	6.2	5.9
GEO/IGSO 轨道误差/dm		2	
GEO/IGSO 钟差/ns		2	

5.1.2.1 BDS 三频组合模型

当安装在 BDS MEO 卫星上的接收机接收来自 GEO/IGSO 卫星的信号时，结合式(5－4)和式(5－6)知，信号传播路径的区域在距地 20 000 km 以上，故不涉及电离层和对流层误差的影响。在 t 观测历元，顾及卫星的轨道误差、卫星钟差、多路径效应及相位测量噪声影响，BDS B1、B2、B3 载波相位观测方程可写为

$$\left.\begin{aligned}\bar{\rho}_{k,\mathrm{B1}}^{S}(t)&=\rho_k^S(t)-\lambda_{\mathrm{B1}}\cdot N_{k,\mathrm{B1}}^S(t_0)+d_{\mathrm{orb}}^S(t)+c\cdot\delta t_k(t)-c\cdot\delta t^S(t)+m_{k,L-\mathrm{B1}}^S(t)+\varepsilon_{k,L-\mathrm{B1}}^S(t)\\\bar{\rho}_{k,\mathrm{B2}}^{S}(t)&=\rho_k^S(t)-\lambda_{\mathrm{B2}}\cdot N_{k,\mathrm{B2}}^S(t_0)+d_{\mathrm{orb}}^S(t)+c\cdot\delta t_k(t)-c\cdot\delta t^S(t)+m_{k,L-\mathrm{B2}}^S(t)+\varepsilon_{k,L-\mathrm{B2}}^S(t)\\\bar{\rho}_{k,\mathrm{B3}}^{S}(t)&=\rho_k^S(t)-\lambda_{\mathrm{B3}}\cdot N_{k,\mathrm{B3}}^S(t_0)+d_{\mathrm{orb}}^S(t)+c\cdot\delta t_k(t)-c\cdot\delta t^S(t)+m_{k,L-\mathrm{B3}}^S(t)+\varepsilon_{k,L-\mathrm{B3}}^S(t)\end{aligned}\right\} \tag{5-8}$$

式中　$\bar{\rho}_{k,\mathrm{B1}}^{S}(t),\bar{\rho}_{k,\mathrm{B2}}^{S}(t),\bar{\rho}_{k,\mathrm{B3}}^{S}(t)$——$t$ 观测历元，B1、B2、B3 载波相位观测值；

$\rho_k^S(t)$——t 观测历元，编号为 k 的 MEO 星上的接收机天线相位中心至编号为 S 的 GEO/IGSO 卫星的几何距离；

$\lambda_{\mathrm{B1}},\lambda_{\mathrm{B2}},\lambda_{\mathrm{B3}}$——分别为 B1、B2、B3 载波的波长；

$N_{k,\mathrm{B1}}^S(t_0),N_{k,\mathrm{B2}}^S(t_0),N_{k,\mathrm{B3}}^S(t_0)$——分别为 B1、B2、B3 载波相位观测对应的整周未知数；

$d_{\mathrm{orb}}^S(t)$——t 观测历元，编号为 k 的 MEO 星与编号为 S 的

GEO/IGSO 卫星的相对轨道误差；

$\delta t_k(t), \delta t^S(t)$—— 分别代表接收机钟差和卫星钟差；

$m^S_{k,L-B1}(t), m^S_{k,L-B2}(t), m^S_{k,L-B3}(t)$—— 分别代表 B1、B2、B3 载波信号的多路径误差；

$\varepsilon^S_{k,L-B1}(t), \varepsilon^S_{k,L-B2}(t), \varepsilon^S_{k,L-B3}(t)$—— 分别代表 B1、B2、B3 载波信号的测量噪声。

参考 Marc C.[107] 的方法，给出 BDS 三频组合观测方程为

$$\Phi^S_{k,TC}(t) = \alpha \cdot \bar{\rho}^S_{k,B1}(t) + \beta \cdot \bar{\rho}^S_{k,B2}(t) + \gamma \cdot \bar{\rho}^S_{k,B3}(t) \tag{5-9}$$

式中　$\Phi^S_{k,TC}(t)$——t 观测历元，关于 B1、B2、B3 载波相位观测值的虚拟观测值；

α, β, γ—— 组合系数。

把式(5－8) 代入式(5－9)，整理可得

$$\begin{aligned}\Phi^S_{k,TC}(t) = {} & \rho^S_k(t) \cdot (\alpha+\beta+\gamma) - [\alpha \cdot \lambda_{B1} \cdot N^S_{k,B1}(t_0) + \beta \cdot \lambda_{B2} \cdot N^S_{k,B2}(t_0) + \\ & \gamma \cdot \lambda_{B3} \cdot N^S_{k,B3}(t_0)] + d^S_{orb}(t) \cdot (\alpha+\beta+\gamma) + c \cdot \delta t_k(t) \cdot (\alpha+\beta+\gamma) - \\ & c \cdot \delta t^S(t) \cdot (\alpha+\beta+\gamma) + [\alpha \cdot m^S_{k,L-B1}(t) + \beta \cdot m^S_{k,L-B2}(t) + \gamma \cdot m^S_{k,L-B3}(t)] + \\ & [\alpha \cdot \varepsilon^S_{k,L-B1}(t) + \beta \cdot \varepsilon^S_{k,L-B2}(t) + \gamma \cdot \varepsilon^S_{k,L-B3}(t)]\end{aligned} \tag{5-10}$$

式中　$\rho^S_k(t) \cdot (\alpha+\beta+\gamma)$—— t 观测历元，编号为 k 的 MEO 星上的接收机天线相位中心至编号为 S 的 GEO/IGSO 卫星的虚拟几何距离。

当 $\alpha+\beta+\gamma=1$ 时，$\rho^S_k(t) \cdot (\alpha+\beta+\gamma)$ 就是 t 观测历元，编号为 k 的 MEO 星上的接收机天线相位中心至编号为 S 的 GEO/IGSO 卫星的几何距离。

假定 $\lambda_{TC} \cdot N^S_{k,TC}(t_0) = \alpha \cdot \lambda_{B1} \cdot N^S_{k,B1}(t_0) + \beta \cdot \lambda_{B2} \cdot N^S_{k,B2}(t_0) + \gamma \cdot \lambda_{B3} \cdot N^S_{k,B3}(t_0)$，$\lambda_{TC}$ 代表虚拟载波相位观测值所对应的载波波长，虚拟载波所对应的载波相位整周未知数 $N^S_{k,TC}(t_0)$ 可表达为

$$N^S_{k,TC}(t_0) = \alpha \cdot \frac{\lambda_{B1}}{\lambda_{TC}} \cdot N^S_{k,B1}(t_0) + \beta \cdot \frac{\lambda_{B2}}{\lambda_{TC}} \cdot N^S_{k,B2}(t_0) + \gamma \cdot \frac{\lambda_{B3}}{\lambda_{TC}} \cdot N^S_{k,B3}(t_0) \tag{5-11}$$

令

$$\left.\begin{aligned} l &= \alpha \cdot \frac{\lambda_{B1}}{\lambda_{TC}} \\ m &= \beta \cdot \frac{\lambda_{B2}}{\lambda_{TC}} \\ n &= \gamma \cdot \frac{\lambda_{B3}}{\lambda_{TC}} \end{aligned}\right\} \tag{5-12}$$

将式(5－12) 代入式(5－11)，可得

$$N^S_{k,TC}(t_0) = l \cdot N^S_{k,B1}(t_0) + m \cdot N^S_{k,B2}(t_0) + n \cdot N^S_{k,B3}(t_0) \tag{5-13}$$

式中　l, m, n—— 为三频组合系数，为确保组合观测值 $N^S_{k,TC}(t_0)$ 的整周特性，它们的取值均为整数。

另外，式(5－12) 也可以表达为

$$\left.\begin{aligned} \alpha &= l \cdot \frac{\lambda_{TC}}{\lambda_{B1}} \\ \beta &= m \cdot \frac{\lambda_{TC}}{\lambda_{B2}} \\ \gamma &= n \cdot \frac{\lambda_{TC}}{\lambda_{B3}} \end{aligned}\right\} \tag{5-14}$$

当 $\alpha+\beta+\gamma=1$ 时，得到组合观测值的波长 λ_{TC} 为

$$\lambda_{TC}=\frac{\lambda_{B1}\cdot\lambda_{B2}\cdot\lambda_{B3}}{\alpha\cdot\lambda_{B2}\cdot\lambda_{B3}+\beta\cdot\lambda_{B1}\cdot\lambda_{B3}+\gamma\cdot\lambda_{B1}\cdot\lambda_{B2}} \tag{5-15}$$

又由于 $\lambda=c/f$（c 为光速，f 为频率），λ_{TC} 又可表达为

$$\lambda_{TC}=\frac{\lambda_{B1}\cdot\lambda_{B2}\cdot\lambda_{B3}}{\alpha\cdot\lambda_{B2}\cdot\lambda_{B3}+\beta\cdot\lambda_{B1}\cdot\lambda_{B3}+\gamma\cdot\lambda_{B1}\cdot\lambda_{B2}}\lambda_{TC}=c/(l\cdot f_{B1}+m\cdot f_{B2}+n\cdot f_{B3}) \tag{5-16}$$

由此也就得到三频组合观测值的频率 f_{TC} 为

$$f_{TC}=l\cdot f_{B1}+m\cdot f_{B2}+n\cdot f_{B3} \tag{5-17}$$

当 $\alpha+\beta+\gamma=1$ 时，式(5-10)可简化为

$$\begin{aligned}\Phi_{k,TC}^{S}(t)=&\rho_k^S(t)-\lambda_{TC}\cdot N_{k,TC}^{S}(t_0)+d_{orb}^{S}(t)+c\cdot\delta t_k(t)-c\cdot\delta t^S(t)+\\&[\alpha\cdot m_{k,L-B1}^{S}(t)+\beta\cdot m_{k,L-B2}^{S}(t)+\gamma\cdot m_{k,L-B3}^{S}(t)]+\\&[\alpha\cdot\varepsilon_{k,L-B1}^{S}(t)+\beta\cdot\varepsilon_{k,L-B2}^{S}(t)+\gamma\cdot\varepsilon_{k,L-B3}^{S}(t)]\end{aligned} \tag{5-18}$$

5.1.2.2 BDS 三频组合定轨模型

载波相位的观测噪声误差一般为波长的 1%，根据误差传播律，BDS 三频组合载波的观测噪声 δ_{TC} 则可表示为

$$\delta_{TC}=\sqrt{\alpha^2\cdot\delta_{B1}^2+\beta^2\cdot\delta_{B2}^2+\gamma^2\cdot\delta_{B3}^2}$$

在上述 BDS 三频组合模型的基础上，依据文献[104,108]的组合系数选取准则及约束条件，结合式(5-8)没有电离层、对流层误差影响的特点，且确保 δ_{TC} 为 cm 量级，表 5-2 给出了 BDS 三频组合的几组宽巷和超宽巷组合。

表 5-2 BDS 多频组合观测值及其属性

载波信号	组合	组合函数						组合频率 MHz	组合波长 m	组合相位噪声 m
		l	m	n	α	β	γ			
B2-B3	EWL	0	−1	1	0	−19.69	20.69	61.38	4.884	0.069
B1-B2-B3	WL	1	1	−2	6.75	5.23	−10.99	231.198	1.297	0.032
B1-B3	WL	1	0	−1	5.34	0	−4.34	292.578	1.025	0.014
B1-B2-B3	WL	1	−2	1	3.76	−5.82	3.06	415.338	0.722	0.018
B1-B2-B3	WL	1	−3	2	3.28	−7.62	5.32	476.718	0.629	0.023
B1-B2-B3	WL	2	1	−3	5.97	2.31	−7.28	523.776	0.573	0.021

为了实现 BDS MEO 卫星的精密定轨，假若选表 5-2 中 B2-B3 载波信号的超宽巷组合，则式(5-18)可以写为

$$\begin{aligned}\Phi_{k,TC}^{S}(t)=&\rho_k^S(t)-4.884N_{k,TC}^{S}(t_0)+d_{orb}^{S}(t)+c\cdot\delta t_k(t)-c\cdot\delta t^S(t)-\\&19.69m_{k,L-B2}^{S}(t)+20.69m_{k,L-B3}^{S}(t)-19.69\varepsilon_{k,L-B2}^{S}(t)+20.69\varepsilon_{k,L-B3}^{S}(t)\end{aligned} \tag{5-19}$$

式中 $\rho_k^S(t)$——$\rho_k^S(t)=[(X^S(t)-x_k(t))^2+(Y^S(t)-y_k(t))^2+(Z^S(t)-z_k(t))^2]^{1/2}$；

$[X^S(t)\quad Y^S(t)\quad Z^S(t)]^T$——$t$ 观测历元，编号为 S 的 GEO/IGSO 卫星的坐标；

$[x_k(t)\quad y_k(t)\quad z_k(t)]^T$——$t$ 观测历元，编号为 k 的 MEO 卫星的空间坐标。

由于 $\rho_k^S(t)$ 是关于 MEO 卫星空间坐标 $[x_k(t) \quad y_k(t) \quad z_k(t)]^T$ 的非线性化函数，在计算机数据处理时，需要进行线性化处理。

取 MEO 卫星 t 观测历的近似坐标值为 $[x_k(t)|_0 \quad y_k(t)|_0 \quad z_k(t)|_0]^T$，令

$$\begin{cases} x_k(t) = x_k(t)|_0 + \delta x_k(t) \\ y_k(t) = y_k(t)|_0 + \delta y_k(t) \\ z_k(t) = z_k(t)|_0 + \delta z_k(t) \end{cases}$$

可得到式(5-19)的线性化形式为

$$\begin{aligned} \Phi_{k,\mathrm{TC}}^S(t) = &(\rho_k^S(t))_0 - a_k^S(t)\cdot\delta x_k(t) - b_k^S(t)\cdot\delta y_k(t) - c_k^S(t)\cdot\delta z_k(t) - 4.884N_{k,\mathrm{TC}}^S(t_0) + \\ &d_{orb}^S(t) + c\cdot\delta t_k(t) - c\cdot\delta t^S(t) - 19.69m_{k,L-\mathrm{B2}}^S(t) + 20.69m_{k,L-\mathrm{B3}}^S(t) - \\ &19.69\varepsilon_{k,L-\mathrm{B2}}^S(t) + 20.69\varepsilon_{k,L-\mathrm{B3}}^S(t) \end{aligned} \tag{5-20}$$

式中　$a_k^S(t), b_k^S(t), c_k^S(t)$——线性化的系数项；

$[a_k^S(t) \quad b_k^S(t) \quad c_k^S(t)]^T$——$t$ 观测历元，编号为 k 的 MEO 卫星至编号为 S 的 GEO/IGSO 卫星观测矢量的方向余弦。

关于式(5-20)的未知数问题讨论：每一观测历元有 3 个与 MEO 卫星位置有关的未知数 $\delta x_k(t)$、$\delta y_k(t)$、$\delta z_k(t)$；整周模糊度 $N_{k,\mathrm{TC}}^S(t_0)$ 的个数与所跟踪的 GEO/MEO 卫星有关（只要跟踪的卫星不失锁，$N_{k,\mathrm{TC}}^S(t_0)$ 在此观测时段将保持不变）；相对轨道误差的等效距离 $d_{\mathrm{orb}}^S(t)$ 与 GEO/MEO 卫星编号和观测历元有关；接收机钟差 $\delta t_k(t)$ 与接收机编号和观测历元有关；卫星钟差 $\delta t^S(t)$ 与 GEO/MEO 卫星的编号和观测历元有关；其他观测噪声属于随机误差，其量级相对较小，这里不作为未知参数考虑。

假定观测了 n_t 个历元，MEO 卫星定轨点个数（即测站个数）为 n_k，此时 $n_k = n_t$，在此观测时段，假定跟踪的卫星个数为 n^S，则观测方程的总个数 $n_\Sigma = n_k\cdot n_t\cdot n^S = n_t\cdot n_t\cdot n^S$，未知数总个数 $n_u = 3n_k + n^S + n^S\cdot n_t + n_t + n^S\cdot n_t = 4n_t + n^S + 2n^S\cdot n_t$。要使定轨模型可解，必使得观测方程的总个数 n_Σ 大于总未知数的个数 n_u，即 $n_\Sigma \geqslant n_u$。

一般情况下，在编号为 k 的 MEO 卫星上的接收机连续观测一段时间后，载波相位观测方程的个数 n_Σ 一般都大于总未知数个数（或必要观测个数）n_u。当 $n_\Sigma > n_u$ 时，通常利用最小二乘原理求解。这时由于多余观测量的存在，可写出关于未知量矩阵的误差矩阵方程为

$$\underset{n_\Sigma\times 1}{\boldsymbol{V}_k(t)} = \underset{n_\Sigma\times n_u}{\boldsymbol{B}_k(t)}\,\underset{n_u\times 1}{\delta\boldsymbol{G}_k(t)} - \underset{n_\Sigma\times 1}{\boldsymbol{L}_k(t)} \tag{5-21}$$

式中　$\boldsymbol{B}_k(t)$——未知数系数矩阵；

$\delta\boldsymbol{G}_k(t)$——未知数矩阵；

$\boldsymbol{L}_k(t)$——常数项矩阵。

按照最小二乘原理，求解式(5-21)中的未知数矩阵 $\delta\boldsymbol{G}_k(t)$ 的最优估值 $\delta\hat{\boldsymbol{G}}_k(t)$ 时，必须满足 $\boldsymbol{V}_i^T(t)\boldsymbol{V}_i(t) = \min$ 的条件，按照数学上求函数自由极值的方法，可得

$$\frac{\partial\boldsymbol{V}_k^T(t)\boldsymbol{V}_k(t)}{\partial\delta\hat{\boldsymbol{G}}_k(t)} = 2\boldsymbol{V}_k^T(t)\boldsymbol{B}_k(t) = 0 \tag{5-22}$$

将式(5-22)转置可得

$$\boldsymbol{B}_k^T(t)\boldsymbol{V}_k(t) = 0 \tag{5-23}$$

将式(5-21)代入式(5-23)，得未知数矩阵 $\delta\boldsymbol{G}_k(t)$ 的最优估值 $\delta\hat{\boldsymbol{G}}_k(t)$ 的解为

$$\delta\hat{\boldsymbol{G}}_k(t) = (\boldsymbol{B}_k^T(t)\boldsymbol{B}_k(t))^{-1}\boldsymbol{B}_k^T(t)\boldsymbol{L}_k(t) = \hat{\boldsymbol{Q}}_{\delta G\delta G}\boldsymbol{B}_k^T(t)\boldsymbol{L}_k(t) \tag{5-24}$$

式中　$\hat{\boldsymbol{Q}}_{\delta\hat{G}\delta\hat{G}}$——$\delta\hat{\boldsymbol{G}}_k(t)$ 所对应的协因数阵。

5.1.2.3　BDS 三频组合模型的精度评定

根据误差传播定律,组合载波相位观测值所对应的单位权中误差可表达为

$$\delta_0=\pm\sqrt{\frac{\boldsymbol{V}_k^{\mathrm{T}}(t)\cdot\boldsymbol{V}_k(t)}{f}}\tag{5-25}$$

式中　f—— 多余观测数,$f=n_\Sigma-n_u$。

因此,未知参数的最优估值 $\delta\hat{G}_k(t)$ 的精度评定公式可表示为

$$(m_{\delta\hat{G}_k})_j=\delta_0\sqrt{(\hat{Q}_{\delta\hat{G}_k\delta\hat{G}_k})_{jj}}\tag{5-26}$$

式中　$(\hat{Q}_{\delta\hat{G}_k\delta\hat{G}_k})_{jj}$——$\hat{\boldsymbol{Q}}_{\delta\hat{G}\delta\hat{G}}$ 主对角元素第 j 个元素。

t 观测历元,MEO 卫星的定轨的位置精度因子 PDOP(Position Dilution of Precision) 可表述为

$$\mathrm{PDOP}=\sqrt{Q_{\delta\hat{x}_k(t)\delta\hat{x}_k(t)}+Q_{\delta\hat{y}_k(t)\delta\hat{y}_k(t)}+Q_{\delta\hat{z}_k(t)\delta\hat{z}_k(t)}}\tag{5-27}$$

另外,结合单位权中误差 δ_0,t 观测历元,MEO 卫星的定轨的位置精度也可表述为

$$m_{\mathrm{P}}(t)=\delta_0\cdot\mathrm{PDOP}\tag{5-28}$$

t 观测历元,MEO 卫星的定轨的水平精度因子 HDOP(Horizontal Dilution of Precision) 可表述为

$$\mathrm{HDOP}=\sqrt{Q_{\delta\hat{x}_k(t)\delta\hat{x}_k(t)}+Q_{\delta\hat{y}_k(t)\delta\hat{y}_k(t)}}\tag{5-29}$$

类似地,结合单位权中误差 δ_0,t 观测历元,MEO 卫星的定轨的水平精度也可表述为

$$m_{\mathrm{H}}(t)=\delta_0\cdot\mathrm{HDOP}\tag{5-30}$$

t 观测历元,MEO 卫星的定轨的垂直方向的精度因子 VDOP(Vertical Dilution of Precision) 可表述为

$$\mathrm{VDOP}=\sqrt{Q_{\delta\hat{z}_k(t)\delta\hat{z}_k(t)}}\tag{5-31}$$

类似地,结合单位权中误差 δ_0,t 观测历元,MEO 卫星的定轨的垂直方向的精度也可表述为

$$m_{\mathrm{V}}(t)=\delta_0\cdot\mathrm{VDOP}\tag{5-32}$$

5.1.3　BDS MEO 精密定轨仿真计算及分析

利用上述可见性和覆盖率计算模型,结合文献[109]发布的北斗卫星导航系统参数(即 5 颗 GEO 卫星的轨道高度均为 35 786 km,27 颗 MEO 卫星的轨道高度为 21 528 km,轨道倾角均 55°,3 颗 IGSO 卫星的轨道高度为 35 786 km,轨道倾角均为 55°),参考文献[110],选取 GEO/IGSO 卫星天线波束宽度为 160°。根据这些主要参数,进行了周期为 2 天的仿真计算,计算结果如图 5-3～图 5-9 所示。

图 5-3 给出的是基于 GEO/IGSO 星基测控站对 27 颗 BDS MEO 导航星在仿真计算周期的可见星数量情况。这里 MEO1, MEO2 and MEO3 代表轨道面号,MEO1-1, MEO1-2, MEO1-3, …, MEO3-9 分别表达出了 3 个轨道面对应的 27 颗 BDS MEO 星。从图5-3 可见,在仿真周期的绝大多数时间内,MEO 星可见的星基测控站——GEO/IGSO 星数量大于

6 颗，只有少数时间内为 5 颗。因此，基于 GEO/IGSO 星基测控站可实现 BDS MEO 星的全周期定轨。

图 5－4～图 5－6 给出了基于 GEO/IGSO 星基测控站定轨中，BDS MEO 星接收机的 PDOP、HDOP 和 VDOP 情况。从图 5－4 可以看出：在仿真周期的绝大多数时间内，PDOP 的值小于 6，大约 50％的仿真时间内，PDOP 的值是小于 4 的，只有极少数时间大于 10；从图 5－5 可以看出：在仿真周期的绝大多数时间内，HDOP 的值小于 4，只有极少数时间大于 5；从图 5－6 可以看出：在仿真周期的绝大多数时间内，VDOP 的值小于 5，只有极少数时间大于 9。结合图 5－3，可以看出，PDOP、HDOP 和 VDOP 值与基于 GEO/IGSO 星基测控站对 27 颗 BDS MEO 导航星在仿真计算周期的可见星数量具有反比例关系，即可见星数量越多，PDOP、HDOP 和 VDOP 值越小。

参照表 5－1 和表 5－2 所给参数，根据上述的仿真计算，得到卫星的星历和观测数据，利用上述基于 BDS MEO 多频组合的定轨模型，可得 BDS MEO 定轨精度如图 5－7～图 5－9所示。

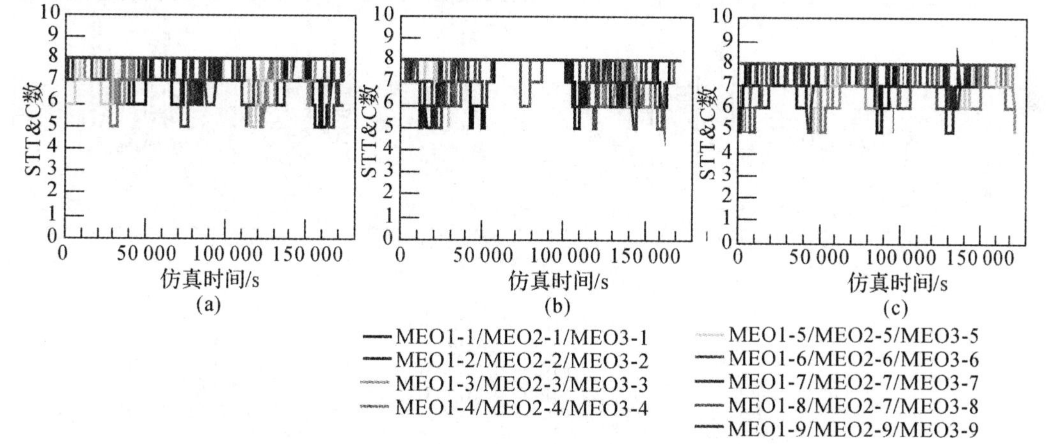

图 5－3　基于 GEO/IGSO 星基测控站对 BDS MEO 卫星的可见星数

(a)MEO1 轨道；（b)MEO2 轨道；（c)MEO3 轨道

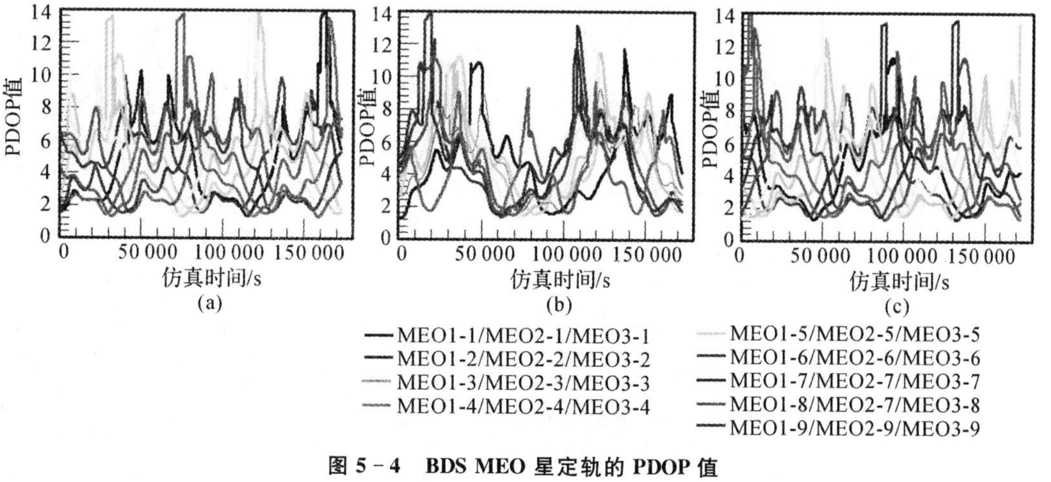

图 5－4　BDS MEO 星定轨的 PDOP 值

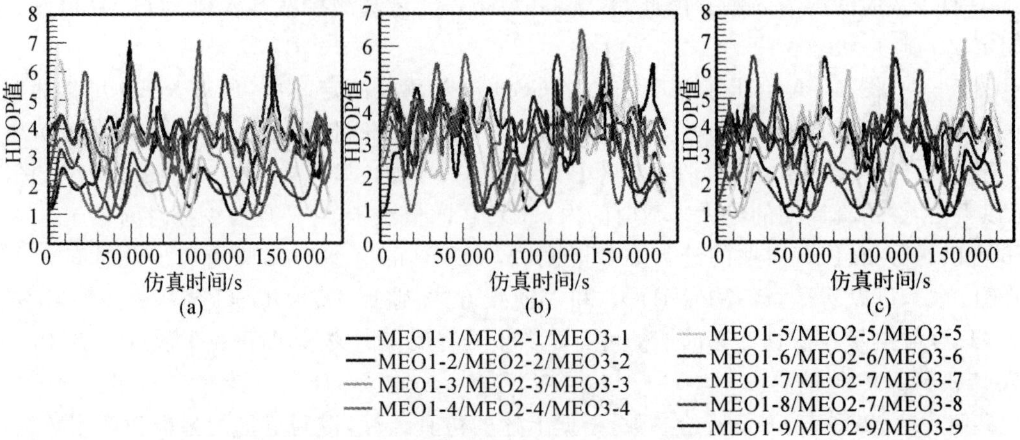

图 5-5　BDS MEO 星定轨的 HDOP 值

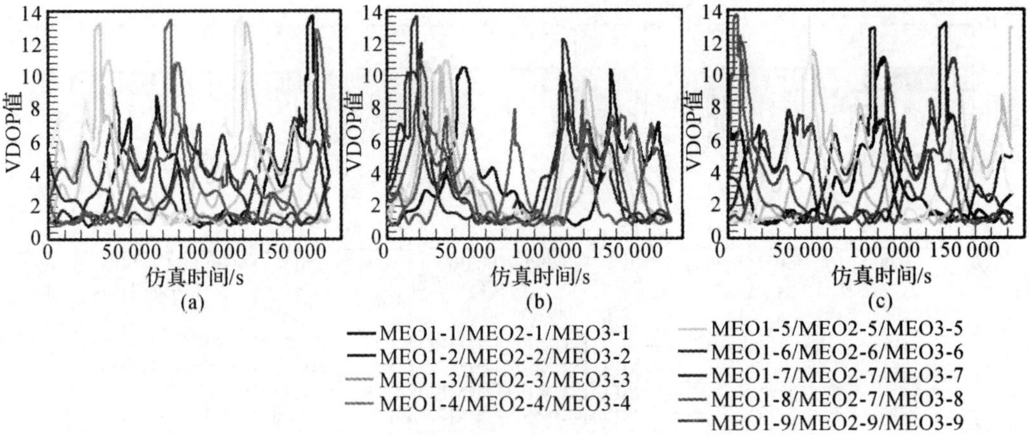

图 5-6　BDS MEO 星定轨的 VDOP 值

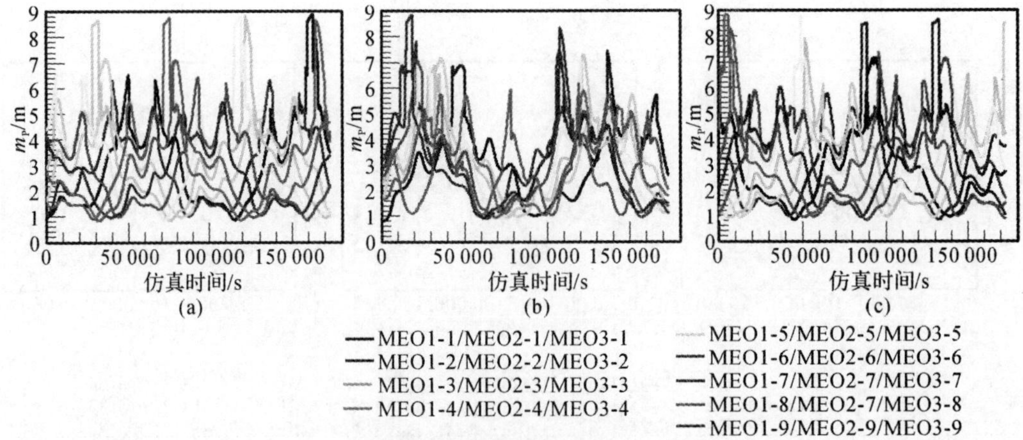

图 5-7　BDS MEO 星定轨的位置精度 m_P

图 5-7～图 5-9 给出了基于 GEO/IGSO 星基测控站定轨中，BDS MEO 星接收机的位置精度 m_P、水平精度 m_H 和垂直方向的精度 m_V 的情况。从图 5-7 可以看出：在仿真周期的绝大多数时间内，位置精度 m_P 的值小于 4 m，大约 50%的仿真时间内，m_P 的值是小于 3 m，只有极少数时间大于 6 m；从图 5-8 可以看出：在仿真周期的绝大多数时间内，水平精度 m_H 的值小于 2.5 m，大约 50%的仿真时间内，m_H 的值小于 2 m，只有极少数时间大于 3 m；从图 5-9可以看出：在仿真周期的绝大多数时间内，垂直方向的精度 m_V 的值小于 3.5 m，大约 50%的仿真时间内，m_V 的值小于 3 m，只有极少数时间大于 5 m。

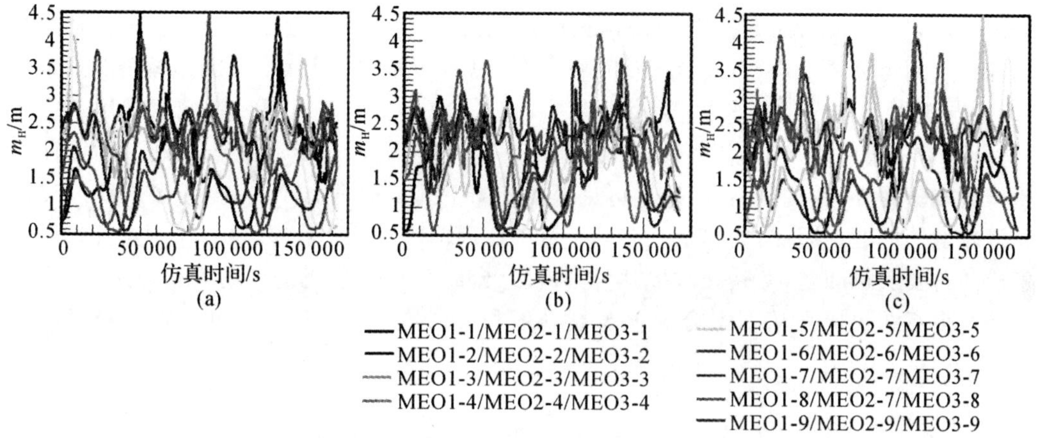

图 5-8　BDS MEO 星定轨的水平精度 m_H

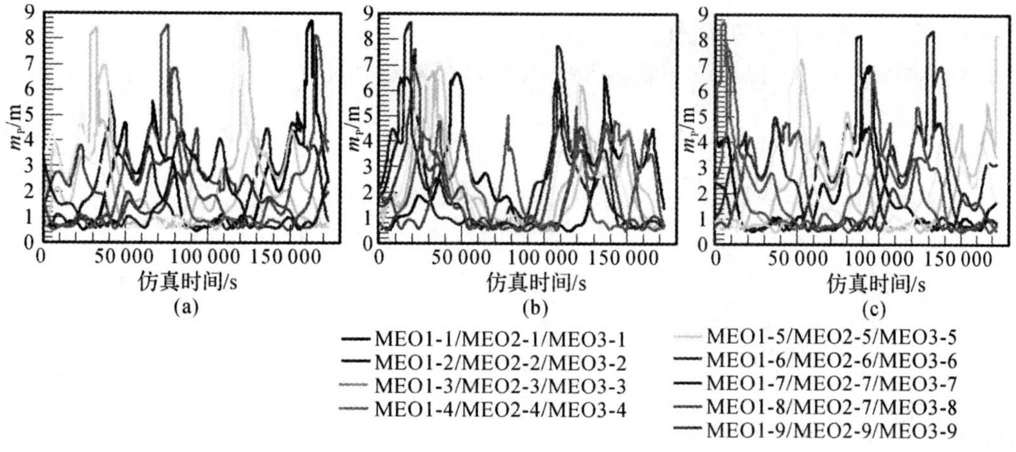

图 5-9　BDS MEO 星定轨的垂直精度 m_V

因此，基于 GEO/IGSO 星基测控站的 BDS MEO 多频组合定轨可以实现较高精度的全周期定轨。

5.2 多系统多可见星的选星方法

5.2.1 多系统多可见星选星的意义

随着 GPS/GLONASS 的现代化，尤其是 Galileo 和北斗全球导航卫星系统（BDS，BeiDou Navigation Satellite System）的建设与即将全球组网运营，全球导航卫星系统（GNSS or GLONASS，Global Navigation Satellite System）的卫星数量将超过百颗。届时，地球表面或近地空间任一点的可见星平均数目将增至 40 颗左右，观测信息的增加将会极大地改善导航定位性能，为全球无缝导航定位服务提供有力保障。但是，若将所有可见星的观测量都用于定位解算，其计算量将会增加几十倍，严重影响导航的实时性能，同时会增加接收机硬件的设计难度和生产成本。另外，若选星不当，所选可见星构成的空间几何分布不良，会导致解算方程秩亏或精度较低等问题。因此，如何从众多可见星中合理选取导航解算星，是未来卫星导航服务亟待解决的首要关键问题，尤其在对抗“萨德”入侵、台海与南海危机的国防安全需求下，进行基于北斗的多系统快速高精度组合导航与制导的相关研究，具有重要的国防战略和国计民生意义。

5.2.2 基于最大多面体积和聚类理论的选星算法

现有的选星算法可以归结为三类：最大多面体体积法、聚类法和 GDOP 值不同优化法。对于前两种选星算法，现有的研究方案较集中在应用层面，未对其原理进行深入确切的研究。在此针对前两种算法，进行理论方面的研究，并给出相应的改进方法。

5.2.2.1 最大多面体体积法

最大多面体体积选星算法是指：在导航定位时，选取可见卫星组合中多面体体积最大的一组作为导航定位的解算卫星。可见卫星构成的四面体体积与其对应卫星组合的 GDOP 值近似成正比例关系已经得到证明[111-112]，但关于四星以上的可见卫星构成的多面体体积与其对应组合的 GDOP 值是否存在正比例关系还有待进一步研究。现有证明方法多集中在固定若干颗卫星在确定的位置，通过改变一颗卫星的位置，分析其体积变化与其 GDOP 值的变化情况[113]。这种证明方法限定条件过多，难以反映多系统多可见星定位中多面体体积与 GDOP 值的关系。

如下给出一种半球内接多面体体积求解方法：首先以测站点为球心建立单位半球面，将所有可见卫星投影到此半球冠面上；然后选取其中高度角最大的一颗卫星作为“种子星”，将其余卫星投影到半球的底面大圆上；进而将这些投影点组成 Delaunay 三角网，将 Delaunay 三角网中每个三角形顶点所代表的卫星分别与“种子星”组成对应的四面体，构成对应的 Hamilton 通路；最后将所有的四面体体积累加求和，即可得到球内接多面体体积。

以图 5-10 为例，假定某时刻有 A、B、C、D、E、F 六颗可见卫星。

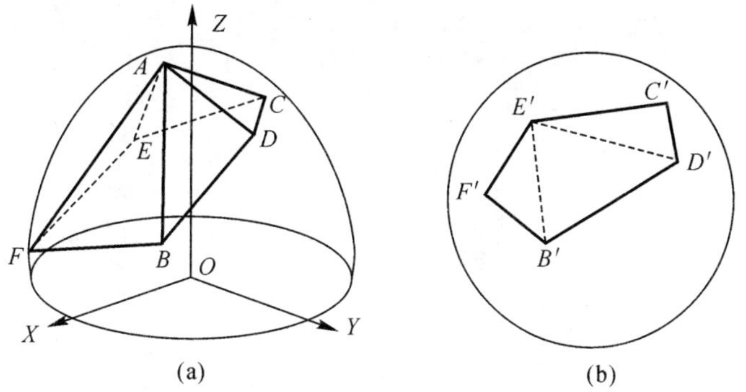

图 5-10　卫星分布图

(a)卫星分布空间图；(b)卫星分布俯视图

由于在站心坐标系下卫星 A 的高度角最大，因此将卫星 A 作为“种子星”，然后将其余卫星投影到 XOY 面上，有 B'、C'、D'、E'、F' 点，将这些离散点生成 Delaunay 三角网，得三角形 $B'E'F'$、三角形 $B'E'C'$、三角形 $B'C'D'$，进而得到四面体 $ABEF$、四面体 $ACDE$ 和四面体 $ABCD$，最终可以将不容易求解的球内接多面体 $ABCDE$ 的体积转化为对容易求解的四面体 $ABEF$、四面体 $ACDE$ 和四面体 $ABCD$ 的体积和的求解。可用如下公式表示：

$$V_{ABCDEF}=V_{ABEF}+V_{ABED}+V_{AECD}=\frac{1}{6}\begin{vmatrix} x_2-x_1 & y_2-y_1 & z_2-z_1 \\ x_5-x_2 & y_5-y_2 & z_5-z_2 \\ x_6-x_5 & y_6-y_5 & z_6-z_5 \end{vmatrix}+$$

$$\frac{1}{6}\begin{vmatrix} x_2-x_1 & y_2-y_1 & z_2-z_1 \\ x_5-x_2 & y_5-y_2 & z_5-z_2 \\ x_6-x_5 & y_6-y_5 & z_F-z_E \end{vmatrix}+\frac{1}{6}\begin{vmatrix} x_2-x_1 & y_2-y_1 & z_2-z_1 \\ x_5-x_2 & y_E-y_B & z_5-z_2 \\ x_6-x_5 & y_6-y_5 & z_6-z_5 \end{vmatrix} \tag{5-33}$$

给出如下仿真实验条件：以测站为球心定义一个单位半球面，将半球面以方位角 45°、高度角 30°为间隔划分，生成 8×3 个格网，在每个格网内部随机生成一颗卫星，每次可以生成 24 颗位置随机的卫星，进而遍历所有可见星组合，并计算其体积值与对应的 GDOP 值。

以卫星组成的球内接多面体体积为横轴，对应的 GDOP 值为纵轴。在实验过程中，由于当体积值过小时对应的 GDOP 值达到了 10^2 量级，为了能够明确地显示体积与 GDOP 值的关系，在数据整理时，剔除掉体积值小于 0.02 的部分。在图 5-11 中依次给出了从 4 星至 12 星，其形成的多面体体积与对应 GDOP 值之间的关系。

结合图 5-11，给出如下结论：

(1)GDOP 值与 4 星所成的多面体体积并非是一种严格的单调关系，这点在现有较多文献中是被曲解的；

(2)从 4 星组成的多面体体积到多星组成的多面体体积，GDOP 值随着多面体体积值的增大而呈现一种递减的趋势；

(3)从 5 星组成的多面体体积开始，GDOP 值随着体积值的增大而递减的趋势相对 4 星的较为平缓；

(4)从 9 星组成的多面体体积开始，GDOP 值随着体积增大呈现一种稳定甚至缓慢递增的趋势。

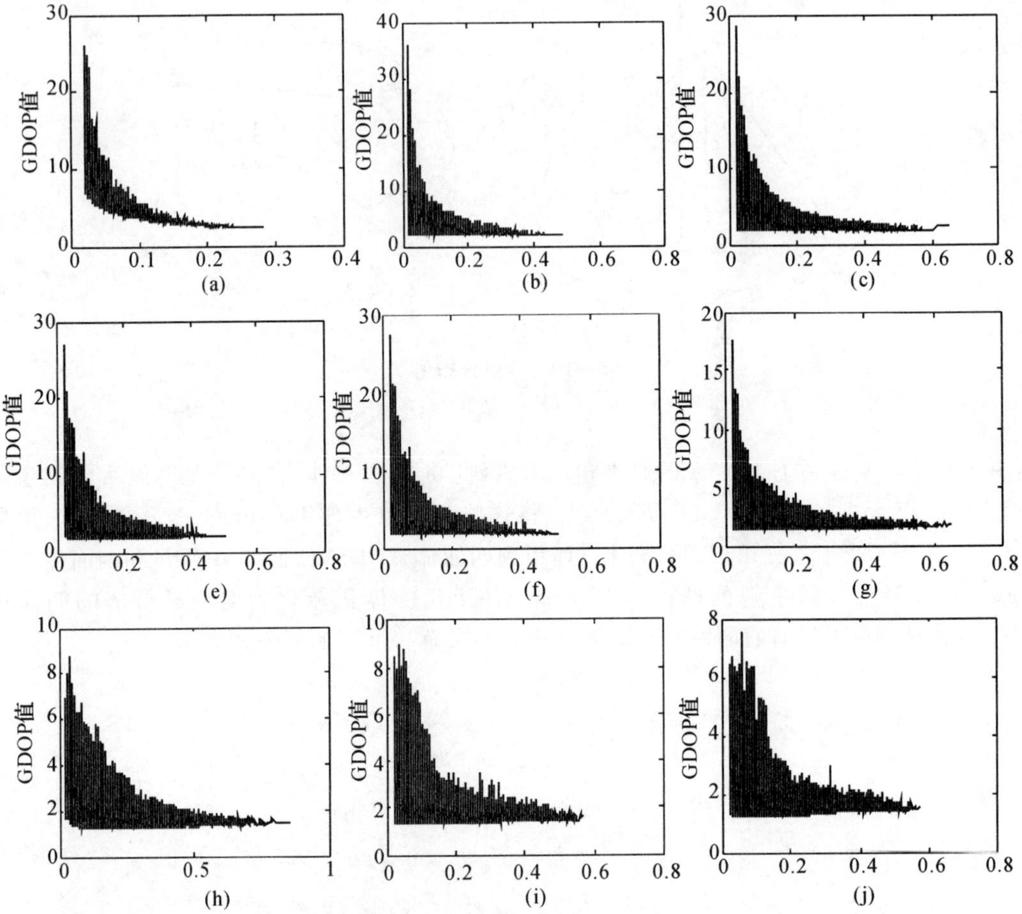

图 5-11　GDOP 值与多面体体积关系

(a)4 星；(b)5 星；(c)6 星；(e)7 星；(f)8 星；(g)9 星；(h)10 星；(i)11 星；(j)12 星

5.2.2.2　聚类选星法

聚类选星法是指在选星过程中，利用先验信息将可见卫星分为不同的类别，进而减少 GDOP 计算次数，从而提高选星算法的实时性。先验信息较多从以下两个方面考虑：

(1)首先确定高度角最大、最小的卫星；

(2)根据高度角大小，将可见卫星划分为低仰角、中仰角、高仰角三部分。

以下首先给出聚类法选星方案对降低运算量的证明，然后，通过一组仿真实验依次给出最底角卫星与最顶角卫星在最优 GDOP 值选星组合中的频次、分区域选星时现有划分区域方法的适当性以及现有研究中给出的最优可见卫星的分布的正确性。

当可见星数目为 M，选取的卫星数目为 N 时，按照最优 GDOP 值最优选星算法，其 GDOP 值计算次数为 C_M^N，而聚类选星算法的 GDOP 值计算次数为 $C_{m_1}^{n_1}C_{m_2}^{n_2}C_{m_3}^{n_3}\cdots C_{m_p}^{n_p}$。若证明聚类法选星减少 GDOP 值计算次数即为证明下式：

$$C_M^N \geqslant C_{m_1}^{n_1}C_{m_2}^{n_2}C_{m_3}^{n_3}\cdots C_{m_p}^{n_p} \tag{5-34}$$

式中　M——$M=m_1+m_2+m_3+\cdots+m_p$；

N——$N=n_1+n_2+n_3+\cdots+n_p$。

证明：(1)当采用先验知识事先选定若干颗卫星时，例如选取 4 颗卫星，先确定 2 颗卫星，则式(5－34)变为

$$C_M^4 \geqslant C_{M-2}^2 \quad (M \geqslant 4)$$

其中

$$C_M^4=\frac{M(M-1)(M-2)(M-3)}{4\times3\times2\times1},\quad C_{M-2}^2=\frac{(M-2)(M-3)}{2\times1}$$

(2)当将可见卫星根据一定的标准划分为不同组别时，由于避免了同组内卫星组成一个选星组合，使得需要选取的卫星数目减少。

因此，聚类选星法方案降低了 GDOP 值计算次数。

仿真实验条件：将单位半球面以方位角 45°、高度角 30°为间隔划分，在每个格网内部随机生成一颗卫星，采用最优 GDOP 值选星算法选取卫星组，依次选取 4 星至 12 星组合，实验进行 100 次。记录其中最底角卫星出现次数，最顶角卫星出现次数，结果见表 5－3。

表 5－3　最底角卫星最顶角卫星出现频次

选取卫星数/颗	最底角卫星出现次数/次	最顶角卫星出现次数/次
4	81	36
5	87	55
6	94	76
7	99	69
8	98	85
9	100	93
10	100	92
11	100	95
12	100	98

从表 5－3 可得出如下结论：

(1)当选取卫星数目小于 8 时，最底角星不一定每次都位于最小 GDOP 值选星组合中；

(2)在选取卫星数目达到 9 颗之后，最顶角卫星位于最小 GDOP 值选星组合的次数才得到提高；

(3)只有当选取卫星数目较多时，最底角星与最顶角卫星出现次数才得到了显著提高。

5.2.3　基于支持向量机的 GNSS 选星算法

支持向量机方法是以统计学习理论和结构风险最小化原理为理论基础，一定程度上解决了传统机器学习中的“维数灾难”与“过拟合”问题[114]，在小样本、非线性、高维空间等问题的解决和应用中都表现出其特有的优势。

5.2.3.1　支持向量分类机

支持向量分类机的构造步骤如下：

(1) 给出训练集合 $T=\{(x_1,y_1),\cdots,(x_l,y_l)\}\in(\mathbf{R}^n\times\gamma)^l$，其中 $x_i\in\mathbf{R}^n, y_i\in\gamma=\{1,-1\}, i=1,\cdots,l$。

(2) 然后需要选择适当的核函数 $K(x,x')$ 和惩罚参数 $C>0$。

(3) 进而可以构造出凸二次规划问题：

$$\min_{\alpha}\quad \frac{1}{2}\sum_{i=1}^{l}\sum_{j=1}^{l}y_iy_jK(x_i,x_j)\alpha_i\alpha_j-\sum_{j=1}^{l}\alpha_j \tag{5-35}$$

$$\text{s.t.}\quad \left.\begin{aligned}&\sum_{i=1}^{l}y_i\alpha_i=0\\&0\leqslant\alpha_i\leqslant C,\quad i=1,\cdots,l\end{aligned}\right\} \tag{5-36}$$

求解可以得到 $\boldsymbol{\alpha}^*=[\alpha_1^*\quad\cdots\quad\alpha_l^*]^{\mathrm{T}}$。

(4) 计算 b^*：选择 α^* 在开区间 $(0,C)$ 中的分量 α_i^*，进而由此计算

$$b^*=y_j-\sum_{i=1}^{l}y_i\alpha_i^*K(x_i,x_j) \tag{5-37}$$

(5) 结合上式求解的结果，可以构造出决策函数为

$$f(x)=\mathrm{sgn}(g(x)) \tag{5-38}$$

$$g(x)=\sum_{i=1}^{l}y_i\alpha_i^*K(x_i,x_j)+b^* \tag{5-39}$$

5.2.3.2 支持向量回归机

支持向量回归机的构造步骤如下：

(1) 给出训练集合 $T=\{(x_1,y_1),\cdots,(x_l,y_l)\}\in(\mathbf{R}^n\times\gamma)^l$，其中 $x_i\in\mathbf{R}^n, y_i\in\gamma=R, i=1,\cdots,l$。

(2) 然后需要选择适当的核函数 $K(x,x')$、精度值 $\varepsilon>0$ 和惩罚参数 $C>0$。

(3) 进而可以构造出凸二次规划问题：

$$\min_{\alpha^{(*)}\in\mathbf{R}^{2l}}\quad \frac{1}{2}\sum_{i=1}^{l}\sum_{j=1}^{l}(\alpha_i^*-\alpha_i)(\alpha_j^*-\alpha_j)K(x_i,x_j)+\varepsilon\sum_{j=1}^{l}(\alpha_i^*+\alpha_i)-\sum_{j=1}^{l}(\alpha_i^*-\alpha_i) \tag{5-40}$$

$$\text{s.t.}\quad \left.\begin{aligned}&\sum_{i=1}^{l}(\alpha_i-\alpha_i^*)=0\\&0\leqslant\alpha_i^{(*)}\leqslant C,\quad i=1,\cdots,l\end{aligned}\right\} \tag{5-41}$$

求解可以得到 $\boldsymbol{\alpha}^*=[\bar{\alpha}_1\quad\bar{\alpha}_1^*\quad\cdots\quad\bar{\alpha}_l\quad\bar{\alpha}_l^*]^{\mathrm{T}}$。

(4) 计算 $\bar{b}$：选择 $\bar{\alpha}^{(*)}$ 位于开区间 $(0,C)$ 的分量 $\bar{\alpha}_j$ 或者 $\bar{\alpha}_k^*$。如果选到的是 $\bar{\alpha}_j$，那么可得

$$\bar{b}=y_j-\sum_{i=1}^{l}(\bar{\alpha}_i^*-\bar{\alpha}_i)K(x_i,x_j)+\varepsilon \tag{5-42}$$

如果选到的是 $\bar{\alpha}_k^*$，那么可得

$$\bar{b}=y_k-\sum_{i=1}^{l}(\bar{\alpha}_i^*-\bar{\alpha}_i)K(x_i,x_k)-\varepsilon \tag{5-43}$$

(5) 结合上式，可以构造出决策函数为

$$y=g(x)=\sum_{i=1}^{l}(\bar{\alpha}_i^*-\bar{\alpha}_i)K(x_i,x_j)+\bar{b} \tag{5-44}$$

5.2.3.3 支持向量机与 GDOP 的映射关系

假定 $\boldsymbol{H}^{\mathrm{T}}\boldsymbol{H}$ 四个特征值为 $\lambda_i(1,2,3,4)$，那么对应地，$\boldsymbol{H}^{\mathrm{T}}\boldsymbol{H}$ 的四个特征值为 $\lambda_i^{-1}(1,2,3,4)$，则可将 GDOP 值表示为

$$\mathrm{GDOP}=\sqrt{(\lambda_1^{-1}+\lambda_2^{-1}+\lambda_3^{-1}+\lambda_4^{-1})} \tag{5-45}$$

又由矩阵的相关性质可知，有

$$f_1(\boldsymbol{\lambda})=\lambda_1+\lambda_2+\lambda_3+\lambda_4=\mathrm{trace}(\boldsymbol{H}^{\mathrm{T}}\boldsymbol{H}) \tag{5-46}$$

$$f_2(\boldsymbol{\lambda})=\lambda_1^2+\lambda_2^2+\lambda_3^2+\lambda_4^2=\mathrm{trace}[(\boldsymbol{H}^{\mathrm{T}}\boldsymbol{H})^2] \tag{5-47}$$

$$f_3(\boldsymbol{\lambda})=\lambda_1^3+\lambda_2^3+\lambda_3^3+\lambda_4^3=\mathrm{trace}[(\boldsymbol{H}^{\mathrm{T}}\boldsymbol{H})^3] \tag{5-48}$$

$$f_4(\boldsymbol{\lambda})=\lambda_1\lambda_2\lambda_3\lambda_4=\det(\boldsymbol{H}^{\mathrm{T}}\boldsymbol{H}) \tag{5-49}$$

因此可以构造得到如下两种映射关系：

(1)$\Re^4\rightarrow\Re^4$。

输入：(f_1,f_2,f_3,f_4)；

输出：$(\lambda_1^{-1},\lambda_2^{-1},\lambda_3^{-1},\lambda_4^{-1})$；

(2)$\Re^4\rightarrow\Re^1$。

输入：(f_1,f_2,f_3,f_4)；

输出：GDOP；

关于这两种映射关系的唯一性，即当输入值给定时，对应的输出值是否唯一，给出如下证明过程。

命题：假定存在两个 4×4 矩阵 $\boldsymbol{A}$ 和 $\boldsymbol{B}$，并且两个矩阵之间存在如下性质：

$$\mathrm{trace}(\boldsymbol{A})=\mathrm{trace}(\boldsymbol{B}) \tag{5-50}$$

$$\mathrm{trace}(\boldsymbol{A}^2)=\mathrm{trace}(\boldsymbol{B}^2) \tag{5-51}$$

$$\mathrm{trace}(\boldsymbol{A}^3)=\mathrm{trace}(\boldsymbol{B}^3) \tag{5-52}$$

$$\det(\boldsymbol{A})=\det(\boldsymbol{B}) \tag{5-53}$$

则两个矩阵 $\boldsymbol{A}$ 和 $\boldsymbol{B}$ 有相同的特征值。

证明过程如下：

分别定义如下两个关系式：

$$\Delta(\boldsymbol{A})=\lambda^4+a_1\lambda^3+a_2\lambda^2+a_3\lambda+a_4 \tag{5-54}$$

$$\Delta(\boldsymbol{B})=\lambda^4+b_1\lambda^3+b_2\lambda^2+b_3\lambda+b_4 \tag{5-55}$$

可以通过如下循环得到 α_k：

$$\boldsymbol{P}_{k+1}=\boldsymbol{A}\boldsymbol{P}_k+a_k\boldsymbol{I},\quad \boldsymbol{P}_1=\boldsymbol{I} \tag{5-56}$$

$$a_k=-\frac{1}{k}\mathrm{trace}(\boldsymbol{A}\boldsymbol{P}_k) \tag{5-57}$$

同理，b_k 也可以这样得到。

给出 α_k 的求解结果如下：

$$a_1=-\mathrm{trace}(\boldsymbol{A}) \tag{5-58}$$

$$a_2=-\frac{1}{2}\mathrm{trace}(\boldsymbol{A}^2+a_1\boldsymbol{A}) \tag{5-59}$$

$$a_3=-\frac{1}{3}\mathrm{trace}(\boldsymbol{A}^3+a_1\boldsymbol{A}^2+\alpha_2\boldsymbol{A}) \tag{5-60}$$

$$a_4 = \det(\boldsymbol{A}) = -\frac{1}{4}\text{trace}(\boldsymbol{A}^4 + a_1\boldsymbol{A}^3 + \alpha_2\boldsymbol{A}^2 + \alpha_3\boldsymbol{A}) \tag{5-61}$$

同理，b_k 也可以这样得到。

通过 a_k 和 b_k 的关系表达式，可以得到

$$\Delta(\boldsymbol{A}) = \Delta(\boldsymbol{B}) \tag{5-62}$$

因此可知

$$\lambda(\boldsymbol{A}) = \lambda(\boldsymbol{B}) \tag{5-63}$$

故上述命题得证。

由于 $\boldsymbol{H}^{\mathrm{T}}\boldsymbol{H}$ 是一个对称阵，因此可以表示为

$$\boldsymbol{H}^{\mathrm{T}}\boldsymbol{H} = \begin{bmatrix} m_1 & m_2 & m_3 & m_4 \\ & m_5 & m_6 & m_7 \\ & & m_8 & m_9 \\ \text{sym.} & & & m_{10} \end{bmatrix} \tag{5-64}$$

对应于上述(1)(2) 两种映射关系，可以构造得到如下两种映射关系：

(3)$\Re^{10} \rightarrow \Re^1$。

输入：$(m_1, m_2, m_3, m_4, m_5, m_6, m_7, m_8, m_9, m_{10})$；

输出：GDOP。

(4)$\Re^{10} \rightarrow \Re^4$

输入：$(m_1, m_2, m_3, m_4, m_5, m_6, m_7, m_8, m_9, m_{10})$；

输出：$(\lambda_1^{-1}, \lambda_2^{-1}, \lambda_3^{-1}, \lambda_4^{-1})$；

关于映射关系(3)(4) 的唯一性显而易见，不再赘述。

5.2.4 基于支持向量机的选星算法的仿真实验计算及分析

在基于支持向量机选星算法的理论研究基础上，以下通过仿真实验，进一步验证和分析基于支持向量回归模型的精确性、实时性、鲁棒性。

5.2.4.1 实验方案设计与数据的获取思路

首先下载 NORAD 在 2015 年 12 月 3 日公布的 BDS、GPS 的 TLE 数据文件，通过搭建的 GNSS 选星平台，使用 MATLAB 将其读入 STK 中并构建仿真场景。针对 GNSS 系统的系统时间差问题，采用系统级处理方法。针对高度角的选取问题，由于伪距误差随高度角降低而逐渐增大，因此此次实验中选取高度角为 20°。

在支持向量回归模型的构建中，针对惩罚参数与核函数参数的选取，采用了 K - CV(K - fold Cross Validation)方法，即将训练数据分为 K 组，将每个子集数据分别做一次验证集，将剩余的数据作为训练集，这样就可以得到 K 个支持向量回归模型，选取这 K 个支持向量回归模型最后的验证集结果的最优值作为训练参数。

5.2.4.2 实验结果

在构建过仿真模型以后，利用 MATLAB 提取 STK 中的 AER 报告，仿真时间为 24 h，采

样间隔为 2 min,共计为 720 个历元。首先选取焦作站前 10 个观测历元的观测数据作为此次支持向量回归模型的训练数据。由于对应行列式值小于 0.12 的数据 GDOP 值过大,因此在训练部分将其剔除。将数据进行归一化之后,进行支持向量回归模型的构建。对于惩罚参数与核参数的选取,使用前文提及的 K - CV 方法。

K - CV 法参数寻优过程如下:将训练样本分为 4 组,每个子集都分别做一次验证集。为了选取合适的惩罚参数 C 与核函数参数 g,将其取值范围选择为一1 024 到 1 024,并计算其均方误差,选取均方误差最小的一组作为最终选定的参数,计算结果如图 5 - 12 和图 5 - 13 所示。

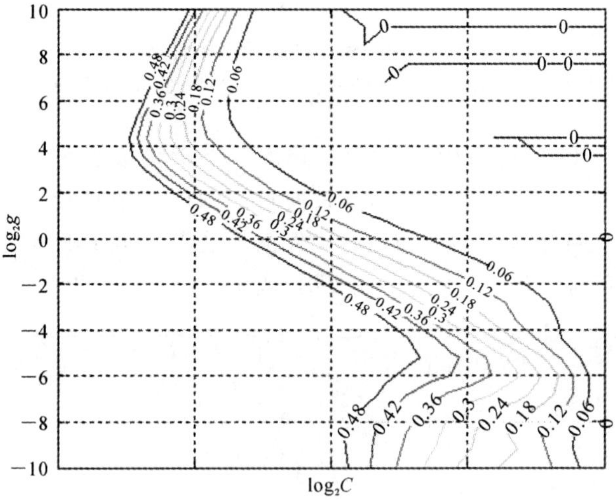

图 5 - 12　SVR 参数选择结果等高线图

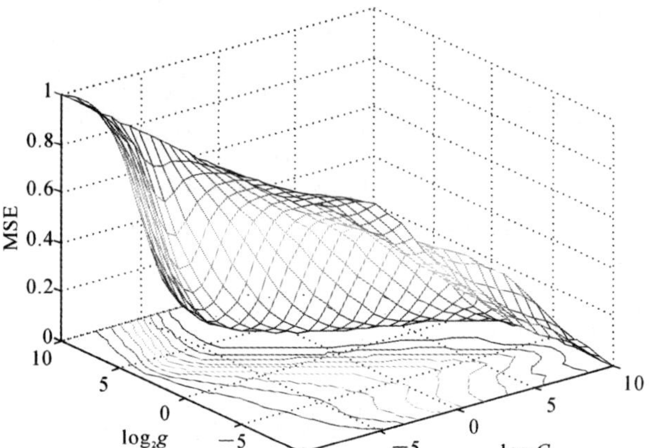

图 5 - 13　SVR 参数选择结果 3D 图

由图 5 - 12 与图 5 - 13 可知,对应最低均方误差值的惩罚参数 C 为 4 ,核函数参数 g = 111.430 5 ,最低均方误差为 0.000 627 62。应用上述支持向量回归模型进行选星工作,并将其与传统最优 GDOP 值选星方法分别进行 GDOP 值以及选星用时的对比。

在焦作站的实验结果如图 5 - 14 所示。横轴代表历元,分图(a)竖轴代表 GDOP 值,分图(b)竖轴代表了两种选星方法的用时,单位为 s(以下类同)。

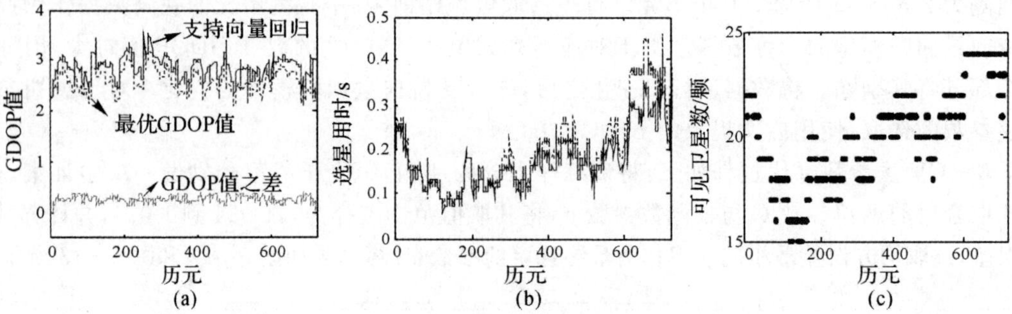

图 5-14　焦作站选星结果对比

(a)焦作站选星 GDOP 值对比；（b)焦作站选星用时对比；（c)焦作站可见卫星数目

由图 5-14 可以看出支持向量回归模型与最优 GDOP 值方法对比，两者的 GDOP 值相差较小，误差量级在 0.3 左右。在用时方面，支持向量回归模型用时较少，尤其在可见星数目较多的 620～650 历元，支持向量回归模型用时大大优于最优 GDOP 值选星方法。

为体现算法的一般性，以下分别给出北京站、武汉站、西安站的计算结果。

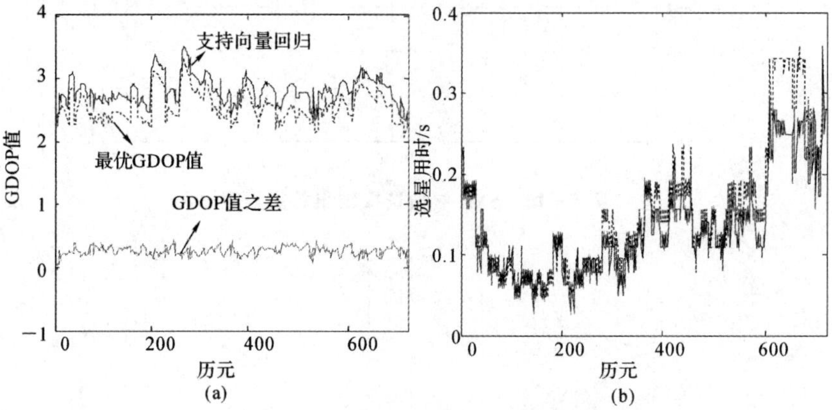

图 5-15　北京站选星结果对比

(a)北京站选星 GDOP 值对比；（b)北京站选星用时对比

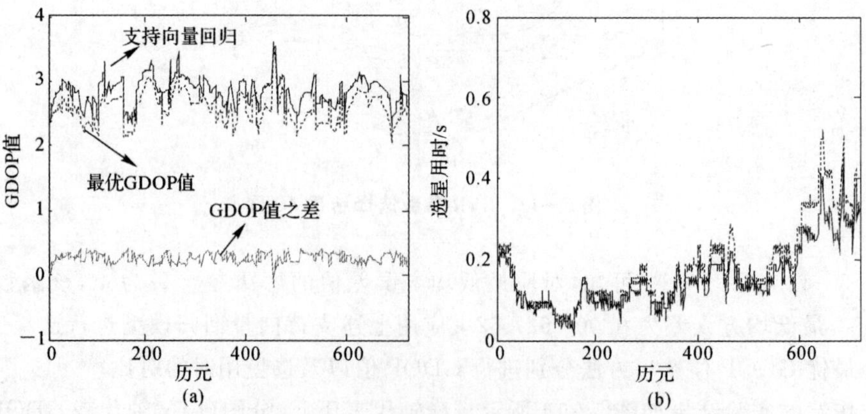

图 5-16　武汉站选星结果对比

(a)武汉站选星 GDOP 值对比；（b)武汉站选星用时对比

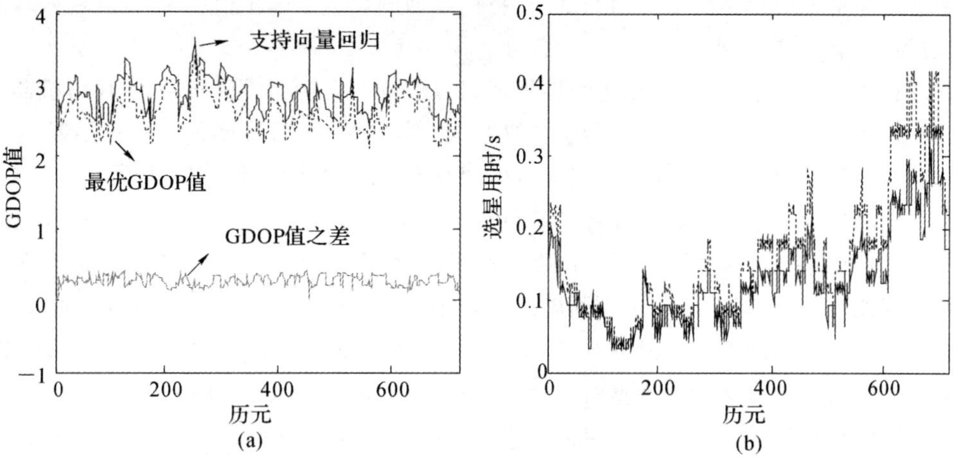

图 5-17　西安站选星结果对比

(a)西安站选星 GDOP 值对比；(b)西安站选星用时对比

从图 5-15～图 5-17 的结果可以看出，构建的支持向量回归模型与最优 GDOP 值相比，误差最值依然小于 0.5，有较好的鲁棒性，相对现有机器学习选星模型[31,74]有了较大的改进。虽然在选取卫星数目较少的时候，支持向量回归选星方法与最优 GDOP 值选星用时差别不大，但是在选取卫星数目较多的时候，基于支持向量机的回归模型的实时性是相当可观的。

5.2.4.3　实验结果分析

对于支持向量回归选星方法的实验结果分析，依据选星算法评价标准，依次从实时性、鲁棒性、准确性三方面展开。

1. 实时性

由图 5-14～图 5-17 可知，与最优 GDOP 值选星方法相比，支持向量机选星方法在可见卫星数目较少的时候，两种方法的用时大致相当，位于同一个水平，然而当可见星数目较多时，基于支持向量机的选星方法用时较最优 GDOP 值选星算法大大减少。因此随着北斗卫星导航系统的迅猛发展及其他 GNSS 系统的现代化进程，当可见星数目继续提高时，基于支持向量机的选星方法的实时性将会进一步凸显。

2. 鲁棒性

支持向量机模型较现有机器学习研究方法鲁棒性提高，可以通过图 5-18 来进行说明。

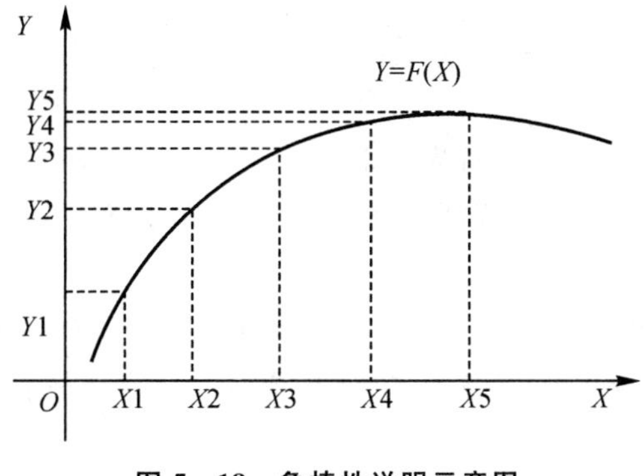

图 5-18　鲁棒性说明示意图

令支持向量回归模型的输入值为 X，支持向量回归模型的输出值为 Y，将其输入输出模型简化，视为一元函数的映射关系。

在现有研究方法中，无论采用神经网络回归方法或者支持向量回归方法，仅将机器学习模型视为一种计算所有可见卫星 GDOP 值的方法。如果每次都计算所有可见卫星的 GDOP 值，那么这样得到的机器学习模型不仅输入区间较小，而且其输出值 GDOP 值的区间也较小。现有研究方法中，在某点采集到的数据进行训练时，输入值区间为 $[X_1, X_3]$，输出值区间为 $[Y_1, Y_3]$。因此其在鲁棒性上存在以下两点问题：①如果将在该点训练得到的机器学习模型在其他地点使用，则该机器学习模型不能给出较好结果。即在其他地点采集数据时，计算所有可见卫星的信息确定的输入值及对应的输出值 GDOP，分为位于区间 $[X_2, X_4]$，$[Y_2, Y_4]$，而现有研究方法得到的机器学习模型对于输入值在 $[X_3, X_4]$ 的数据不能进行回归计算。②在该点训练得到的机器学习模型在本地只能做小范围的 GDOP 值回归计算。即现有研究方法中，对于输入集在 $[X_3, X_5]$ 的数据不能给出较好的预测结果。

上述支持向量回归模型中，在训练集中使用的是可见卫星的不同组合，这样增大了输入值的范围，相应地也增大了输出值 GDOP 值的范围，即为从 $[X_1, X_5]$ 到 $[Y_1, Y_5]$ 的映射关系，这样就提高了基于支持向量回归模型的鲁棒性。

3. 正确性

在上述实验结果中，给出的支持向量回归模型准确性较好，但是却并不优于现有的机器学习模型，同样也通过图 5-18 给出如下解释：在现有研究方法中，输入值仅在 $[X_1, X_3]$ 之间，其数据映射较为充分。而上述训练方案中，虽然将输入值区间从 $[X_1, X_3]$ 增加到 $[X_1, X_5]$，但是其数据映射不充分。

对实验训练数据的 GDOP 值进行分组分析，发现训练集的输入数据分布位置不均等。针对此种情况，现有的机器学习方法给出了两种解决方案：①对于数据重合度较多的样本区域进行抽稀处理；②对于数据较匮乏的部分增加训练样本。然而如何将其具体应用在本文的实例中，这点需要以后进一步研究。

5.3 多系统多频观测值的载波相位整周模糊度快速确定

5.3.1 多频组合系数的优化选取方法

在多频组合求解整周未知数中，首先要求解多频组合的系数，在求解出的多组组合中，选择最优的一组组合。常用的方法有群举法、整数规划法和函数法。

1. 群举法

穷举法就是根据计算确定系数 k_1、k_2 和 k_3 的取值范围，列举出所有的整数系数组合，并从中选出满足要求的组合观测值。此方法较容易实现，但效率较低且往往只能获得局部最优解。

2. 整数规划法

整数规划是割平面法之后形成的，它是将线性规划问题中的变量限制为整数，在满足一定约束条件下寻求使目标达到最优解的整数线性规划方法。求解整数规划问题的方法常用的有割平面法和分支定界法等。

整数规划法在多频组合系数选取中的基本思想是：以组合观测值的波长 λ_c 作为整数规划的目标函数，以组合观测值电离层延迟系数 η_I 和组合观测值的噪声的误差均方差 σ_{Φ_c} 作为约束条件建立整数规划模型求解最优组合，建立的模型可简要概括如下：

根据组合波长公式及电离层和观测噪声的放大系数可得

$$\min f(k_1,k_2,k_3)=k_1\lambda_2\lambda_3+k_2\lambda_1\lambda_3+k_3\lambda_1\lambda_2 \tag{5-65}$$

$$\left.\begin{aligned}&k_1\lambda_2\lambda_3+k_2\lambda_1\lambda_3+k_3\lambda_1\lambda_2>0\\&\eta_I=k_1+k_2\frac{\lambda_2}{\lambda_1}+k_3\frac{\lambda_3}{\lambda_1}<\xi\\&\sqrt{k_1^2+k_2^2+k_3^2}<\zeta\\&-n\leqslant k_1,k_2,k_3\leqslant n\end{aligned}\right\} \tag{5-66}$$

式(5－66) 中 ξ 为电离层延迟放大系数的阈值，ζ 为观测噪声放大系数的阈值，$[-n,n]$ 为 k_1、k_2 和 k_3 的取值范围。

具体做法是：首先取消组合系数的整数约束，将其转变为规则的非线性规划模型；然后求解上述非线性规划模型得到连续最优解点，并得到该点的等值面和法线方向；最后，使上步得到的等值面从最优点沿着法线方向移动至可行域，首次碰到的整数可行解即为此整数规划的最优解。

3. 函数法

函数法是将组合观测噪声放大系数表示为组合观测值的频率因子、电离层放大系数及观测值系数和的函数，通过函数求导得到当观测噪声放大系数取极值时组合观测值系数的和与频率因子、电离层放大系数的函数关系式，进而得到组合观测值系数与组合观测值波长、组合观测值电离层延迟和组合观测噪声的函数关系，然后进一步得到满足要求的组合观测值系数。

5.3.2　多频组合观测值选取标准

以 BDS 系统为例论述组合观测值的选取标准，BDS 的载波信号特征见表 5－4。

表 5－4　BDS 基本载波及其噪声

载波	频率/ MHz		波长/cm		码伪距噪声/m	相位噪声/mm
B1	f_1	1 561.09	λ_1	19.21	0.60	0.77
B2	f_2	1 207.14	λ_2	24.83	0.30	0.99
B3	f_3	1 268.52	λ_3	23.63	0.60	1.03

表 5－4 中的码伪距噪声计算公式为

$$\sigma_{R_1}^2=\frac{B_L d}{2C/N_0}\left[1+\frac{2}{(2-d)C/N_0 T}\right]T_c^2 \tag{5-67}$$

式(5－67) 中，B_L 为噪声带宽，d 为相关器间距并假定为相同的，T 为接收机积分时间，T_c

为码元长度，C/N_0 为和信噪比。

载波相位观测噪声可以用下式估计：

$$\sigma_\phi = \sqrt{\frac{B_{PLL}}{\frac{C}{N_0}}}\frac{\lambda}{2\pi} \tag{5-68}$$

式(5-68)中，B_{PLL} 为锁相环的噪声带宽，其他符号同前所述。

这两个公式同样适用于 GPS 和 Galileo 码伪距噪声和载波相位噪声的估计。

长波长有利于模糊度的固定和提高模糊度解算成功率。因此，应在将噪声控制在一定范围内的基础上选择出较长的波长。因此，组合观测值应满足：使波长尽量增加，同时能有效抑制电离层延迟和观测噪声。

1. 长波长标准

$$\lambda_c = \frac{1}{\frac{k_1}{\lambda_1}+\frac{k_2}{\lambda_2}+\frac{k_3}{\lambda_3}} = \frac{\lambda_1\lambda_2\lambda_3}{k_1\lambda_2\lambda_3 + k_2\lambda_1\lambda_3 + k_3\lambda_1\lambda_2} \tag{5-69}$$

令组合观测值波长大于基础载波中波长最大的波长，即 $\lambda_c > \lambda_2$，可得

$$\frac{\lambda_1\lambda_2\lambda_3}{k_1\lambda_2\lambda_3 + k_2\lambda_1\lambda_3 + k_3\lambda_1\lambda_2} > \lambda_2 \tag{5-70}$$

可得不等式

$$\lambda_1\lambda_3 > k_1\lambda_2\lambda_3 + k_2\lambda_1\lambda_3 + k_3\lambda_1\lambda_2 > 0 \tag{5-71}$$

整理可得

$$1-\left(k_1\frac{\lambda_2}{\lambda_1}+k_3\frac{\lambda_2}{\lambda_3}\right) > k_2 > -\left(k_1\frac{\lambda_2}{\lambda_1}+k_3\frac{\lambda_2}{\lambda_3}\right) \tag{5-72}$$

为表达简洁，令 $p=\frac{\lambda_2}{\lambda_1}\approx\frac{146}{113}, q=\frac{\lambda_2}{\lambda_3}\approx\frac{146}{139}$，式(5-73)可表示为

$$1-(k_1p+k_3q) > k_2 > -(k_1p+k_3q) \tag{5-73}$$

为保持 k_3 的整数特性，且满足式(5-72)要求，可得 k_2 的值为

$$k_2 = [-(k_1p+k_3q)] \tag{5-74}$$

式中[·]为向 $+\infty$ 方向取整，将式(5-74)代入组合观测值的波长公式可得

$$\lambda_c = \frac{\lambda_2}{k_1p+k_3q+[-(k_1p+k_3q)]} \tag{5-75}$$

由于 p 和 q 均为整数比，因此，式(5-75)为周期函数：

$$\begin{aligned} k_1p+k_3q+[-(k_1p+k_3q)] = {} & (k_1+T_1)p+(k_2+T_2)q+ \\ & [-((k_1+T_1)p+(k_3+T_2)q)] \end{aligned} \tag{5-76}$$

p 和 q 的周期 T_1 和 T_2 分别为 $T_1=113, T_2=139$。

考虑到组合观测值的观测噪声随组合系数平方和的增加而增加，故而要使组合观测值的观测噪声控制在一定范围内，就应使系数 k_1、k_2 和 k_3 的绝对值尽量小。将 k_1 和 k_3 的取值范围限定为

$$k_1 \in [-56,56],\quad k_3 \in [-69,69] \tag{5-77}$$

并且 k_1、k_2 和 k_3 的取值不能同时为零。为了衡量组合观测值长波长这一特性，取 λ_c 和 λ_2 的比值 η_λ 作为衡量指标，即 $\eta_\lambda=\frac{\lambda_c}{\lambda_2}$。

2. 弱电离层标准

式(5-9)考虑电离层延迟，可得组合观测值的电离层延迟为

$$I_c = \frac{\delta I_1}{\lambda_1}\left(k_1 + k_2\frac{\lambda_2}{\lambda_1} + k_3\frac{\lambda_3}{\lambda_1}\right)$$

定义以周为单位的电离层延迟系数为

$$\eta_{II} = k_1 + k_2\frac{\lambda_2}{\lambda_1} + k_3\frac{\lambda_3}{\lambda_1} \tag{5-78}$$

并令 $p' = \frac{\lambda_2}{\lambda_1} \approx \frac{146}{113}, q' = \frac{\lambda_3}{\lambda_1} = \frac{139}{113}$，则式(5-78)可改写为

$$\eta_{II} = k_1 + k_2 p' + k_3 q' \tag{5-79}$$

若要降低组合观测值的电离层延迟误差，应使比值 $\eta_{II} < 1$，由式(5-78)可得

$$\left|k_1 + k_2\frac{\lambda_2}{\lambda_1} + k_3\frac{\lambda_3}{\lambda_1}\right| < 1 \Rightarrow \frac{-1-(k_1+k_2p')}{q'} < k_3 < \frac{1-(k_1+k_2p')}{q'} \tag{5-80}$$

k_3 的取值范围长度为

$$1 < \left|\frac{1-(k_1+k_2p')}{q'} - \frac{-1-(k_1+k_2p')}{q'}\right| = \frac{2}{q'} \approx 1.6 < 2 \tag{5-81}$$

由以上可知，k_3 的可能取值有两个，记为 k_3^1 和 k_3^2：

$k_3^1 = \left[\frac{-1-(k_1+k_2p')}{q'}\right]$，此处[·]为向 $+\infty$ 方向取整；

$k_3^2 = \left[\frac{1-(k_1+k_2p')}{q'}\right]$，此处[·]为向 $-\infty$ 方向取整。

此时的组合观测值波长 λ_c 为

$$\lambda(k_1,k_2,k_3^1) = \frac{\lambda_3}{k_1p + k_2q + k_3^1}, \quad \lambda(k_1,k_2,k_3^2) = \frac{\lambda_3}{k_1p + k_2q + k_3^2} \tag{5-82}$$

3. 低观测噪声标准

由公式 $\sigma_N(cyc) = 2\sqrt{k_1^2\sigma_{\varphi_{B1}}^2 + k_2^2\sigma_{\varphi_{B2}}^2 + k_3^2\sigma_{\varphi_{B3}}^2}$ 可知，对于载波相位观测值的宽巷组合，组合观测值的噪声不会低于任一基本载波的观测噪声，故而在选择组合观测值系数时应尽可能地使观测噪声降低。

5.3.3　基于遗传算法的三频组合系数确定

遗传算法(GA，Genetic Algorithm)是模拟自然界生物进化的一种随机、并行且自适应的一种随机搜索优化算法。遗传算法具有很强的鲁棒性，对于一些大型、复杂的非线性系统，相较于传统优化方法具有更加独特和优越的性能。得益于以上优点，遗传算法被广泛应用于自动控制、规划设计、组合优化、图像处理、机器学习、信号处理和人工生命等领域。

根据 5.3.1 节中对遗传算法基本原理的论述，基本遗传算法可定义为

$$SGA = (C, E, P_0, M, \Phi, \Gamma, \Psi, T) \tag{5-83}$$

式中　C——个体的编码方法；

E——个体的适应度评价函数；

P_0——初始群体；

M—— 群体大小；

Φ—— 选择算子；

Γ—— 交叉算子；

Ψ—— 变异算子；

T—— 遗传算法终止条件。

以具有最小观测噪声的 BDS 宽巷组合选取为例，宽巷系数的选取问题可转化为求以组合观测值波长为目标函数的目标函数值最大问题。该问题基本遗传算法的构造过程如下。

第一步：决策变量和约束条件的确定。决策变量为 k_1, k_2，由组合观测值选取标准中对宽巷组合的分析及组合观测值噪声的约束条件可有

$$\left.\begin{aligned} -56 \leqslant k_1 \leqslant 56, -69 \leqslant k_3 \leqslant 69 \\ \eta_N = \frac{\sqrt{(k_1 f_1)^2 + (k_2 f_2)^2 + (k_3 f_3)^2}}{f_c} < 100 \end{aligned}\right\} \tag{5-84}$$

式中 k_2——$k_2 = [-(k_1 p + k_3 q)]$。

第二步：以组合观测值波长最大建立优化模型，即

$$\max \quad f(k_1, k_3) = \frac{\lambda_2}{k_1 p + k_3 q + [-(k_1 p + k_3 q)]} \tag{5-85}$$

第三步：以二进制编码串作为编码方法。由于 k_1, k_2 均要求为整数，k_1 二进制编码从 0000000 到 1110001 分别对应于 -56 到 56 的 113 个整数，同理，k_2 的二进制编码从 00000000 到 10001011 分别对应于 -69 到 69 的 139 个整数，将这两个二进制编码串连接在一起作为目标函数 $f(k_1, k_3)$ 的染色体。

第四步：确定个体的评价方法。由式(5-85)可知，目标函数 $f(k_1, k_3)$ 是非负值，故直接取目标函数值为个体的适应度，即个体 X 评价函数为

$$F(X) = f(k_1, k_2) \tag{5-86}$$

第五步：遗传算子的设计。Φ 使用比例选择算子，Γ 使用单点交叉算子，Ψ 使用基本位变异算子。

第六步：其他运行参数的设置。种群大小 $M=30$，终止代数 $T=150$，交叉概率 $p_c=0.5$，变异概率 $p_m=0.02$。

在上述组合系数选取准则及基于遗传算法的三频系数选取方法的基础上，以下分别给出了满足一定特征要求的 BDS 和 Galileo 三频组合系数选取结果，见表 5-5～表 5-13。由于不同基线长度下电离层延迟残差不同，后文中还需进一步确认组合的选取，因此取最后一代的种群作为备选值。

表 5-5 具有最小观测噪声的 BDS 宽巷组合

k_1	k_2	k_3	λ_c/m	η_I	η_N
−7	5	4	1.599	37.612	73.980
−4	0	5	2.967	34.215	90.601
−4	−1	6	1.846	20.446	62.139
−3	5	−1	3.470	41.589	92.291
−3	4	0	2.030	23.347	46.298

续表

k_1	k_2	k_3	λ_c/m	η_I	η_N
−2	8	−5	1.542	17.795	62.224
−1	−7	8	2.184	−2.362	96.999
−1	−8	9	1.510	−2.123	75.752
0	−1	1	4.889	−1.591	28.529
1	3	−4	2.777	−0.618	59.267
1	2	−3	1.771	−0.970	28.087
2	7	−9	1.939	−0.233	93.534
3	−9	5	1.887	−24.011	83.062
4	−3	−2	3.616	−42.542	89.073
4	−4	−1	2.079	−25.476	54.283
5	1	−7	2.314	−27.256	89.387
5	0	−6	1.571	−19.150	56.101
7	−11	2	1.661	−39.957	93.392

表 5-6　具有最小电离层延迟的 BDS 宽巷组合

k_1	k_2	k_3	λ_c/m	η_I	η_N
10	38	−48	0.509	0.188	131.167
6	19	−25	0.511	−0.516	68.301
11	43	−54	0.522	0.414	151.390
7	24	−31	0.524	−0.306	87.066
12	48	−60	0.535	0.652	172.643
8	29	−37	0.538	−0.085	106.807
4	10	−14	0.541	−0.833	40.186
13	53	−66	0.550	0.903	195.006
9	34	−43	0.553	0.148	127.595
5	15	−20	0.555	−0.618	59.267
10	39	−49	0.568	0.393	149.510
6	20	−26	0.571	−0.391	79.446
11	44	−55	0.584	0.652	172.643
7	25	−32	0.587	−0.152	100.778
3	6	−9	0.590	−0.970	28.087
12	49	−61	0.601	0.926	197.097
8	30	−38	0.605	0.100	123.350
4	11	−15	0.608	−0.739	48.533
9	35	−44	0.623	0.368	147.265

续表

k_1	k_2	k_3	λ_c/m	η_I	η_N
5	16	−21	0.626	−0.494	70.339
10	40	−50	0.643	0.652	172.643
6	21	−27	0.646	−0.233	93.534
11	45	−56	0.663	0.954	199.619
7	26	−33	0.667	0.043	118.222
3	7	−10	0.671	−0.885	35.588
8	31	−39	0.690	0.338	144.538
4	12	−16	0.694	−0.618	59.267
9	36	−45	0.714	0.652	172.643
5	17	−22	0.719	−0.333	84.668
10	41	−51	0.740	0.989	202.721
6	22	−28	0.745	−0.028	111.903
7	27	−34	0.773	0.300	141.154
3	8	−11	0.778	−0.772	45.527
8	32	−40	0.803	0.652	172.643
4	13	−17	0.809	−0.457	73.566
5	18	−23	0.842	−0.117	103.925
6	23	−29	0.879	0.252	136.844
2	4	−6	0.885	−0.970	28.087
7	28	−35	0.918	0.652	172.643
3	9	−12	0.926	−0.618	59.267
4	14	−18	0.969	−0.233	93.534

表 5-7 BDS三频弱电离层组合

k_1	k_2	k_3	λ_c/m	η_I	η_N	备选项(IF)
−11	−20	30	0.092	−0.026	14.798	
−10	−18	27	0.097	0.026	14.068	
−10	−17	26	0.095	−0.006	13.287	IF
−10	−16	25	0.093	−0.036	12.540	
−9	−15	23	0.101	0.049	12.446	
−9	−14	22	0.099	0.016	11.676	
−9	−13	21	0.097	−0.016	10.942	
−9	−12	20	0.095	−0.046	10.242	
−8	−11	18	0.102	0.039	9.959	
−8	−10	17	0.100	0.006	9.245	IF
−8	−9	16	0.098	−0.026	8.568	

续表

k_1	k_2	k_3	λ_c/m	η_I	η_N	备选项(IF)
−7	−7	13	0.104	0.029	7.452	
−7	−6	12	0.102	−0.004	6.814	IF
−7	−5	11	0.100	−0.037	6.221	
−6	−3	8	0.106	0.019	5.027	
−6	−2	7	0.103	−0.015	4.526	
−6	−1	6	0.101	−0.048	4.094	
−5	0	4	0.110	0.044	3.408	
−5	1	3	0.107	0.008	3.139	IF
−5	2	2	0.105	−0.026	2.997	
−4	4	−1	0.112	0.034	2.978	
−4	5	−2	0.109	−0.003	3.295	IF
−4	6	−3	0.107	−0.037	3.667	
−3	8	−6	0.114	0.023	4.989	
−3	9	−7	0.111	−0.014	5.481	
−3	10	−8	0.109	−0.049	5.960	
−2	12	−11	0.116	0.011	7.858	
−2	13	−12	0.113	−0.026	8.329	
−1	15	−15	0.121	0.039	10.602	
−1	16	−16	0.118	−0.001	11.034	IF
−1	17	−17	0.115	−0.038	11.445	
0	19	−20	0.123	0.027	14.047	
0	20	−21	0.120	−0.013	14.403	

表 5-8　BDS 窄巷组合

k_1	k_2	k_3	λ_c/m	η_I	η_N
2	1	3	0.037	1.340	0.623
2	3	1	0.037	1.385	0.617
1	1	4	0.038	1.436	0.694
1	2	3	0.039	1.460	0.613
1	3	2	0.039	1.485	0.607
1	4	1	0.039	1.509	0.683
0	3	3	0.040	1.591	0.707
3	1	1	0.042	1.205	0.698
2	1	2	0.044	1.308	0.612
2	2	1	0.044	1.334	0.609
1	1	3	0.046	1.421	0.652

续表

k_1	k_2	k_3	λ_c/m	η_I	η_N
1	2	2	0.046	1.450	0.589
1	3	1	0.046	1.479	0.642
2	1	1	0.054	1.262	0.639
1	1	2	0.057	1.399	0.606
1	2	1	0.057	1.434	0.599
0	2	2	0.061	1.591	0.707
1	1	1	0.074	1.363	0.581
0	1	1	0.121	1.591	0.707

表5-9 Galileo基本载波及噪声

Galileo	频率/MHz	波长/cm	带宽/MHz	码伪距噪声/m	载波噪声/mm	服务类型
E1	1 575.42	19.03	16.368	0.587	0.762	开放
E6	1 278.42	23.45	12.276	0.235	0.938	加密
E5a	1 176.45	25.48	24.552	0.117	1.02	开放
E5b	1 207.14	24.83	24.552	0.117	0.994	开放

对用于开放服务的E1,E5a和E56构成的组合观测值进行筛选。

表5-10 具有最小观测噪声的Galileo超宽巷组合

k_1	k_2	k_3	λ_c/m	η_I	η_N
4	3	−8	1.708	−21.952	69.342
−3	−2	6	1.844	20.715	54.758
1	7	−8	1.957	−0.685	83.343
3	−8	4	2.061	−27.420	80.895
−3	−1	5	2.276	25.899	58.318
1	8	−9	2.449	−0.420	117.791
3	−7	3	2.614	−34.421	90.306
−3	0	4	2.970	34.193	66.048
1	9	−10	3.272	0.023	175.237
3	−6	2	3.574	−46.674	107.909
−3	1	3	4.275	49.596	84.755
−9	8	4	5.316	177.957	288.202
3	−5	1	5.649	−73.629	149.398
−3	2	2	7.622	88.105	141.871
0	−1	1	9.733	−1.748	54.923
3	−4	0	13.462	−181.452	325.977
−3	3	1	35.142	357.661	588.552

表 5-11　具有最小电离层延迟的 Galileo 宽巷组合

k_1	k_2	k_3	λ_c/m	η_I	η_N
5	41	−46	0.516	−0.350	126.860
5	42	−47	0.545	−0.272	136.937
5	43	−48	0.577	−0.186	148.201
5	44	−49	0.613	−0.088	160.873
4	33	−37	0.653	−0.331	129.278
5	46	−51	0.702	0.149	191.653
4	35	−39	0.755	−0.113	157.559
5	48	−53	0.820	0.465	232.697
4	37	−41	0.893	0.184	196.130
3	26	−29	0.981	−0.154	152.256
2	17	−19	1.401	−0.230	142.408
1	6	−7	1.629	−0.862	60.402
1	8	−9	2.449	−0.420	117.791
1	9	−10	3.272	0.023	175.237
1	10	−11	4.930	0.908	290.164

表 5-12　Galileo 三频无电离层组合

k_1	k_2	k_3	λ_c/m	η_I	η_N
0	−115	118	0.042	0.000	27.473
77	115	−177	0.007	0.000	6.533
77	0	−59	0.006	0.000	2.809
77	−115	59	0.005	0.000	3.410
77	−230	177	0.005	0.000	5.676
154	0	−118	0.003	0.000	2.809
154	−115	0	0.003	0.000	2.588

表 5-13　Galileo 三频窄巷组合

k_1	k_2	k_3	λ_c/m	η_I	η_N
0	1	1	0.126	1.748	0.707
1	1	0	0.109	1.339	0.714
1	0	1	0.108	1.305	0.713
1	1	1	0.076	1.450	0.583
1	2	1	0.058	1.529	0.599
1	2	2	0.047	1.562	0.587
1	3	2	0.040	1.598	0.606

续表

k_1	k_2	k_3	λ_c/m	η_I	η_N
2	3	2	0.033	1.495	0.584
2	3	3	0.029	1.519	0.578
3	4	4	0.021	1.500	0.577
4	5	5	0.016	1.489	0.578
5	7	7	0.012	1.508	0.578
7	9	9	0.009	1.494	0.577

组合观测值系数确定后，就可根据所选组合构建组合观测值，进一步可进行多频组合的方法求解整周模糊度。

5.3.4 多频组合模糊度的确定

GNSS 载波相位可以实现高精度的导航定位，快速准确地解算载波相位整周未知数是其关键技术之一。通过 GNSS 多频组合观测值求解整周模糊度可以绕开以往单频或双频接收机中通过复杂搜索确定整周模糊度算法，根据其不同组合观测值的波长及其误差特征，采用简单的四舍五入取整法，逐级固定各组合模糊度。

5.3.4.1 M-W 组合

M-W 组合是由双频伪距观测值和双频载波相位观测值组成的一种组合观测值，由 Melbourne 和 Wubbena 于 1985 年分别提出。双频伪距观测方程和双频载波相位观测方程的简化形式为

$$\left.\begin{aligned} P_1 &= \rho - \frac{A}{f_1^2} \\ P_2 &= \rho - \frac{A}{f_2^2} \\ \varphi_1 &= \frac{\rho}{\lambda_1} + \frac{A}{Cf_1} - N_1 \\ \varphi_2 &= \frac{\rho}{\lambda_2} + \frac{A}{Cf_2} - N_2 \end{aligned}\right\} \tag{5-87}$$

式(5-87)中 ρ 为卫星到接收机之间的几何距离与所有与频率无关的偏差改正项(包括对流层延迟、卫星钟差、接收机钟差等)之和，其余符号的含义同前。

利用伪距观测值可求得 A 和 ρ 如下：

$$\left.\begin{aligned} A &= \frac{f_1^2 f_2^2}{f_1^2 - f_2^2} - (P_1 - P_2) \\ \rho &= \frac{f_1^2}{f_1^2 - f_2^2} P_1 - \frac{f_2^2}{f_1^2 - f_2^2} P_2 \end{aligned}\right\} \tag{5-88}$$

将式(5-87)中的第三式减第四式可得

$$\varphi_1-\varphi_2=\left(\frac{1}{\lambda_1}-\frac{1}{\lambda_2}\right)\rho+\left(\frac{1}{f_1}-\frac{1}{f_2}\right)\frac{A}{c}-(N_1-N_2) \tag{5-89}$$

将式(5－88)代入式(5－89)后整理可得

$$(\varphi_1-\varphi_2)+(N_1-N_2)=\frac{f_1-f_2}{f_1+f_2}\left(\frac{P_1}{\lambda_1}+\frac{P_2}{\lambda_2}\right) \tag{5-90}$$

顾及 $\varphi_\Delta=\varphi_1-\varphi_2, N_\Delta=N_1-N_2, \lambda_\Delta=\dfrac{c}{f_1-f_2}$,式(5－90)可写为

$$\varphi_\Delta\lambda_\Delta+N_\Delta\lambda_\Delta=\frac{P_1f_1+P_2f_2}{f_1+f_2} \tag{5-91}$$

式(5－91)即为 M－W 组合的观测方程。该式建立了宽巷观测值与双频伪距观测值间的关系,常被用于宽巷观测值的周跳探测和修复问题,以及宽巷模糊度 N_Δ 的确定。

5.3.4.2　TCAR/CIR 法

TCAR 方法最早由 Harris 和 Forssell 于 1997 年提出,该方法是利用测量误差之间的层叠关系(即所谓的“gap－bridging”方法)确定载波相位的整周模糊度。原理上 TCAR 方法可以应用于单差、双差或者绝对定位中,考虑到大气延迟影响,此处以双差为基础介绍 TCAR 方法。为了便于表示,以下公式均省略双差标志,做简化处理。以现代化后的 GPS 为例,TCAR 方法具体如下:

GPS 三个载波载波频率依次为 f_1, f_2, f_5,满足 $f_1>f_2>f_5$,并且 $f_1-f_2>f_2-f_5$,根据 GPS 的载波信息以及宽巷组合技术可以得到和超宽巷 GPS 宽巷组合,见表 5－14。

表 5－14　GPS 宽巷和超宽巷组合

组合方式	频率 / MHz	波长 /cm
f_{w13}	398.97	75.1
f_{w12}	347.82	86.2
f_{sw23}	51.15	586.1

表 5－14 中,$f_{w13}=f_1-f_5, f_{w12}=f_1-f_2, f_{sw23}=f_2-f_5$。

第一步:利用 L5 载波的双差伪距测量值 ρ_3 求解双差超宽巷载波相位测量值 ϕ_{s23} 的整周模糊度。

以其中一个码伪距测量值作为卫星到接收机之间的距离估计值,不过虽然此步的伪距观测值中含有电离层、对流层以及多路径等误差影响使得码噪声比较高,但只要伪距测量具有足够的精度就可以固定超宽巷载波相位的模糊度。对于 GPS 来说,因为 L5 载波信号上的伪码率最高,所以伪距的测量精度通常也最高。

给出 GPS 简化后的双差观测方程如下:

$$\left.\begin{aligned}\bar{\rho}_i&=\rho+T+I+\varepsilon_{R_1}\\ \Phi_i&=\lambda^{-1}(\rho+T)-I+N_i+\nu_{\Phi_i}\end{aligned}\right\} \tag{5-92}$$

在第一步中令卫星至接收机的双差距离估计值为 L5 载波上的伪距测量值 R_3,则有

$$\left.\begin{aligned}\hat{\rho}_3&=\bar{\rho}_3\\ \phi_{s23}&=\lambda_{s23}{}^{-1}(\rho+T)-I_{s23}+N_{s23}+\nu_{\phi_{s23}}\end{aligned}\right\} \tag{5-93}$$

式中　I_{s23}—— 双差电离层延迟，以周为单位。

对比式(5－92)和式(5－93)可知，若忽略短基线情况下的电离层双差残余误差，则超宽巷载波相位测量值的整周模糊度 N_{s23} 为

$$N_{s23}=\left[\phi_{s23}-\frac{\hat{\rho}_3}{\lambda_{s23}}\right] \tag{5-94}$$

式(5－94)中[·]表示取整算法。因为超宽巷组合波长 λ_{s23} 为5.861 m，故而在测量值没有粗差的情况下，式(5－94)直接取整就可得到超宽巷整周模糊度 N_{s23} 的正确解。正确确定 N_{s23} 后，双差超宽巷载波相位测量值 ϕ_{s23} 就成为没有模糊度的精确测量值 $(\phi_{s23}-N_{s23})\lambda_{s23}$。

即视其为一种高精度的双差距离测量值 $\hat{\rho}_{s23}$，可得

$$\hat{\rho}_{s23}=(\phi_{s23}-N_{s23})\lambda_{s23}=\rho+T-\lambda_{s23}I_{s23}+\nu_{\phi_{s23}} \tag{5-95}$$

假设各个频率上的双差载波相位测量值的误差均方差均为0.05周，那么由式(5－95)可知此步得到的 $\hat{\rho}_{s23}$ 的误差均方差为 $0.05\times\sqrt{2}$ 周，再乘以超宽巷波长 λ_{s23} 大约等于41 cm。

第二步：由第一步得到的双差距离测量值 $\hat{\rho}_{s23}$ 求解双差宽巷载波相位测量值 ϕ_{w12} 的整周模糊度 N_{w12}。

双差宽巷测量值 ϕ_{w12} 的观测方程为

$$\phi_{w12}=\lambda_{w12}^{-1}(\rho+T)-I_{w12}+N_{w12}+\nu_{w12} \tag{5-96}$$

与第一步类似，可得 ϕ_{w12} 中整周模糊度 N_{w12} 的值为

$$N_{w12}=\left[\phi_{w12}-\frac{\hat{\rho}_{s23}}{\lambda_{w12}}\right] \tag{5-97}$$

因为波长 λ_{w12} 为86.2 cm，$\hat{\rho}_{s23}$ 的误差均方差仅约41 cm，故由取整法不难得到 N_{w12} 的正确解。如有必要，可用多个历元的 $\hat{\rho}_{s23}$ 和 ϕ_{w12} 提高求解 N_{w12} 的可靠性。

同样地，在确定了 N_{w12} 之后 $(\phi_{w12}-N_{w12})\lambda_{w12}$ 就可视为一种高精度的双差距离测量值 $\hat{\rho}_{w12}$，可得

$$\hat{\rho}_{w12}=(\phi_{w12}-N_{w12})\lambda_{w12}=\rho+T-\lambda_{w12}I_{w12}+\nu_{w12} \tag{5-98}$$

由这一步所得的 $\hat{\rho}_{w12}$ 的误差均方差等于 $0.05\times\sqrt{2}$ 周，相当于6 cm，这极大地提高了双差几何距离 ρ 的测量精度。

第三步：利用上一步所得无整周模糊度的双差距离测量值 $\hat{\rho}_{w12}$ 求解L1载波上的双差载波相位测量值 ϕ_1 的整周模糊度。

与前两步类似，借助无模糊度的双差距离测量值 $\hat{\rho}_{w12}$，可以确定L1载波相位观测方程中的 ϕ_1 的整周模糊度 N_1，即

$$N_1=\left[\phi_1-\frac{\hat{\rho}_{w12}}{\lambda_1}\right] \tag{5-99}$$

式中　λ_1——L1波长为19 cm；

$\hat{\rho}_{w12}$—— 误差均方差约为6 cm。

同样地，可以利用多历元的 $\hat{\rho}_{w12}$ 和 ϕ_1 测量值来提高求解 N_1 的可靠性。N_1 确定之后，双差载波相位测量值 ϕ_1 就成了无模糊度的精确测量值。

考虑到超宽巷、宽巷模糊度和基础载波模糊度之间的关系：

$$\left.\begin{aligned}N_{w12}&=N_1-N_2\\N_{s23}&=N_2-N_3\end{aligned}\right\} \tag{5-100}$$

其中 N_{s23}、N_{w12} 和 N_1 的值在以上各步计算中已得到确定，因此可以求得另外两个基础载波上的整周模糊度 N_2 和 N_3 的值。

上述以 GPS 系统为例的 TCAR/CIR 方法，同样适用于 Galileo，虽然说不同频率和结构的载波信号对于提高定位精度的影响是不明显的，但对于模糊度解算成功率的影响是十分显著的。

5.3.4.3　基于 MCAR 方法的 Galileo 整周模糊度解算

MCAR 与 TCAR 类似，它采用超过三个频率的载波观测值来确定模糊度。因为利用了更多的频率，所以此方法相对于 TCAR 具有更强的鲁棒性。同样地该方法也没有涉及模糊度域的搜索问题。

基于组合观测值的模糊度求解方法与 TCAR 方法相类似，通过组合观测值的波长和其噪声之间的层叠关系，即利用筛选出来的具有不同波长的组合观测值，使得在接下来一步解算中的测量波长大于前面一步的测量噪声，同时具有下一步测量噪声小于前一步测量噪声的特性。最终固定得到基本载波的整周模糊度。

此处定义：超宽巷组合，即 SWL 的波长范围为 $\lambda_{swl} > 2.90$ m；宽巷组合，即 WL 组合的波长范围为 $0.75\ \text{m} \leqslant \lambda_{wl} < 2.90$ m。

第一步：选取相对精度比较高的测距码作为卫星与接收机之间距离的初值，即选择 $E1$ 载波的伪距码所测距离最为初值。虽然此步中的测距码精度相对于码噪声而言仍然较差，但是对于解算波长与噪声比值较大的超宽巷组合观测值模糊度依然具有足够的解算精度利用简化后的双差伪距和载波相位观测方程。由此可得卫星与接收机之间的距离初值为

$$\hat{\rho}_1 = R_1 \tag{5-101}$$

其精度即为测距码精度。

第二步：用第一步中获得的卫星与接收机间距离的初值，计算超宽巷组合的模糊度 N_{sw}。

$$\lambda_{sw}\varphi_{sw} = \rho_{sw} + \lambda_{sw}N_{sw} + \nu_{sw} \tag{5-102}$$

$$N_{sw} = \frac{1}{\lambda_{sw}}\hat{\rho}_1 - \varphi_{sw} \tag{5-103}$$

式中　φ_{sw}—— 超宽巷载波相位组合观测值；

λ_{sw}—— 组合观测值的波长；

N_{sw}—— 超宽巷组合的整周模糊度。

此步中为了确保整周模糊度 N_{sw} 的成功求解，要求波长 λ_{sw} 远大于第一步中码伪距 $\hat{\rho}_1$ 和此步中 φ_{sw} 的测量噪声。对浮点解 N_{sw} 直接取整得到超宽巷组合模糊度的整数解，也即

$$\bar{N}_{sw} = [N_{sw}] \tag{5-104}$$

由此可得精度进一步优化的卫星与接收机间距离的估值为

$$\hat{\rho}_2 = \lambda_{sw}(\varphi_{sw} + \bar{N}_{sw}) \tag{5-105}$$

由误差传播定律，此步中式(5-103) 的 N_{sw} 和距离估值 $\hat{\rho}_2$ 的估计精度可分别由以下两式计算：

$$\sigma_{N_{sw}} = \frac{1}{\lambda_{sw}}\sqrt{\sigma^2_{\hat{\rho}_1} + \sigma^2_{\varphi_{sw}}} \tag{5-106}$$

$$\sigma^2_{\hat{\rho}_2} = \sigma^2_{\varphi_{sw}} \tag{5-107}$$

式中组合系数(k_1,k_2,k_3)为超宽巷组合观测值系数,φ_{sw} 可由上一章中求得的组合噪声系数乘以双差载波相位噪声得到且在以下各步中用类似方法计算。

选择合适的组合观测值系数以确保下一步整周模糊度的解算精度。

第三步:为进一步提高卫星至接收机间距离估值的精确度,利用第二步中求得的 $\hat{\rho}_2$ 求解宽巷组合观测值的模糊度记为 N_w,与第二步相似。

$$\lambda_w \varphi_w = \rho_w + \lambda_w N_w + \nu_w \tag{5-108}$$

$$N_w = \frac{1}{\lambda_w}\hat{\rho}_2 - \varphi_w \tag{5-109}$$

$$\overline{N}_w = [N_w] \tag{5-110}$$

进一步精化的距离估值为

$$\hat{\rho}_3 = \lambda_w(\varphi_w + \overline{N}_w) \tag{5-111}$$

同样地,式(5-109)的 N_w 和距离估值的估计 $\hat{\rho}_3$ 精度可分别由以下两式计算:

$$\sigma_{N_w} = \frac{1}{\lambda_w}\sqrt{\sigma_{\hat{\rho}_2}^2 + \sigma_{\varphi_w}^2} \tag{5-112}$$

$$\sigma_{\hat{\rho}_3}^2 = \sigma_{\varphi_w}^2 \tag{5-113}$$

式中,组合系数(k_1,k_2,k_3)为宽巷组合观测值系数。

第四步:计算基本载波的模糊度值。

基本载波模糊度的浮点解为

$$N_i = \frac{1}{\lambda_i}(\hat{\rho}_3 - \varphi_i),\quad i=1,2,3 \tag{5-114}$$

$$\sigma_{N_i} = \frac{1}{\lambda_i}\sqrt{\sigma_{\hat{\rho}_4}^2 + \sigma_{\varphi_i}^2} \tag{5-115}$$

取整得模糊度的固定解为

$$\overline{N}_i = [N_i],\quad i=1,2,3 \tag{5-116}$$

最终,卫星至接收机的距离由式 $\hat{\rho}_i = \lambda_i(\varphi_i + \overline{N}_I)$ 计算得到。

由本小节对 MCAR 方法的分析以及上述筛选出的 Galileo 宽巷组合计算可以得到表 5-15。

表 5-15 Galileo MCAR 法最优组合观测值选取及模糊度结算成功率

测距码	SWL 组合/成功率	WL 组合/成功率	基本载波/成功率	总成功率
E1/E5a/E5b	(0,−1,1)/100%	(1,6,−7)/100%	E5a/79.77%	79.77%
E1/E5a/E5b	(0,−1,1)/100%	(1,6,−7)/100%	E5b/80.00%	80.00%
E1/E5a/E5b	(−3,1,3)/100%	(1,6,−7)/99.46%	E5a/79.77%	79.34%
E1/E5a/E5b	(−3,1,3)/100%	(1,6,−7)/99.46%	E5b/80.00%	79.57%
E1/E5a/E5b	(−3,1,3)/100%	(−3,−2,6)/99.96%	E5a/83.41%	83.38%
E1/E5a/E5b	(−3,1,3)/100%	(−3,−2,6)/99.96%	E5b/81.74%	81.71%
E1/E5a/E5b	(−3,1,3)/100%	(−3,−1,5)/100%	E5a/80.90%	80.90%
E1/E5a/E5b	(−3,1,3)/100%	(−3,−1,5)/100%	E5b/80.24%	80.24%
E1/E5a/E5b	(0,−1,1)/100%	(−3,−2,6)/100%	E5a/83.41%	83.41%
E1/E5a/E5b	(0,−1,1)/100%	(−3,−2,6)/100%	E5b/81.74%	81.84%
E1/E5a/E5b	(0,−1,1)/100%	(−3,−1,5)/100%	E5a/80.90%	80.90%
E1/E5a/E5b	(0,−1,1)/100%	(−3,−1,5)/100%	E5b/80.24%	80.24%

5.3.4.4　基于 Geometry－free 模型的 TCAR 方法

定义相位组合观测值为

$$\Phi(k_1,k_2,k_3)=\frac{k_1 f_1 \Phi_1+k_2 f_2 \Phi_2+k_3 f_3 \Phi_3}{f_c} \tag{5-117}$$

类似地，伪距组合观测值为

$$P(k_1,k_2,k_3)=\frac{k_1 f_1 P_1+k_2 f_2 P_2+k_3 f_3 P_3}{f_c} \tag{5-118}$$

式中　$\Phi_i(i=1,2,3)$—— 频率为 f_i 载波上以米为单位的双差相位观测值；

$P_i(i=1,2,3)$—— 相应载波上的双差伪距观测值。

根据对组合观测值电离层和观测噪声的分析可得组合观测值的噪声为

$$\varepsilon_{\Phi}(k_1,k_2,k_3)=\eta_N(k_1,k_2,k_3)\sigma_{\Phi} \tag{5-119}$$

$$\varepsilon_{P}(k_1,k_2,k_3)=\eta_N(k_1,k_2,k_3)\sigma_{P} \tag{5-120}$$

式中　σ_{Φ}—— 双差相位观测值噪声；

σ_P—— 双差伪距观测值噪声。

此处假设

$$\sigma_{\Phi_1}=\sigma_{\Phi_2}=\sigma_{\Phi_3}=\sigma_{\Phi},\quad \sigma_{P_1}=\sigma_{P_2}=\sigma_{P_3}=\sigma_{P} \tag{5-121}$$

Geometry－free 模型是指采用多频伪距和相位组合观测值消除几何误差的模糊度求解模型，考虑 Geometry－free 模型中残留电离层延迟的影响，定义 Geometry－free 模型为

$$N(k_1,k_2,k_3)=\frac{P(l,m,n)-\Phi(k_1,k_2,k_3)}{\lambda(k_1,k_2,k_3)}-\frac{\eta_I(l,m,n)+\eta_I(k_1,k_2,k_3)}{\lambda(k_1,k_2,k_3)}\Delta I-\frac{\varepsilon_P(k_1,k_2,k_3)-\varepsilon\Phi(k_1,k_2,k_3)}{\lambda(k_1,k_2,k_3)} \tag{5-122}$$

根据式(5－112)可知，采用 Geometry－free 模型求解模糊度的主要限制因素为电离层延迟和伪距噪声。组合观测值求解得到的 $N(k_1,k_2,k_3)$以周为单位的精度可用下式计算得到：

$$\sigma_{\mathrm{TN}}=\frac{1}{\lambda(k_1,k_2,k_3)}\sqrt{(\eta_I(l,m,n)+\eta_I(k_1,k_2,k_3))^2\sigma_{\Delta I}^2+\eta_N^2(l,m,n)\sigma_P^2+\eta_N^2(k_1,k_2,k_3)\sigma_{\Phi}^2} \tag{5-123}$$

由北斗窄巷相位组合可知与其类似的窄巷伪距组合中 $P(0,1,1)$ 的噪声较小，其电离层延迟系数 $\eta_I(0,1,1)=-1.591$，$\eta_N(0,1,1)=0.707$。对于 BDS 系统，假设 10 km，20 km，50 km 基线长度的双差电离层延迟分别为 10 cm，20 cm 和 100 cm；对于波长大于 0.75 的超宽巷、宽巷组合观测值的模糊度解算精度如表 5－16 所示。

表 5－16　BDS Geometry－free 模型的 SWL/WL 组合模糊度解算精度

组合观测值	λ_c/m	η_I	η_N	σ_{TN}/周		
				$\sigma_{\Delta I}$=10 cm	$\sigma_{\Delta I}$=20 cm	$\sigma_{\Delta I}$=100 cm
$P(0,1,1)-\Phi(7,27,-34)$	0.772 9	0.299 8	141.154 2	1.034 7	1.074 4	1.957 6
$P(0,1,1)-\Phi(3,8,-11)$	0.778 2	－0.772 4	45.527 1	0.619 9	0.813 1	3.085 0
$P(0,1,1)-\Phi(1,4,-10)$	0.803 2	0.652 3	172.642 8	1.167 5	1.184 9	1.648 3
$P(0,1,1)-\Phi(4,13,-17)$	0.809 0	－0.457 3	73.566 1	0.679 5	0.808 7	2.608 9

续 表

组合观测值	λ_c/m	η_I	η_N	σ_{TN}/周		
				$\sigma_{\Delta I}=10$ cm	$\sigma_{\Delta I}=20$ cm	$\sigma_{\Delta I}=100$ cm
$P(0,1,1)-\Phi(5,18,-23)$	0.842 3	−0.117 1	103.924 6	0.773 5	0.849 5	2.161 5
$P(0,1,1)-\Phi(6,23,-29)$	0.878 5	0.251 6	136.844 0	0.889 3	0.927 6	1.757 3
$P(0,1,1)-\Phi(7,28,-35)$	0.918 0	0.652 3	172.642 8	1.021 2	1.036 5	1.441 8
$P(0,1,1)-\Phi(1,-7,8)$	2.183 7	−2.361 6	96.998 5	0.329 0	0.454 5	1.830 7
$P(0,1,1)-\Phi(-1,-8,9)$	1.509 5	−2.123 4	75.752 2	0.422 2	0.599 8	2.483 4
$P(0,1,1)-\Phi(0,-1,1)$	4.889 4	−1.591 5	28.528 7	0.101 6	0.151 7	0.655 5
$P(0,1,1)-\Phi(1,3,-4)$	2.776 6	−0.617 8	59.267 3	0.184 2	0.230 0	0.812 6
$P(0,1,1)-\Phi(1,2,-3)$	1.770 9	−0.969 8	28.087 2	0.258 9	0.360 2	1.461 9
$P(0,1,1)-\Phi(2,7,-9)$	1.938 8	−0.233 5	93.534 4	0.316 6	0.356 1	0.988 1

由表 5-16 可知，超宽巷组合 $P(0,1,1)-\Phi(0,-1,1)$ 最优，对于较长基线，误差也基本在 0.5 周。此外，$P(0,1,1)-\Phi(1,3,-4)$ 和 $P(0,1,1)-\Phi(1,2,-3)$ 也不失为理想选择。

为了求解双差载波相位的模糊度，需要三个相互独立的组合观测值，用矩阵 $\boldsymbol{M}$ 表示组合观测值的系数，可得

$$\boldsymbol{M}=\begin{bmatrix} a_1 & a_2 & a_3 \\ b_1 & b_2 & b_3 \\ c_1 & c_2 & c_3 \end{bmatrix} \tag{5-124}$$

矩阵 $\boldsymbol{M}$ 的行元素即为选取的线性组合系数。为保证选取的三组系数相互独立，要求矩阵 $\boldsymbol{M}$ 为满秩矩阵。经组合分析，上述可供选择的较为理想的几组组合构成的矩阵 $\boldsymbol{M}$，其秩的值为 2，能够组成满秩矩阵的组合，由于电磁层延迟系数或者观测噪声系数较大，由表 5-16 可知其组合观测值模糊度的解算精度不能满足求解要求。

为了使矩阵 $\boldsymbol{M}$ 符合满秩要求，将 $\alpha+\beta+\gamma=1$ 进行调整，即放弃几何距离不变的条件约束，使得

$$\alpha+\beta+\gamma=\kappa \tag{5-125}$$

假设存在 α，β 和 γ，使得

$$\lambda_c=\frac{\kappa}{\dfrac{k_1}{\lambda_1}+\dfrac{k_2}{\lambda_2}+\dfrac{k_3}{\lambda_3}}=\kappa\frac{\lambda_1\lambda_2\lambda_3}{k_1\lambda_2\lambda_3+k_2\lambda_1\lambda_3+k_3\lambda_1\lambda_2} \tag{5-126}$$

进一步可得

$$0<k_1p+k_3q+k_2<\kappa \tag{5-127}$$

如果 κ 足够大，那么就存在 k_2 使得

$$k_2=[-(k_1p+k_3q)]+\mu \tag{5-128}$$

式中 μ 为整数，对于给定的 μ 值，可得波长放大倍数 κ 的最小值应为

$$\kappa_{\min}=k_1p+k_3q+[-(k_1p+k_3q)]+\mu+\varepsilon \tag{5-129}$$

式中　ε—— 计算机中能够识别的最小数。

当 $\mu=2$ 时，[－20,20] 范围内的所有 k_1 和 k_3 组合计算，选择出具有低噪声和弱电离层延迟的宽巷组合及其模糊度解算精度，见表 5－17。

表 5－17　$\mu=2$ 时宽巷组合及其模糊度解算精度分析

k_1	k_2	k_3	λ_c/m	η_I	η_N	σ_{TN}/周		
						$\sigma_{\Delta I}=10$ cm	$\sigma_{\Delta I}=20$ cm	$\sigma_{\Delta I}=100$ cm
4	－3	0	1.459	0.072	2.752	0.264	0.320	1.069
4	－4	1	1.123	0.034	2.978	0.344	0.420	1.422
5	－2	－2	0.687	－0.026	2.997	0.566	0.697	2.408
5	－3	－1	0.603	－0.059	2.983	0.648	0.803	2.800

选取组合(0，－1,1)，(1,3，－4) 和(4，－4,1) 组成矩阵 $\boldsymbol{M}$，且 $\boldsymbol{M}$ 的行列式等于 1，这样经过下式矩阵转换后的双差模糊度可以保证为整数：

$$\begin{bmatrix}\Delta\nabla N_1\\ \Delta\nabla N_2\\ \Delta\nabla N_3\end{bmatrix}=\boldsymbol{M}^{-1}\begin{bmatrix}N(0,-1,1)\\ N(1,3,-4)\\ N(4,-4,1)\end{bmatrix} \tag{5-130}$$

下面以所测 8 km 基线的同步观测数据进行验证计算。数据采集设备为司南 k508 GNSS 板卡，采集时间为 2014 年 7 月 31 日，采样间隔为 10s。采用自编程序提取观测文件中 B1、B2 和 B3 频点上的伪距和相位观测值，即 C1I L1I，C7I L7I 以及 C6I L6I。利用上述方法计算得到的组合观测值模糊度序列如图 5－19～图 5－21 所示。

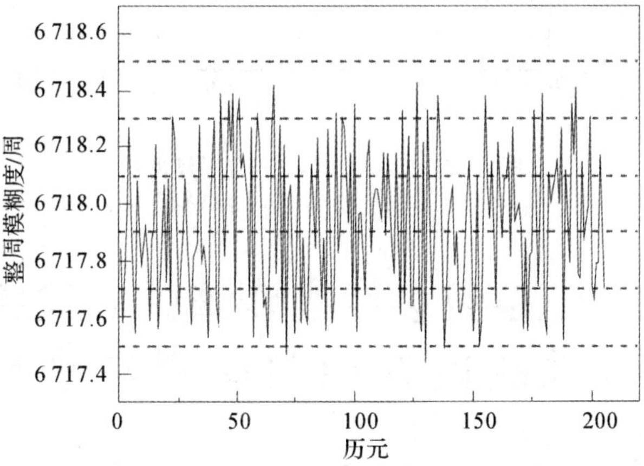

图 5－19　$N(0,-1,1)$浮点模糊度解

由以上组合观测值模糊度浮点解时间序列图可以看出，浮点解的误差均在 0.5 周以内，且只有极少一些点大于 0.5 周。因此，通过直接取整得到的方法就可以得到整数模糊度解，其整数解分别为(6 718，－17 627，28 824)，经式(5－130)转换求得的双差模糊度为(－5 629，－14 874，－8 156)。

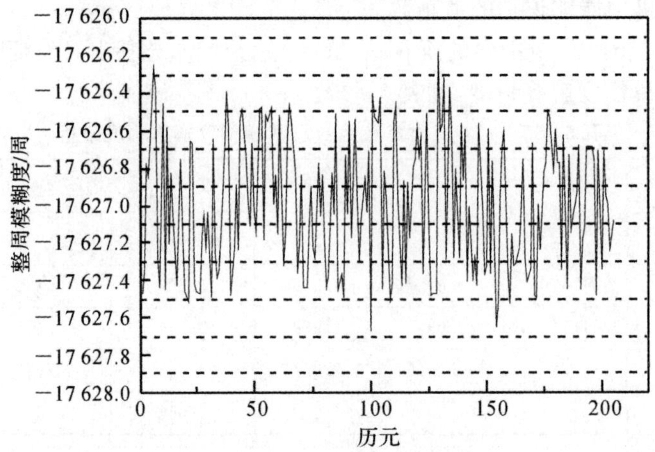

图 5-20 $N(1,3,-4)$**浮点模糊度解**

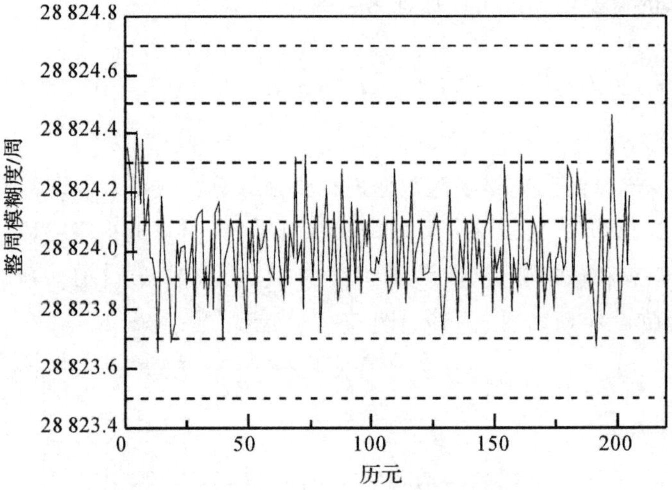

图 5-21 $N(4,-4,1)$**浮点模糊度解**

5.4 多系统多频观测值的载波相位观测值的周跳探测与修复

随着 GNSS 各系统的发展，在卫星个数增加的同时，卫星所发射信号的频率数也在逐渐地增加。其中，GPS 系统从 2009 年开始增加了调制第三民用导航码 L5C 的 L5 载波；GLONASS 系统采用频分多址技术，其所发射的载波频率将更多；Galileo 系统提供 E1(1 575.42 MHz)、E6(1 278.75 MHz)、E5a(1 176.45 MHz)、E5b(1 207.14 MHz)共四种载波频率；而 BDS 系统则提供了 B1(1 561.098 MHz)、B2(1 207.14 MHz)、B3(1 268.52 MHz)三种载波频率。在利用载波相位观测值进行高精度定位过程中，这些频率的增加将使通过载波之间的相关性进行的线性组合有了更多的选择。本节选取了 GPS 和 BDS 中的载波频率来进行载波多频组合的研究,对其在周跳探测与修复方面的性能进行实验性的探讨。

5.4.1　多频组合周跳探测与修复基本原理

从 GNSS 观测误差特性可知,除电离层延迟、多路径效应、测量噪声外,其他误差源对伪距和载波相位测量的影响是相同的,因此可以用伪距和相位的组合观测值探测周跳。

结合上述推导,可以得到组合后的伪距观测方程为

$$P(t)=\rho(t)-c(T_{\mathrm{R}}(t)+T_{\mathrm{S}}(t))-I_P(t)+T_0(t)+\varepsilon_P(t) \tag{5-131}$$

式中　$P(t)$—— 伪距观测值;

$\rho(t)$—— 站星几何距离;

$T_{\mathrm{R}}(t)$—— 接收机钟;

$T_{\mathrm{S}}(t)$—— 卫星钟差;

$I_P(t)$—— 电离层误差;

$T_0(t)$—— 对流层误差;

$\varepsilon_P(t)$—— 观测噪声。

其中其组合系数为 a, b, c,且 $a+b+c=1$。

进一步求差组合可得

$$N_{\mathrm{c}}(t)=\frac{1}{\lambda_{\mathrm{c}}}[P(t)-L_c(t)+(I_P(t)-R_c\cdot I(t))-(\varepsilon_P(t)-\varepsilon_\varphi(t))] \tag{5-132}$$

由于对于连续观测的相位观测值,其整周模糊度 N_{c} 为一个常数。由式(5-132)可以看出,在历元间进行求差,可以建立周跳检验量。

$$\begin{aligned}\Delta N_{\mathrm{c}}=N_{\mathrm{c}}(t_{i+1})-N_{\mathrm{c}}(t_i)=\varphi_c(t_{i+1})-\varphi_c(t_i)-\frac{P(t_{i+1})-P(t_i)}{\lambda_{\mathrm{c}}}+\\ \frac{(I_P(t_{i+1})-I_P(t_i))-R_c\cdot(I(t_{i+1})-I(t_i))}{\lambda_{\mathrm{c}}}-\\ \frac{(\varepsilon_P(t_{i+1})-\varepsilon_P(t_i))-(\varepsilon_{\varphi_c}(t_{i+1})-\varepsilon_{\varphi_c}(t_i))}{\lambda_{\mathrm{c}}}\end{aligned} \tag{5-133}$$

当历元间电离层延迟变化较小时,其得到的周跳检验量为

$$\Delta N_{\mathrm{c}}=N_{\mathrm{c}}(t_{i+1})-N_{\mathrm{c}}(t_i)=\varphi_c(t_{i+1})-\varphi_c(t_i)-\frac{P(t_{i+1})-P(t_i)}{\lambda_{\mathrm{c}}} \tag{5-134}$$

由式(5-132)和式(5-134)可知,周跳检验量的精度受到电离层延迟在历元间变化、伪距和载波相位测量观测值的观测噪声和组合载波的波长大小的影响。电离层通过两次做差后对周跳探测影响很小,相同条件下,波长越长周跳估计越精确。因此,要利用该方法进行周跳的探测与修复,要注重采样率的大小和组合波长的长度。

5.4.2　三频伪距/相位组合探测周跳的方法

利用三个线性无关的探测量构造出方程组,通过方程组的解算求得各个频率上的周跳值。在实际探测和修复过程中,计算出三种组合探测出来的周跳值后,将其代入下式:

$$\left.\begin{aligned} i_1\Delta N_1 + j_1\Delta N_2 + k_1\Delta N_3 = \Delta N_{c1} \\ i_2\Delta N_1 + j_2\Delta N_2 + k_2\Delta N_3 = \Delta N_{c2} \\ i_3\Delta N_1 + j_3\Delta N_2 + k_3\Delta N_3 = \Delta N_{c3} \end{aligned}\right\} \tag{5-135}$$

式中 $\Delta N_{c1},\Delta N_{c2},\Delta N_{c3}$—— 探测出的周跳检测量；

ΔN_1、ΔN_2、ΔN_3—— 分别为三个频率上发生的周跳值；

$i_n,j_n,k_n(n=1,2,3)$—— 选取的组合观测的系数。

通过对该方程组的求解，可得到每个载波上的周跳值。将式(5-135) 写成矩阵形式为

$$\begin{bmatrix} i_1 & j_1 & k_1 \\ i_2 & j_2 & k_2 \\ i_3 & j_3 & k_3 \end{bmatrix} \begin{bmatrix} \Delta N_1 \\ \Delta N_2 \\ \Delta N_3 \end{bmatrix} = \begin{bmatrix} \Delta N_{c1} \\ \Delta N_{c2} \\ \Delta N_{c3} \end{bmatrix} \tag{5-136}$$

令

$$\boldsymbol{H} = \begin{bmatrix} i_1 & j_1 & k_1 \\ i_2 & j_2 & k_2 \\ i_3 & j_3 & k_3 \end{bmatrix}, \quad \boldsymbol{x} = \begin{bmatrix} \Delta N_1 \\ \Delta N_2 \\ \Delta N_3 \end{bmatrix}, \quad \boldsymbol{y} = \begin{bmatrix} \Delta N_{c1} \\ \Delta N_{c2} \\ \Delta N_{c3} \end{bmatrix}$$

则式(5-135) 可写为

$$\boldsymbol{y} = \boldsymbol{Hx} \tag{5-137}$$

为了保证能利用式(5-135)、式(5-137) 来恢复基础载波周跳值，不仅要求矩阵 $\boldsymbol{H}$ 可逆，而且要求其行列式为 ± 1。

5.4.2.1 组合观测值的选取

结合上述内容介绍，选取适合在伪距／载波组合探测周跳时的组合系数。其组合系数的选取尽量满足如下条件：

为减少历元间多路径、电离层延迟变化量和伪距噪声的影响，组合的波长应尽量长；选取 $\min\ (i^2+j^2+k^2)$ 以降低观测噪声的影响；α_{ion} 尽量小，以降低电离层延迟残差的影响。

令

$$K_{ijk} = \frac{\alpha_{\text{ion}}}{\lambda_c} \tag{5-138}$$

根据误差传播定律，将周跳方差记为

$$\sigma^2_{\Delta N_c} = (i^2+j^2+k^2)\cdot\sigma^2_{\Delta\varepsilon_\varphi} + \sigma^2_P/\lambda^2_c + K^2_{ijk}\cdot\Delta I^2 \tag{5-139}$$

则得到 GPS 最佳组合观测值的选取标准为

$$\left.\begin{aligned} &\sigma^2_{\Delta N_c} = (i^2+j^2+k^2)\cdot\sigma^2_{\Delta\varepsilon_\varphi} + \sigma^2_P/\lambda^2_c + K^2_{ijk}\cdot\Delta I^2 \\ &\lambda_c > 2.93 \end{aligned}\right\} \tag{5-140}$$

由于北斗系统中码元宽度较大的是调制在 B3 上的测距码，由多频组合观测值理论和北斗频率特点，采用调制在 B3 上伪距观测值 P3，则可以得到北斗最佳组合观测值的选取标准为

$$\left.\begin{aligned} &\sigma^2_{\Delta N_c} = (i^2+j^2+k^2)\cdot\sigma^2_{\Delta\varepsilon_\varphi} + \sigma^2_P/\lambda^2_c + K^2_{ijk}\cdot\Delta I^2 \\ &\lambda_c > 3 \end{aligned}\right\} \tag{5-141}$$

由式(5-140) 和式(5-141) 可以看出，在进行观测值组合的选取过程中，北斗数据选取的最小波长的基点要高于 GPS 的选取的最小组合的波长。但是，在具体的选取过程中，选取组

合的波长的大小还要进行比较。

5.4.2.2　组合系数的选取

结合最佳组合观测值的选取标准，设定 i,j,k 在区间[−10,10]中取值。根据不同的观测条件，设定北斗和 GPS 的伪距噪声为 0.3 m、0.6 m 和 3 m。设定载波噪声为 0.02 周，伪距的组合系数为 1/3，历元间电离层延迟残差为 0.003 m。通过搜索可以得到许多组的相位组合。为减少计算量，选取时系数尽量趋近于零，并消去波长等判断条件相同的组合，得到以下相位组合，见表 5－18 和表 5－19。

表 5－18　北斗(BD)系统伪距/载波相位组合

i	j	k	λ	K_{ijk}	$\sigma_{\Delta N_c}$		
					$\sigma_P=0.3$	$\sigma_P=0.6$	$\sigma_P=0.3$
7	−8	−1	146.628 0	1.674 4	0.151 1	0.151 2	0.153 8
5	3	−9	29.325 5	0.449 2	0.152 4	0.154 4	0.209 6
−8	3	7	24.437 9	1.250 9	0.157 2	0.160 1	0.233 6
−1	−5	6	20.946 8	−0.006 6	0.113 2	0.118 5	0.231 1
−3	6	−2	13.329 8	−6.996 1	0.106 1	0.119 6	0.334 0
4	−2	−3	12.219 0	4.382 2	0.084 7	0.103 9	0.355 7
−4	1	4	8.146 0	2.609 2	0.096 8	0.132 3	0.527 2
3	−7	3	7.717 2	−3.439 0	0.128 6	0.160 0	0.561 9
1	4	−5	6.375 1	0.070 1	0.113 3	0.161 6	0.671 8
8	−4	−6	6.109 5	8.764 3	0.169 5	0.207 8	0.711 4
−5	−4	10	5.865 1	1.612 2	0.182 9	0.221 7	0.742 6
−7	7	2	5.056 1	10.958 3	0.168 9	0.222 8	0.851 8
0	−1	1	4.887 6	−0.156 1	0.089 1	0.174 8	0.868 3
7	−9	0	4.729 9	−21.996 5	0.196 0	0.250 1	0.913 7
−2	10	−7	4.312 6	−5.667 9	0.201 4	0.263 8	0.999 4
5	2	−8	4.189 4	5.044 8	0.170 5	0.244 6	1.022 0
−8	2	8	4.073 0	5.218 3	0.193 6	0.264 7	1.054 4
−1	−6	7	3.962 9	−0.086 2	0.169 3	0.251 1	1.078 6
−3	5	−1	3.576 3	16.070 9	0.153 0	0.256 2	1.190 3
4	−3	−2	3.491 1	−33.552 9	0.175 2	0.273 9	1.221 8
2	8	−10	3.187 6	0.140 2	0.226 5	0.323 2	1.343 6
−4	0	5	3.054 7	4.270 2	0.166 3	0.292 4	1.391 9

表5-19 GPS系统伪距/载波相位组合

i	j	k	λ	K_{ijk}	$\sigma_{\Delta N_c}$		
					$\sigma_P=0.3$	$\sigma_P=0.6$	$\sigma_P=3$
−6	1	7	29.325 5	24.457 1	0.151 0	0.153 0	0.208 6
4	−8	3	29.325 5	−11.811 8	0.138 8	0.141 0	0.200 0
−1	8	−7	29.325 5	−0.563 2	0.151 7	0.153 8	0.209 1
−7	9	0	14.662 8	23.893 9	0.178 8	0.185 7	0.338 9
3	0	−4	14.662 8	−12.375 0	0.084 9	0.098 6	0.300 2
−2	−7	10	14.662 8	12.645 2	0.181 3	0.188 1	0.340 2
7	−8	−1	9.775 2	−24.186 9	0.173 1	0.188 7	0.465 2
−3	1	3	9.775 2	12.082 0	0.083 7	0.112 5	0.439 9
6	0	−8	7.331 4	−24.750 1	0.169 9	0.197 3	0.600 3
−9	2	10	7.331 4	36.539 1	0.228 8	0.249 8	0.619 6
1	−7	6	7.331 4	0.270 2	0.143 4	0.174 9	0.593 4
−4	9	−4	7.331 4	11.518 8	0.164 8	0.192 8	0.598 9
0	1	−1	5.865 1	−0.293 0	0.075 1	0.146 1	0.723 6
−10	10	3	5.865 1	35.975 9	0.242 2	0.272 7	0.759 4
10	−8	−5	5.865 1	−36.561 9	0.234 7	0.266 0	0.757 0
−6	2	6	4.887 6	24.164 1	0.167 3	0.224 9	0.879 7
−1	9	−8	4.887 6	−0.856 2	0.191 7	0.243 6	0.884 7
4	−7	2	4.887 6	−12.104 9	0.150 5	0.212 7	0.876 7
−2	−6	9	4.189 4	12.352 2	0.189 3	0.258 1	1.025 3
−7	10	−1	4.189 4	23.600 9	0.212 8	0.275 7	1.029 9
3	1	−5	4.189 4	−12.668 1	0.136 7	0.222 4	1.016 9
7	−7	−2	3.665 7	−24.479 9	0.198 0	0.281 7	1.168 5
−3	2	2	3.665 7	11.789 0	0.134 3	0.241 3	1.159 4
1	−6	5	3.258 4	−0.022 8	0.171 3	0.283 2	1.306 8
−9	3	9	3.258 4	36.246 1	0.251 0	0.337 4	1.319 6
−4	10	−5	3.258 4	11.225 8	0.215 1	0.311 7	1.313 3
0	2	−2	2.932 6	−0.58 60	0.150 1	0.292 1	1.447 3
6	1	−9	3.258 4	−25.043 1	0.214 9	0.311 5	1.313 2
10	−7	−6	2.932 6	−36.854 9	0.264 9	0.364 6	1.463 7

由表5-18和表5-19可知，在相同的搜索范围内，北斗系统和GPS系统中的不同系数组成了不同的波长组合。表中数据是以波长的大小进行排列的，并依据最佳组合观测值的选取标准进行选取得到的。

为得到最好的组合，除了考虑波长因素外，对电离层因子和周跳检验量标准差也要进行考核。如在北斗系统的组合中，(7，−8，−1)组合得到的波长最大，但是其电离层延迟影响和周跳检验量的标准差与其他的一些组合比较还是比较大的。因此，选取无周跳的观测值，将表中的组合值代入式(5－135)，得到结果如图 5－22 和图 5－23 所示。

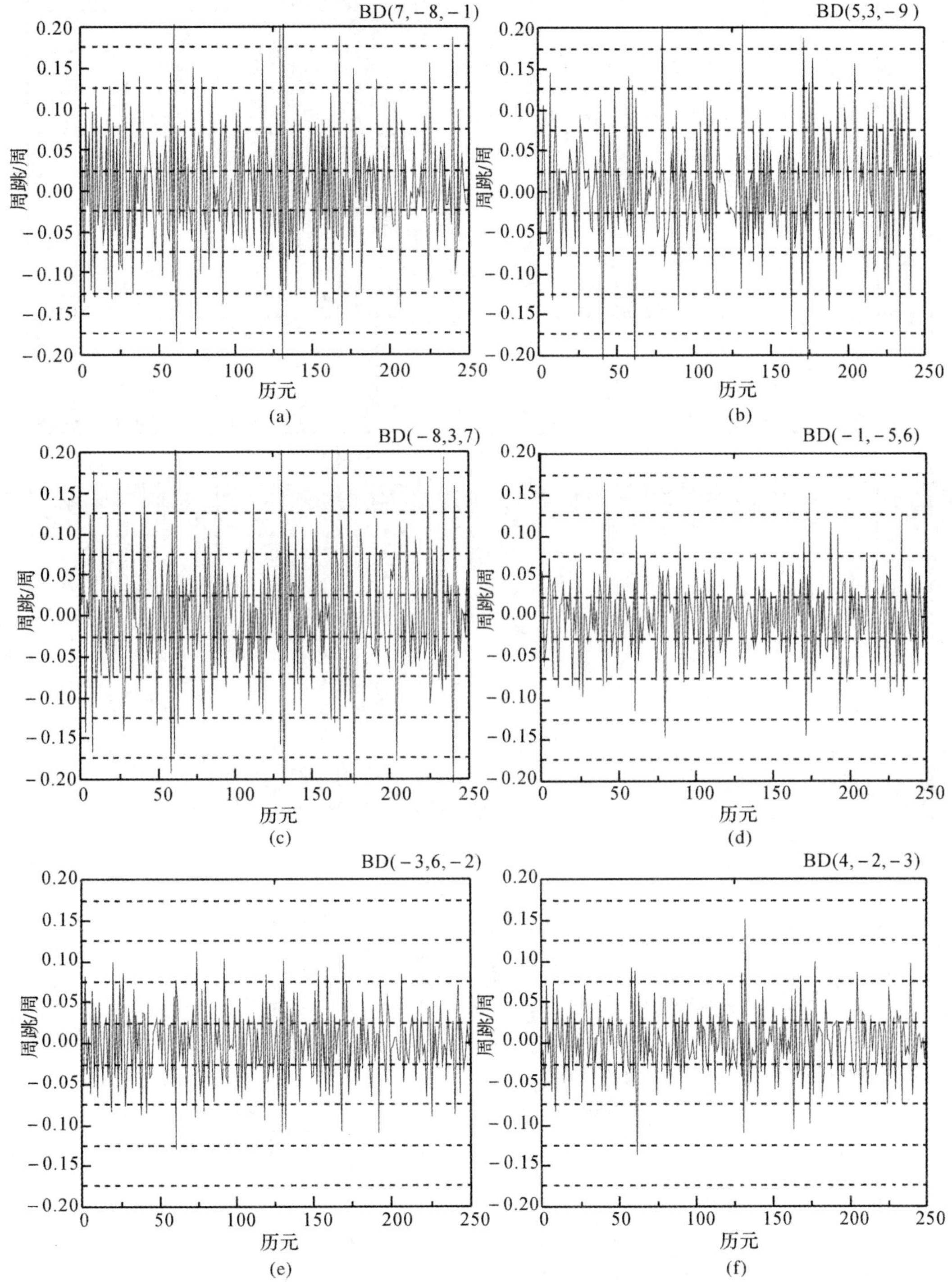

图 5－22　北斗(BD)系统各组合周跳检测量结果

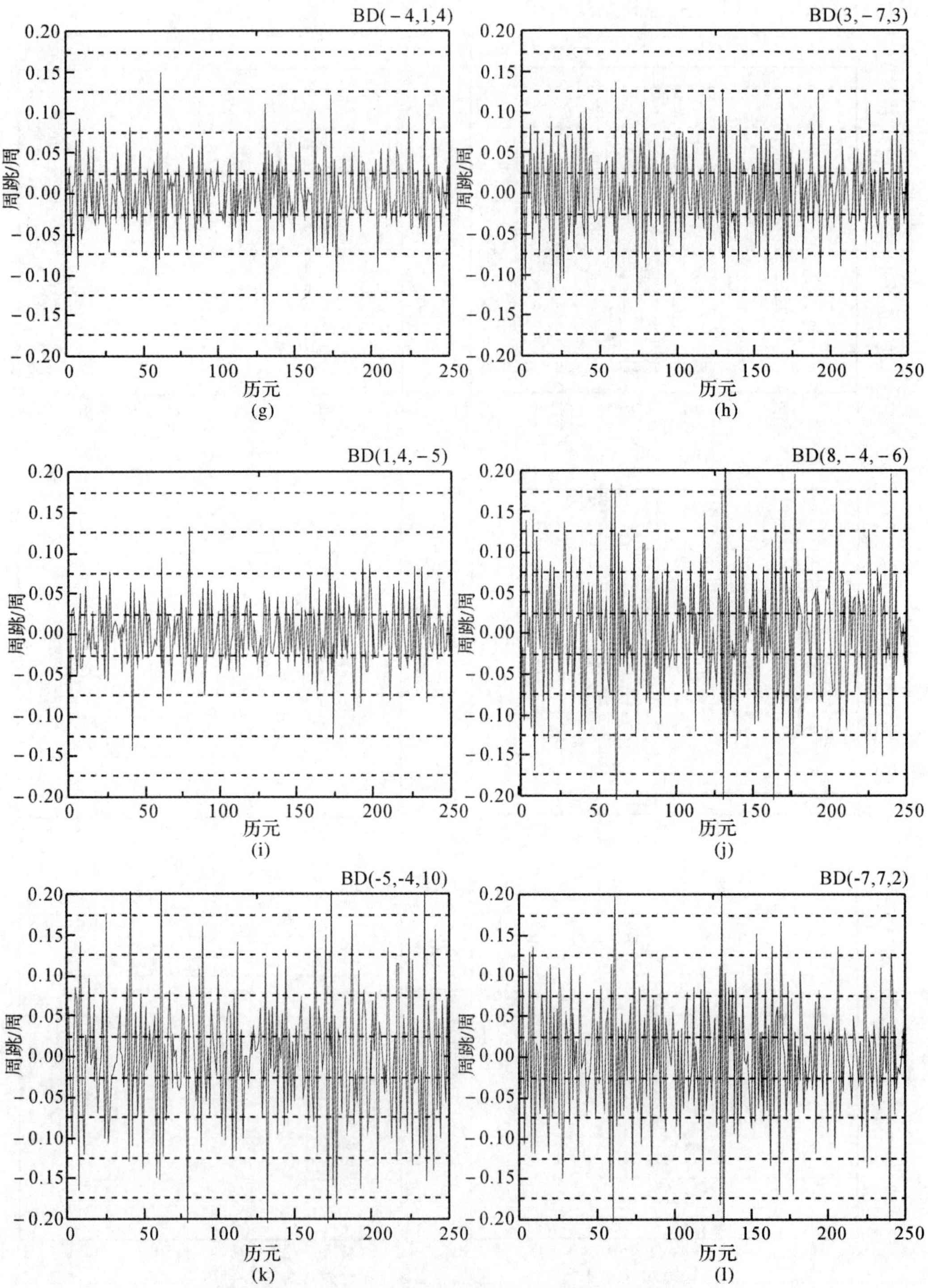

续图 5-22 北斗(BD)系统各组合周跳检测量结果

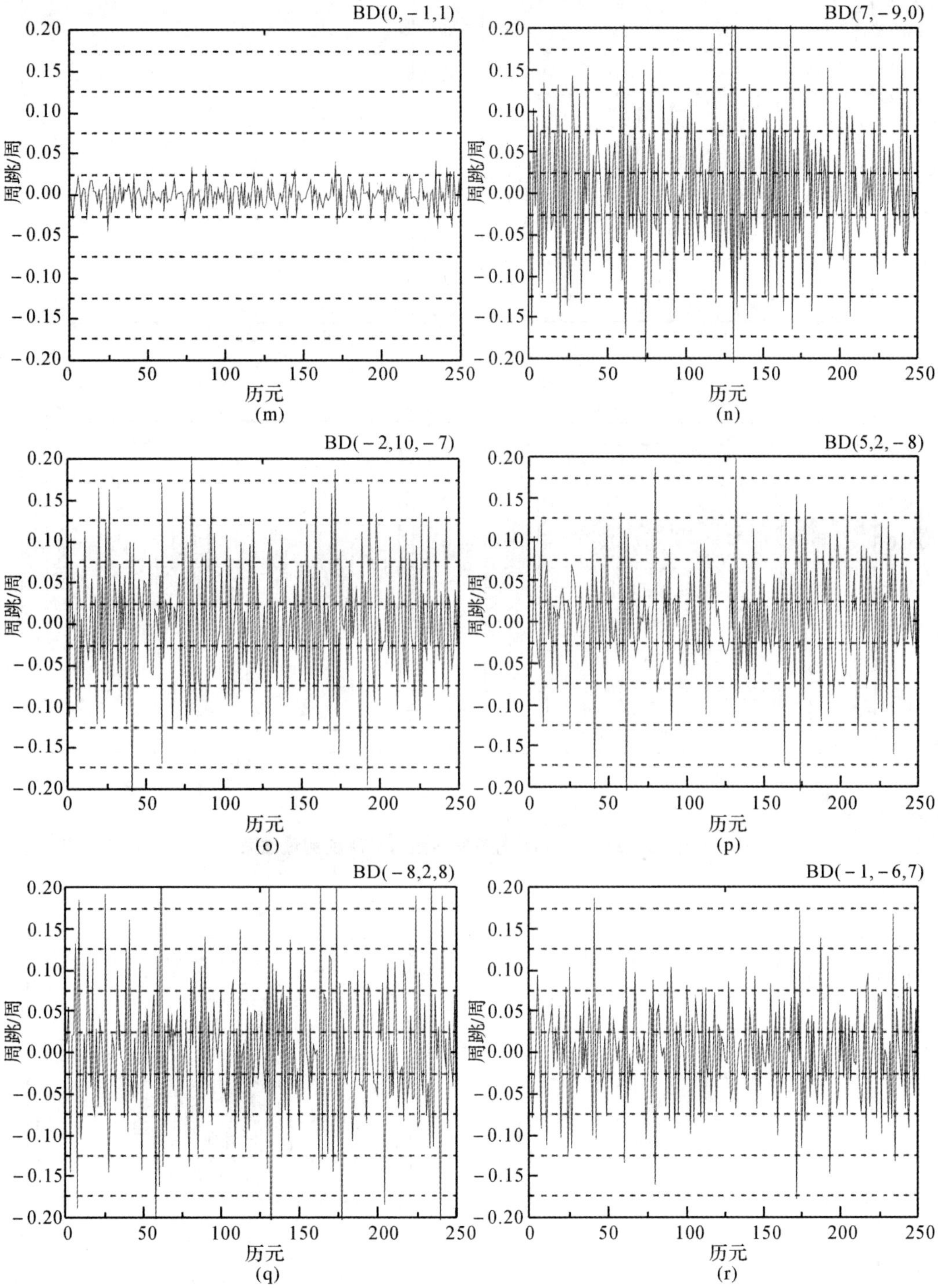

续图 5-22　北斗(BD)系统各组合周跳检测量结果

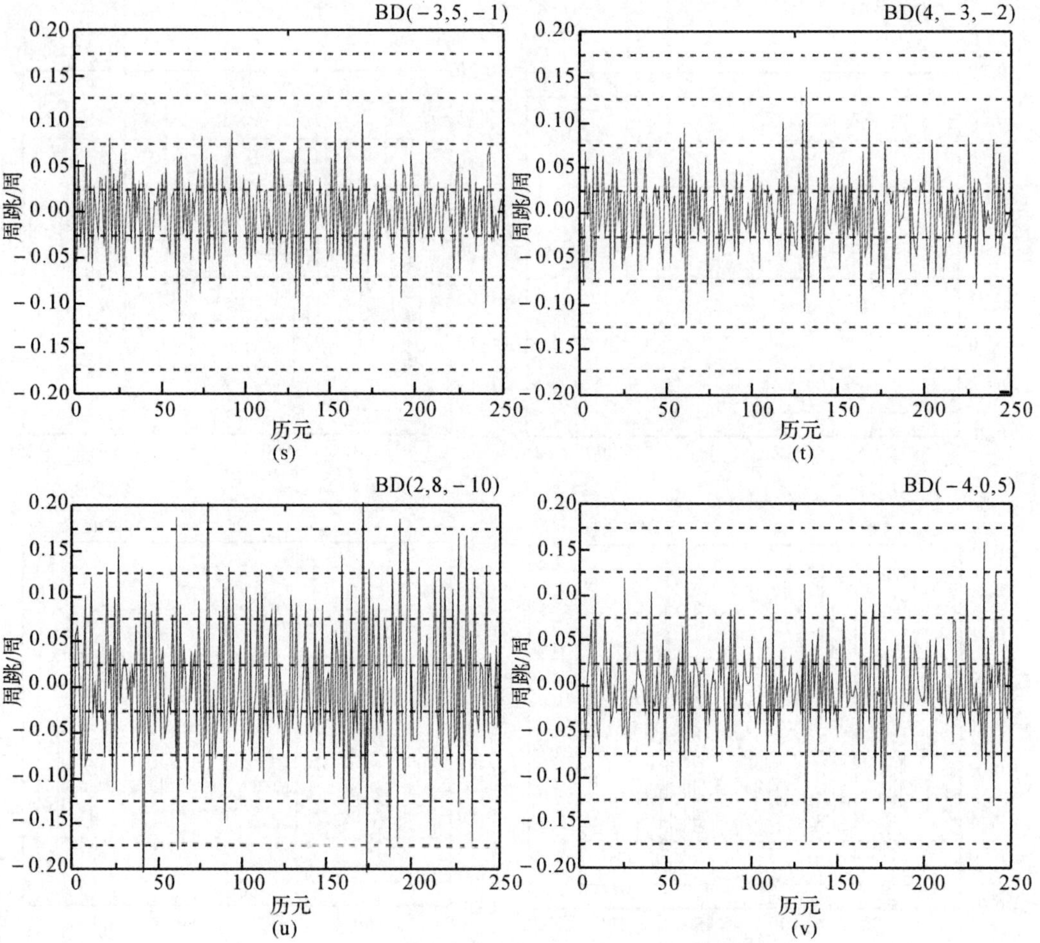

续图 5-22 北斗(BD)系统各组合周跳检测量结果

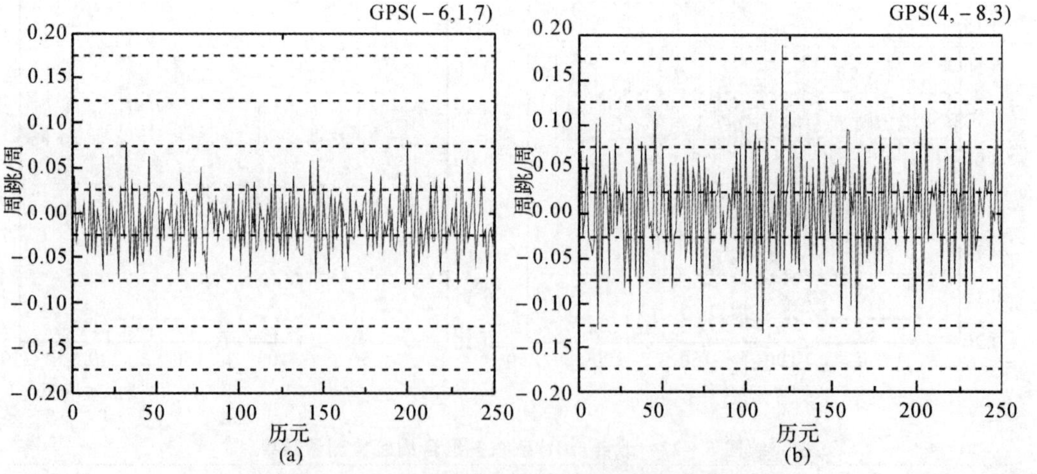

图 5-23 GPS 系统各组合周跳检测量结果

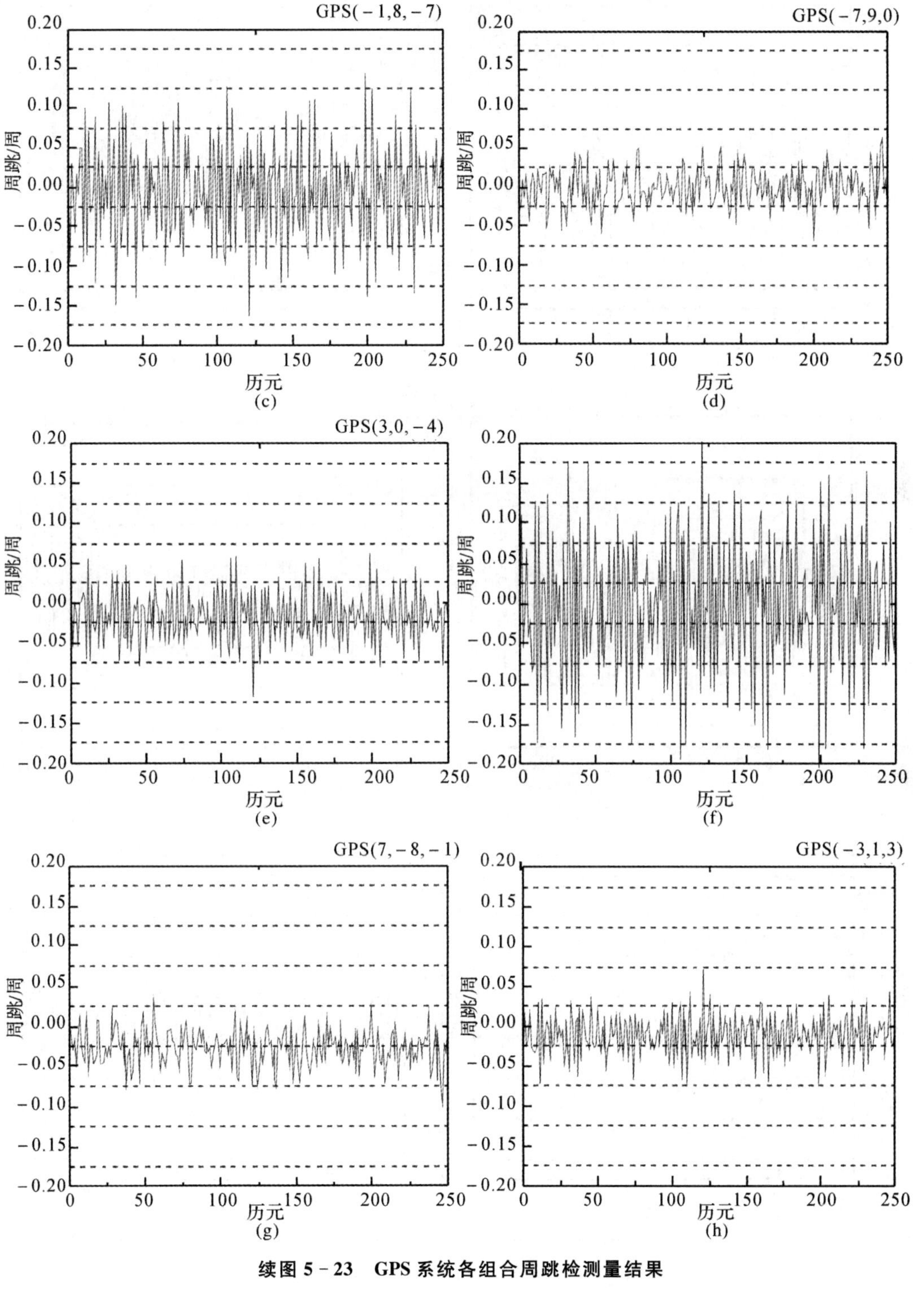

续图 5－23 GPS 系统各组合周跳检测量结果

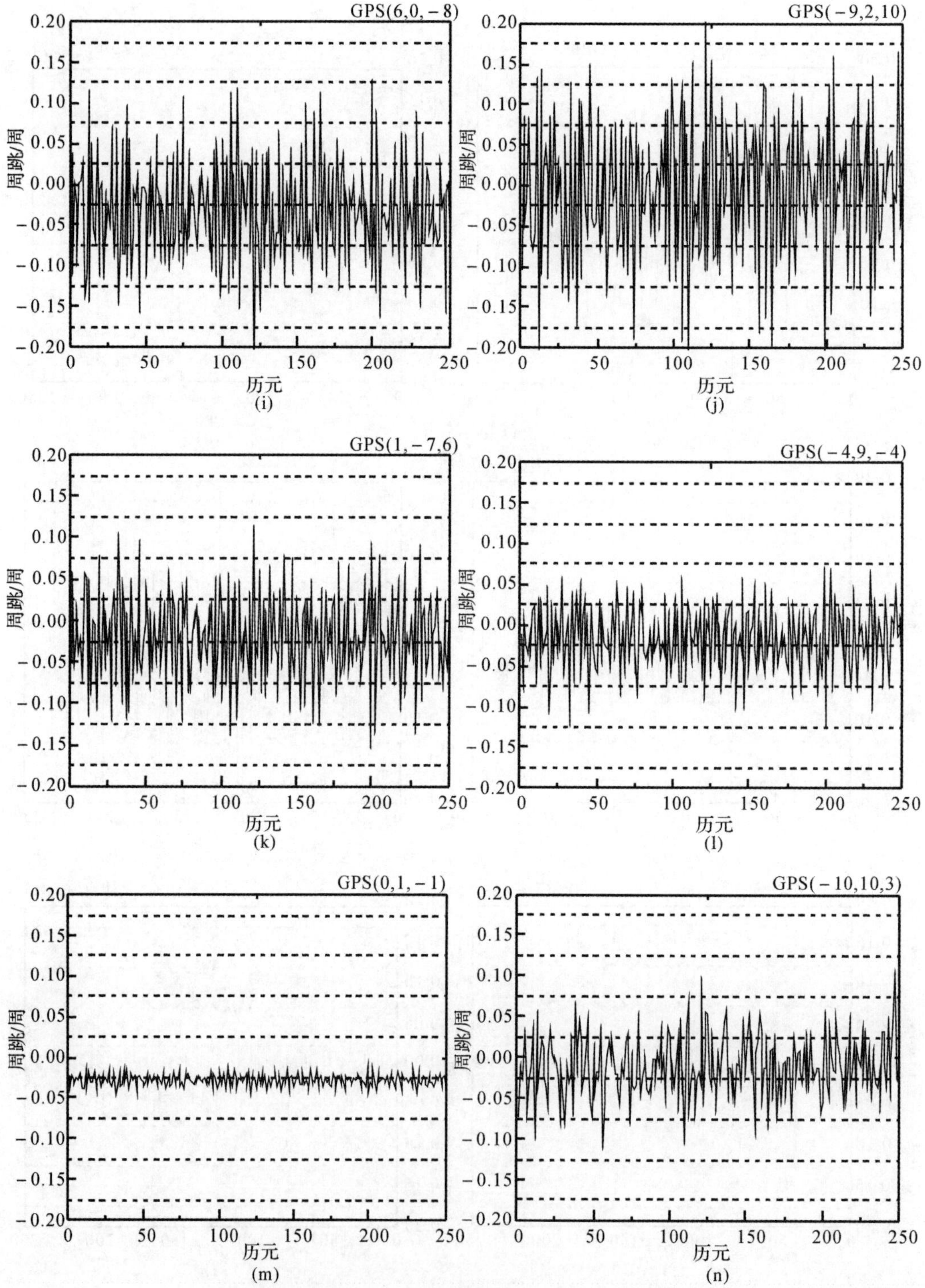

续图 5-23　GPS系统各组合周跳检测量结果

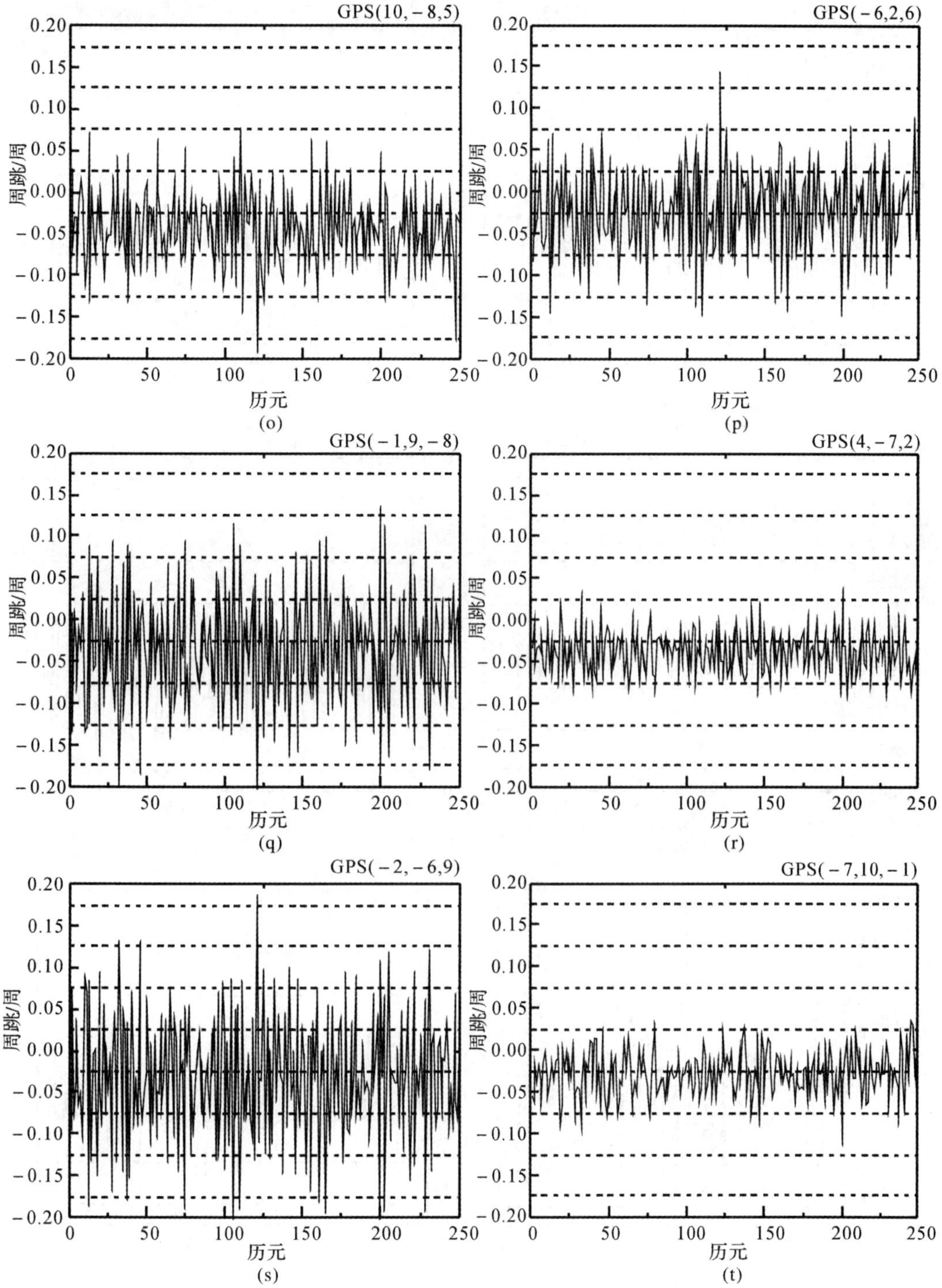

续图 5－23　GPS 系统各组合周跳检测量结果

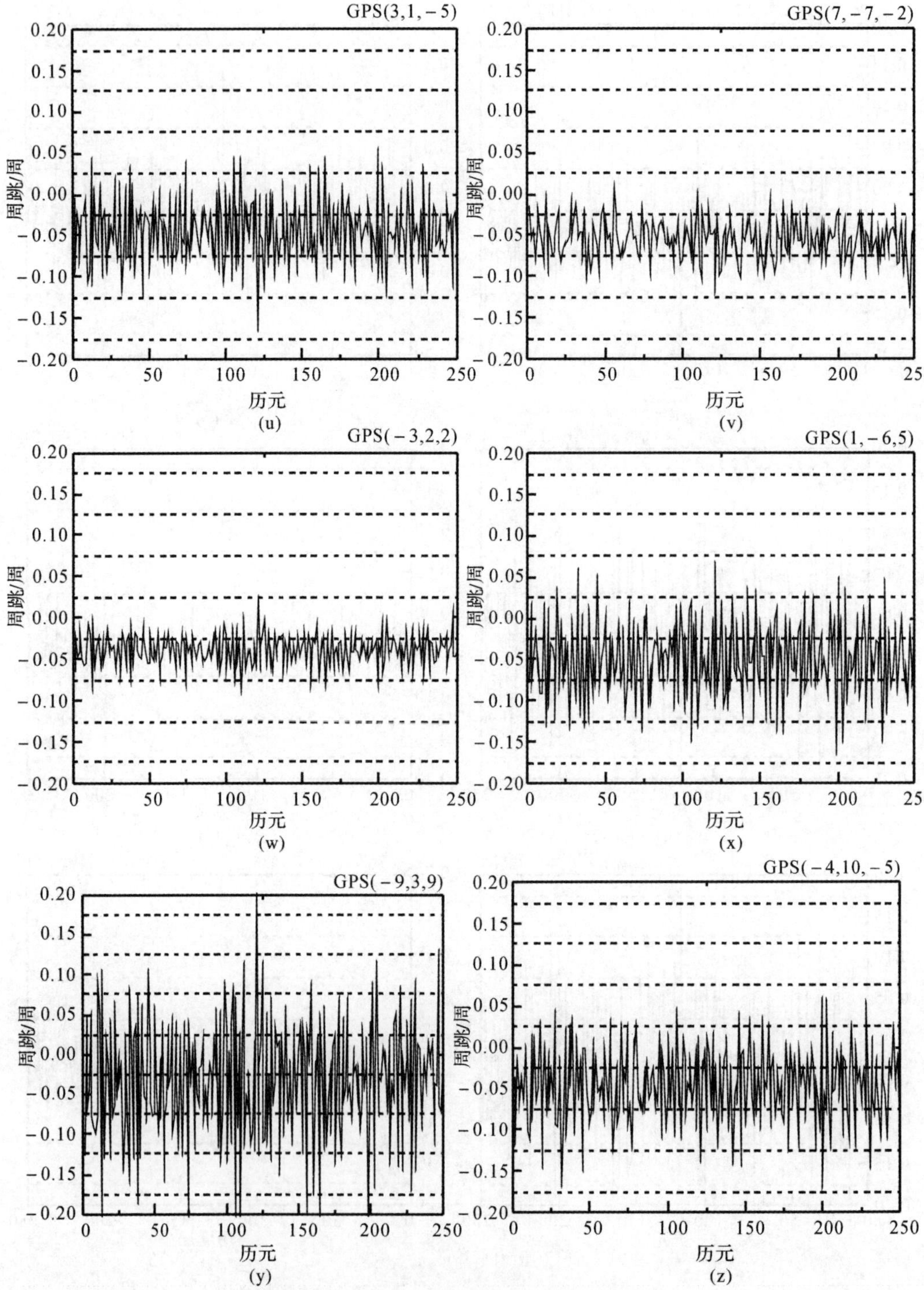

续图 5-23　GPS 系统各组合周跳检测量结果

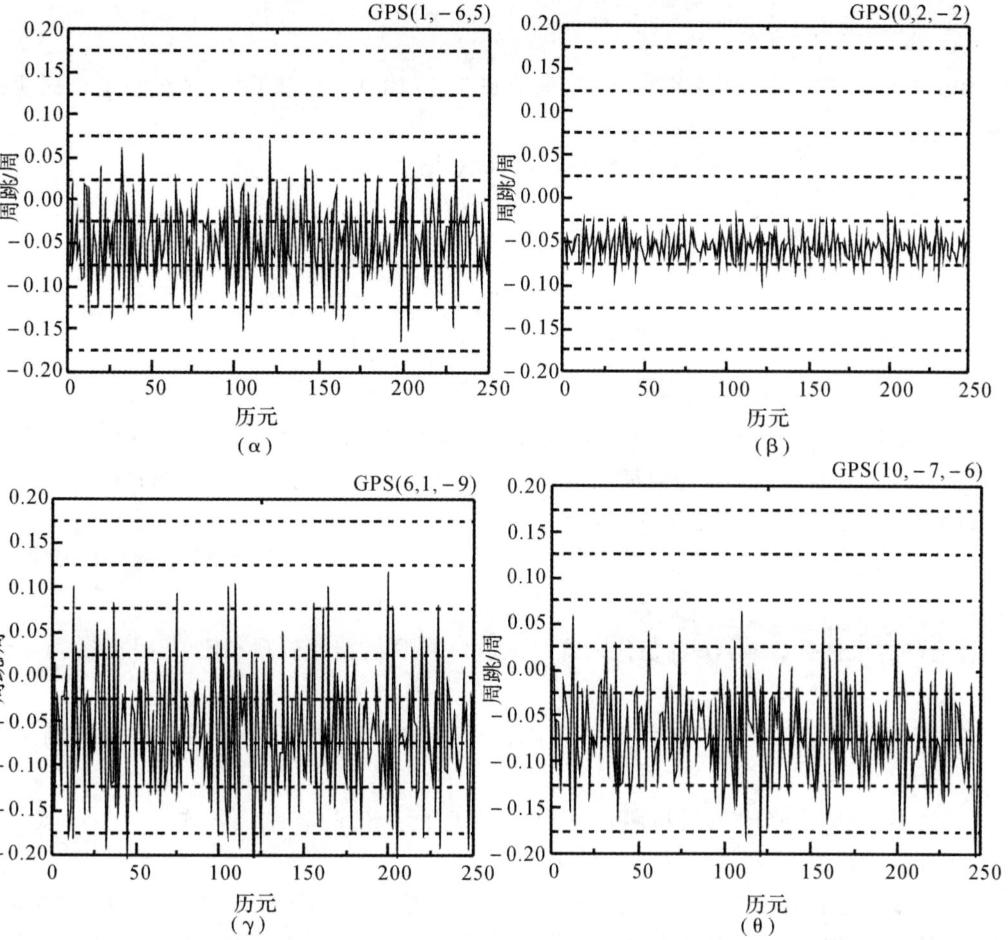

续图 5－23　GPS 系统各组合周跳检测量结果

结合表 5－18 和图 5－22 可知，由北斗的多频组合(7，－8，－1)得到的组合的波长达到 146.628 m，这对于周跳的探测和修复有着很大的好处，但是，在实验的组合周跳检测量中，其结果并不尽如人意，部分结果大于 0.2 周，这相对于其他的一些组合，周跳探测结果并不高。这样组合还有(－8,3,7)、(8，－4，－6)、(－5，－4，10)、(7，－9，0)和(－8，2，－8)。对于组合(－3，6－2)，其组合在实验中的表现较好，周跳检验量大部分小于 0.15 周。然而，组合中的电离层延迟系数较大，这对周跳的探测不利，在有其他选择的情况下，可以作为备用的组合。这样的组合还有(4，－2，－3)、(3，－7，3)、(－7，7，2)、(－2，10，－7)、(5，2，－8)、(－3，5，－1)、(4，－3，－2)和(－4，0，5)。结合以上分析，并考虑综合要求，选取组合(－1，－5，6)、(0，－1，1)、(－4，1，4)作为北斗(BD)多频探测周跳的组合。

结合表 5－19 和图 5－23 可知，大部分组合在实验中的周跳检测量都在 0.2 周内，能够进行 1 周以上周跳的探测。为了对选取的组合进行优化选择，除去电离层延迟系数较大的组合，顾及综合要求，选取组合(－1，8，－7)、(3，0，－4)、(0，1，－1)作为 GPS 探测周跳的组合。

5.4.2.3 周跳探测分析

由 5.4.2.2 节选取的周跳组合系数，可得到北斗(BD)系统和 GPS 系统的组合周跳探测方程分别为

$$\begin{bmatrix} -1 & -5 & 6 \\ 0 & -1 & 1 \\ -4 & 1 & 4 \end{bmatrix} \begin{bmatrix} \Delta N_1 \\ \Delta N_2 \\ \Delta N_3 \end{bmatrix} = \begin{bmatrix} \Delta N_{c1} \\ \Delta N_{c2} \\ \Delta N_{c3} \end{bmatrix} \tag{5-142}$$

$$\begin{bmatrix} -1 & 8 & -7 \\ 3 & 0 & -4 \\ 0 & 1 & -1 \end{bmatrix} \begin{bmatrix} \Delta N_1 \\ \Delta N_2 \\ \Delta N_5 \end{bmatrix} = \begin{bmatrix} \Delta N_{c1} \\ \Delta N_{c2} \\ \Delta N_{c5} \end{bmatrix} \tag{5-143}$$

分析式(5 - 142)和式(5 - 143)，求出每组数据中的$[\Delta N_{c1} \quad \Delta N_{c2} \quad \Delta N_{c3}]^{T}$、$[\Delta N_{c1} \quad \Delta N_{c2} \quad \Delta N_{c5}]^{T}$，可得到每个频率中的周跳量。运用式(5 - 142) 和式(5 - 143) 求取每个频率上的周跳量的步骤如下：

(1) 得到组合观测方程：

$$\varphi_c(t) = i\varphi_1(t) + j\varphi_2(t) + k\,\varphi_3(t) \tag{5-144}$$

将选取的组合系数 i,j,k 的值代入式(5 - 144) 得到组合相位观测值。这里选取了 $i=j=k=1/3$。

(2) 将由第(1) 步中得到的组合值代入式(5 - 133)，进行历元间做差得到检测量 ΔN_c 序列。

(3)由第(2)步得到的三组检测量序列，依照时间序列的方向代入式(5 - 142)或式(5 - 143)，通过解方程组，求得每个频率的周跳量。

(4)将解得的周跳量的值的整数部分代替该周跳相位的整数部分，对第(1)步中的组合观测值进行修复。修复后，继续进行下一历元的周跳探测，直到最后一个历元。

5.4.2.4 实例分析

为了对以上理论分析进行验证，选取了北京房山站 2015 年 7 月 20 日的北斗 C03 号卫星观测数据和 IGS 站提供的 2015 年 1 月 11 日的 GPS G03 卫星的观测数据。经过检测，选取的数据中没有周跳。在原始观测数据中人工模拟加入周跳，见表 5 - 20。

表 5 - 20 人工模拟加入的周跳

历元	100	300	500
周跳值/周	(1,0,0)	(1,10,0)	(1,10,−5)

加入人工模拟周跳后，运用伪距/相位组合法进行周跳探测，得到每组周跳探测情况如图 5 - 24 和图 5 - 25 所示。

从图 5 - 24 和图 5 - 25 可以看出，通过组合后，运用伪距相位组合能够探测出 1 周以上的周跳值，并在相应的历元处，正确地识别出了周跳。北斗组合中的(−4,1,4)、(−1,−5,6)和 GPS 组合中的(3,0,−4)在加入人工模拟周跳的三个历元处都识别出了周跳。北斗组合中的(0,−1,1)和 GPS 组合中的(0,1,−1)组合，在第 100 历元处的理论周跳值为 0，因此，在图中

没有周跳识别。GPS 组合中的(−1,8,−7)组合中的第 100 历元处的理论周跳值为−1,相对于第 500 历元处的周跳值,其值太小,在图中并没有明显地显示出来,这要结合计算出的周跳检验量进行识别。

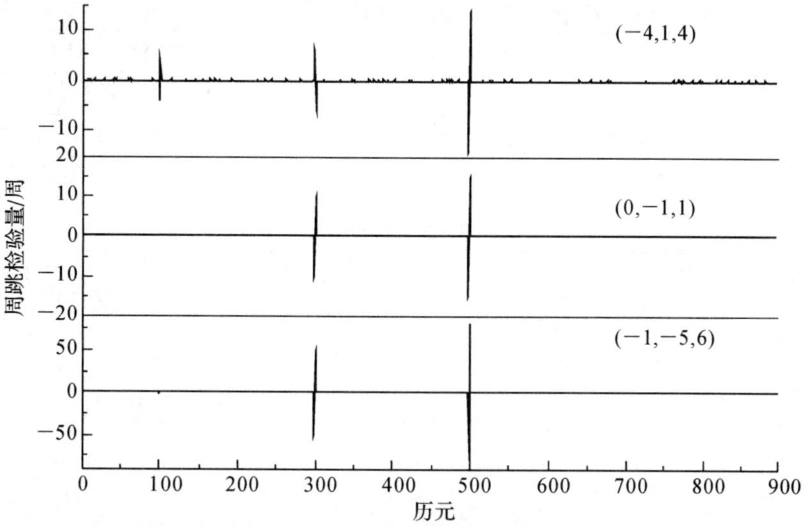

图 5 - 24　BD 组合周跳探测结果

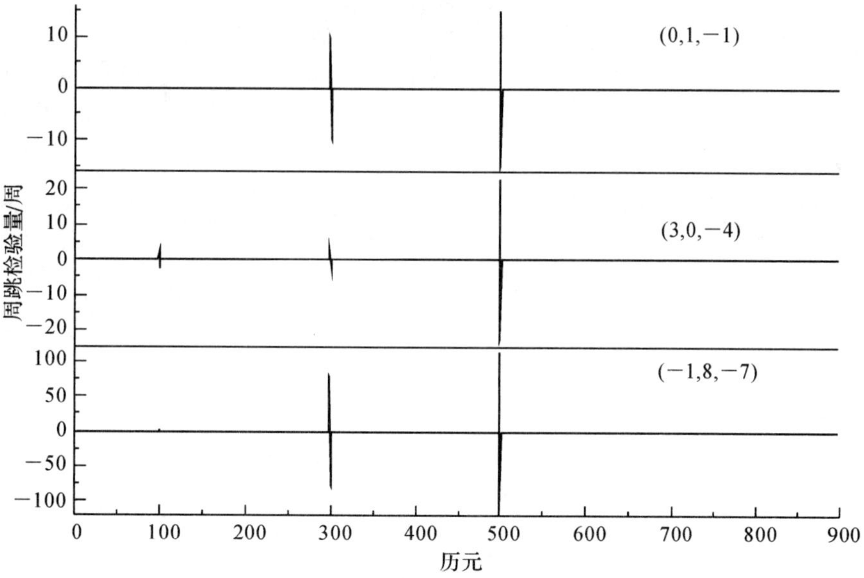

图 5 - 25　GPS 组合周跳探测结果

结合表 5 - 20 可以看出,在加入人工模拟周跳时,本节分为了三个层次:在 100 历元处,只在 L1 频率上加入了 1 周的周跳;在 300 历元处,在 L1 和 L2 处分别加入了 1 周和 10 周的周跳;在 500 历元处,三频频率上都加入了周跳。这样就可以验证不同情况下的组合探测周跳的能力。

计算出周跳检验量后,代入式(5 - 142)和式(5 - 143),可以反向计算出每个频率中的周跳值。每个载波上计算出的计算值见表 5－21 和表 5－22 。

表 5－21　BD 系统周跳探测结果

单位:周

历元	加入的周跳值			理论周跳检测量			实际周跳检测量			计算出的周跳值		
	L1	L2	L3	(−1,−5,6)	(0,−1,1)	(−4,1,4)	(−1,−5,6)	(0,−1,1)	(−4,1,4)	L1	L2	L3
100	1	0	0	−1	0−4	−0.996 05	0.003 36		−4.001 98	1.065 6	0.049 4	0.052 8
300	1	10	0	−51	−10	6	−51.089 8	−10.022 8	5.965 09	0.821 3	9.868 3	−0.154 5
500	1	10	−5	−81	−15	−14	−80.990 9	−15.002 9	−14.029 1	0.850 0	9.876 5	−5.126 4

表 5－22　GPS 系统周跳探测结果

单位:周

历元	加入的周跳值			理论周跳检测量			实际周跳检测量			计算出的周跳值		
	L1	L2	L5	(−1,8,−7)	(3,0,−4)	(0,1,−1)	(−1,8,−7)	(3,0,−4)	(0,1,−1)	L1	L2	L5
100	1	0	0	−1	3	0	−1.009 02	2.991 54	−0.003 81	0.922 6	−0.059 7	−0.055 9
300	1	10	0	79	3	10	78.993 3	2.982 64	9.991 59	0.775 0	9.827 2	−0.164 4
500	1	10	−5	114	23	15	114.003 3	22.995	14.996	0.863 8	9.895 1	−5.100 9

通过计算出的周跳值,四舍五入后,得到每个频率上周跳值的整周数。通过以上分析可知,人工模拟加入的周跳值不超过 10 周,通过组合后其周跳探测量的值可以达到 114 周,能够提高探测周跳的概率。计算出实际周跳检验量后,代入式(5－142)和式(5－143),便可计算出每个频率上的周跳值。

第6章　基于 CCD/GNSS 多传感器的动态估计

对于分布式对地观测卫星系统，若采用卫星导航系统实现其导航，首先要保证对地观测卫星与导航卫星的可见性及可见星数，即导航卫星对对地观测卫星的覆盖情况要达到一定要求，导航卫星与对地观测卫星构成的空间几何关系要符合空间几何分布的精度要求。然后，在进行北斗/GNSS 对分布式对地观测卫星导航覆盖及精度分析的研究后，主要研究对地观测卫星之间近/远距离情况下的卫星导航算法及其与视觉导航的融合导航技术。最后，进行 CCD/GNSS 融合技术的地面实验验证。

6.1　北斗/GNSS 对分布式对地观测卫星导航覆盖及精度分析

星间可视是 BDS/GNSS 卫星对分布式对地观测卫星实现导航的基本条件。参考图5－2，可表达出 BDS/GNSS 卫星与分布式对地观测卫星星间可视状况如图 6－1 所示。

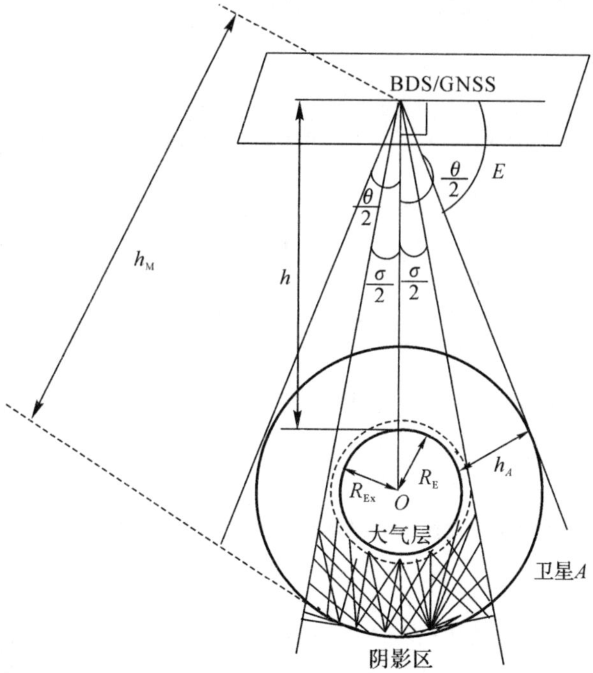

图 6－1　BDS/GNSS 卫星与分布式对地观测卫星可视示意图

根据 5.1.1 节内容，BDS/GNSS 导航星和分布式对地观测卫星 A 的通视区域是不受地球遮挡的区域。如图 6－1 所示，在阴影区，BDS/GNSS 导航星和分布式对地观测卫星 A 之间是互不可视的。为确保信号的接收及质量，并考虑大气折射对信号的影响，这里，可考虑给地球半径增加 $R_{Ex}=100\mathrm{km}$，增加被地球遮挡的区域，可提高 BDS/GNSS 对分布式对地观测卫星 A 的导航精度。以下给出 BDS/GNSS 导航星和分布式对地观测卫星 A 之间充分必要条件。

（1）满足第一个可视区域的充分必要条件为

$$\frac{\pi}{2}-\frac{\delta}{2}\geqslant|E|>\frac{\pi}{2}-\frac{\theta_{\mathrm{r}}}{2} \tag{6-1}$$

$$h_{\mathrm{M}}>R\geqslant(R_{\mathrm{E}}+h)^2-R_{\mathrm{Ex}}^2]^{\frac{1}{2}} \tag{6-2}$$

式中 $\frac{\delta}{2}$——$\frac{\delta}{2}=\arcsin\frac{R_{\mathrm{EX}}}{R_{\mathrm{E}}+h}$；

R_{Ex}——$R_{\mathrm{Ex}}=100\ \mathrm{km}$；

R——BDS/GNSS 导航星和分布式对地观测卫星 A 之间的距离；

h_{M}——$h_{\mathrm{M}}=(h+R_{\mathrm{E}})\cos\left(\frac{\delta}{2}\right)+\sqrt{(h+R_{\mathrm{E}})^2\cos^2\left(\frac{\delta}{2}\right)-(h+R_{\mathrm{E}})^2+(h_A+R_{\mathrm{E}})^2}$。

（2）满足第二可视区域的充分必要条件为

$$\frac{\pi}{2}\geqslant|E|>\frac{\pi}{2}-\frac{\sigma}{2} \tag{6-3}$$

$$[(R_{\mathrm{E}}+h)^2-R_{\mathrm{Ex}}^2]^{\frac{1}{2}}>R\geqslant(h-h_A) \tag{6-4}$$

根据北斗办发布的标准[109]，图 6－2 给出了 GPS 和 27 颗 BDS 中轨道 MEO 星的星座空间分布图。

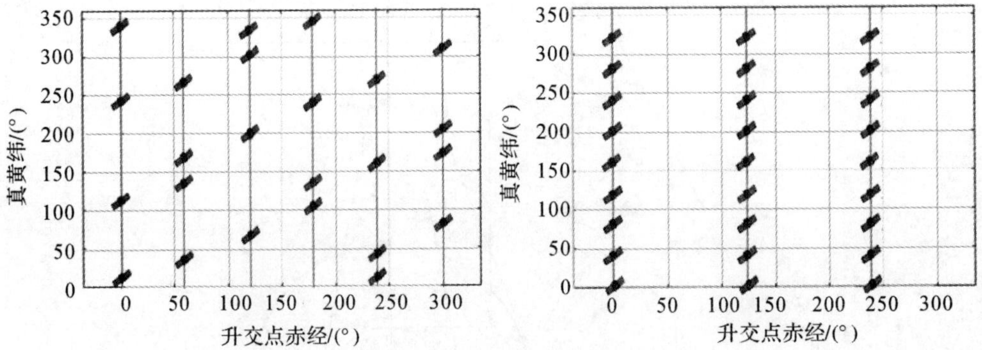

(a)　　　　(b)

图 6－2　BDS/GPS 星座的 MEO 星空间分布平面图

(a)GPS；(b)BDS

在上述理论和星座设计的基础上，给出分布式对地观测系统的主动卫星 A 和跟踪卫星 P 的轨道参数，见表 6－1。

表 6-1　卫星 A、P 相距 10 km 时的姿轨参数

	主动航天器 A	目标航天器 P
升交点赤经/(°)	0.0	0.0
轨道倾角/(°)	57.555	57.500
近地点幅角/(°)	0.0	0.0
偏心率	0.000 5	0.0
半长轴/km	7 051.004	7 051.004
过近地点时刻/s	0.0	0.0
初始滚转角/(°)	0.5	0.5
初始俯仰角/(°)	0.2	0.2
初始偏航角/(°)	0.5	0.4
滚转角速率/[(°)·s^{-1}]	5×10^{-7}	5×10^{-7}
俯仰角速率/[(°)·s^{-1}]	5×10^{-7}	5×10^{-7}
偏航角速率/[(°)·s^{-1}]	5×10^{-7}	5×10^{-7}

针对表 6-1 所给的主动卫星 A 和跟踪卫星 P 的轨道参数，进行了 GPS 卫星、GPS/BDS 组合导航的对 A 和 P 可见性及导航精度分析的仿真研究，结果如图 6-3～图 6-8 所示。

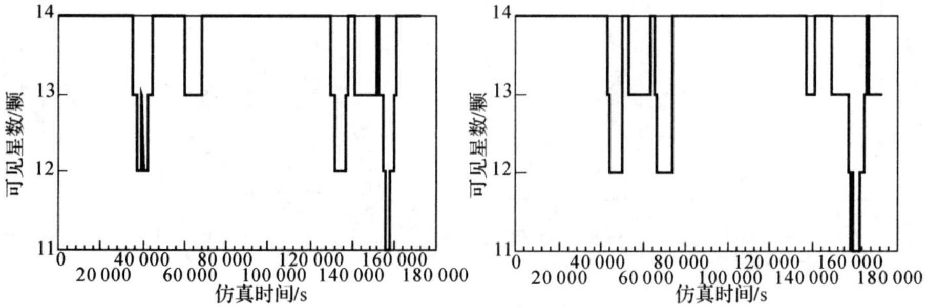

(a)　(b)

图 6-3　GPS 对 A、P 卫星的可见星数

(a)GPS 对 A 卫星的可见星数；　(b)GPS 对 P 卫星的可见星数

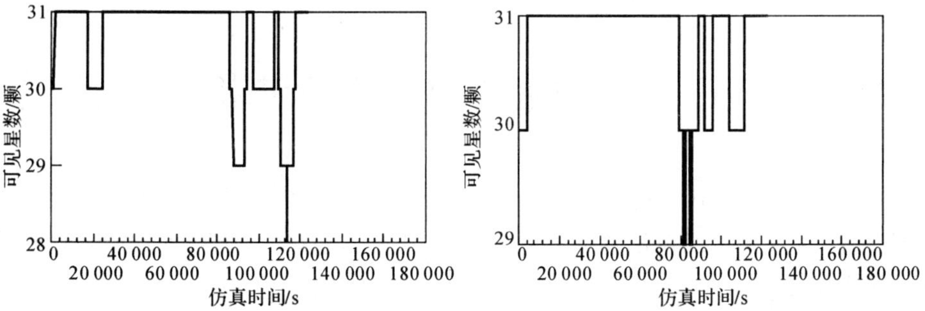

(a)　(b)

图 6-4　BDS/GPS 对 A、P 卫星的可见星数

(a)BDS/GPS 对 A 卫星的可见星数；　(b)BDS/GPS 对 P 卫星的可见星数

从仿真结果可以看出，对于卫星轨道高度 670 km 的卫星，GPS 的可见是数量约在 11～14 颗，远大于至少需要 4 颗可见星导航的条件；当 GPS/BDS 组合时，可见星数量可达到 28～31 颗。

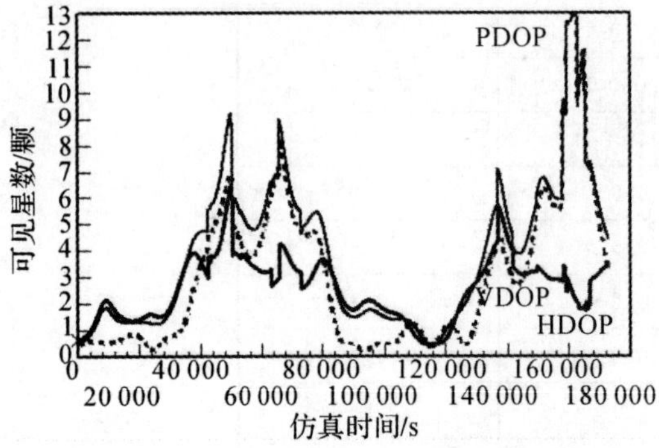

图 6-5　GPS 对卫星 *A* 的 DOP 值

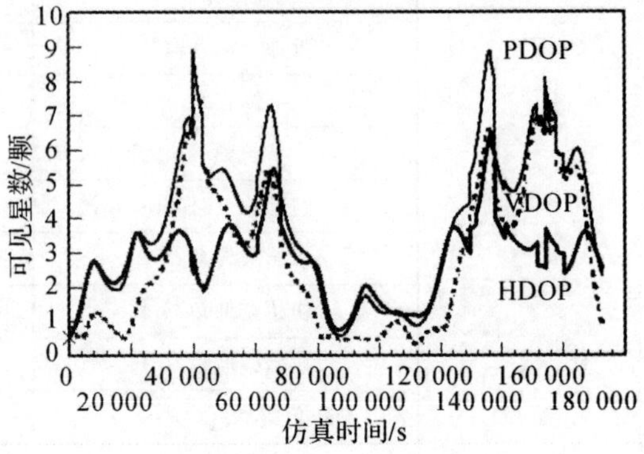

图 6-6　BDS/GPS 对卫星 *A* 的 DOP 值

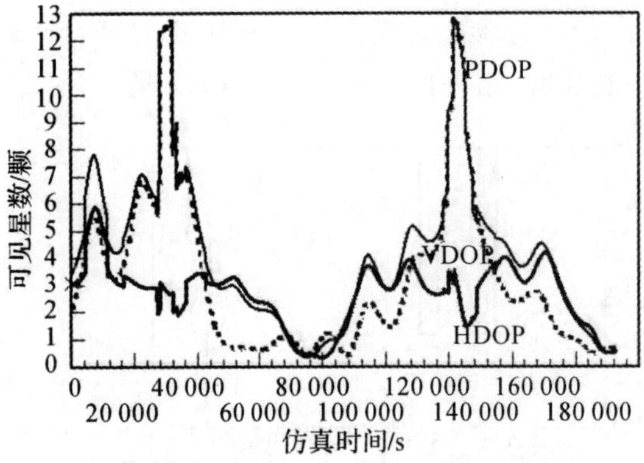

图 6-7　GPS 对卫星 *P* 的 DOP 值

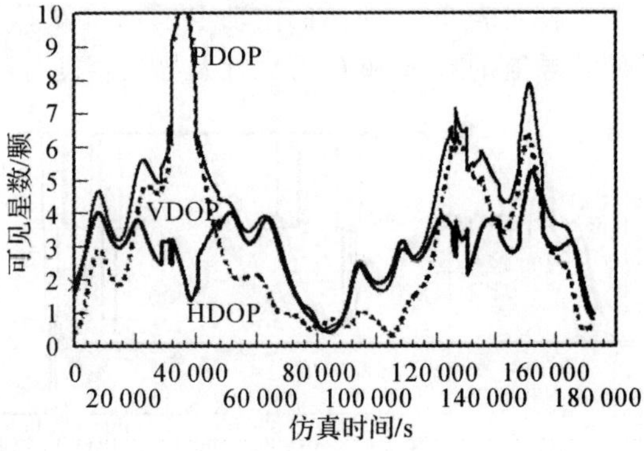

图 6-8　BDS/GPS 对卫星 *P* 的 DOP 值

从 DOP 值的仿真结果可以看出：对于卫星轨道高度 670km 的卫星，GPS 导航具有较好的精度；当 BDS/GPS 组合时，随着可见星数量的增加，导航精度大大提高。

6.2　基于 C－W 方程的 GPS 载波相位差分模型

基于 C－W 方程的 GPS 载波相位差分模型主要解决两个问题：一是建立状态方程，二是建立观测方程。4.1 节已经讨论了基于 C－W 方程的状态方程的建立问题，这里主要讨论观测方程的建立问题。

若要与 C－W 方程的状态量保持一致，基于 GPS 载波相位观测量的主卫星 *A* 和目标卫星（或从卫星）*P* 的导航观测方程为

$$\Delta\varphi^{S}_{P,A}(t)=\Delta\rho^{S}_{P,A}(t)+c\delta t_{P,A}(t)-\Delta N^{S}_{P,A}(t_0)+\delta I^{S}_{P,A}(t)+\delta T^{S}_{P,A}(t) \qquad (6-5)$$

式中　$\Delta\rho_{P,A}^{S}(t)$—— $\Delta\rho_{P,A}^{S}(t)=\rho_{A}^{S}(t)-\rho_{P}^{S}(t)$，包含了主卫星 A 和目标卫星（或从卫星）P 的相对位置信息。

显然，式（6-5）关于状态量 $\boldsymbol{S}_1$ 非线性方程，在利用 EKF 进行导航解算时，需要对其进行线性化处理。对 $\boldsymbol{S}_1$ 求偏导可得

$$\frac{\partial\Delta\varphi_{P,A}^{S}(t)}{\partial\Delta x_{P,A}}=-\frac{1}{(\rho_{A}^{S}(t))}(X^{S}(t)-X_{A}) \tag{6-6}$$

$$\frac{\partial\Delta\varphi_{P,A}^{S}(t)}{\partial\Delta y_{P,A}}=-\frac{1}{(\rho_{A}^{S}(t))}(Y^{S}(t)-Y_{A}) \tag{6-7}$$

$$\frac{\partial\Delta\varphi_{P,A}^{S}(t)}{\partial\Delta z_{P,A}}=-\frac{1}{(\rho_{A}^{S}(t))}(Z^{S}(t)-Z_{A}) \tag{6-8}$$

$$\frac{\partial\Delta\varphi_{P,A}^{S}(t)}{\partial\Delta Vx_{P,A}}=\frac{\partial\Delta\varphi_{P,A}^{S}(t)}{\partial\Delta Vy_{P,A}}=\frac{\partial\Delta\varphi_{P,A}^{S}(t)}{\partial\Delta Vz_{P,A}}=0 \tag{6-9}$$

通过测站之间求差的方法，卫星钟差已被消除，观测方程的协方差阵假定为 $\boldsymbol{R}$，系统噪声协方差阵为 $\boldsymbol{Q}$，表示求差模型的位置、速度、接收机钟差和大气折射延迟的影响，其矩阵元素是很小的数。

当主动卫星 A 和目标卫星 P 的之间的距离为 10 m 时，以表 6-2 为主卫星 A 和目标卫星的仿真参数，取相对位置和相对速度状态量初始值为

$$\boldsymbol{S}_1=[0.0\quad 0.0\quad 7.050\,571\,068\,286\,8\quad 0.015\,036\,499\,2\quad 0.000\,000\,821\,9\quad 0.0]^{\mathrm{T}}$$

其初始方差分别为 $25\boldsymbol{I}_{3\times3}$ m^2，$2\times10^{-11}\boldsymbol{I}_{3\times3}$ $(\mathrm{m/s})^2$（$\boldsymbol{I}_{3\times3}$ 为单位矩阵），取系统噪声协方差阵 $\boldsymbol{Q}$ 为 $1\times10^{-12}\boldsymbol{I}_{6\times6}$（$\boldsymbol{I}_{6\times6}$ 为单位矩阵），载波相位差分定位的结果如图 6-9 ～ 图 6-11 所示。

表 6-2　卫星 A、P 相距 10 m 时姿轨参数

	主动航天器 A	目标航天器 P
升交点赤经 /(°)	0.0	0.0
轨道倾角 /(°)	57.500	57.500
近地点幅角 /(°)	0.0	0.0
偏心率	0.000 001	0.0
半长轴 /km	7 051.004	7 051.004
过近地点时刻 /s	0.0	0.0
初始滚转角 /(°)	0.5	0.5
初始俯仰角 /(°)	0.2	0.2
初始偏航角 /(°)	0.5	0.4
滚转角速率 /[(°)·s^{-1}]	5×10^{-7}	5×10^{-7}
俯仰角速率 /[(°)·s^{-1}]	5×10^{-7}	5×10^{-7}
偏航角速率 /[(°)·s^{-1}]	5×10^{-7}	5×10^{-7}

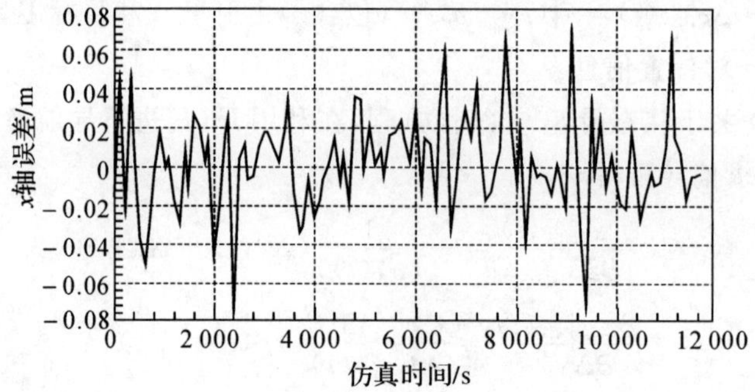

图 6-9　10 m 距离时相对 x 轴的误差曲线

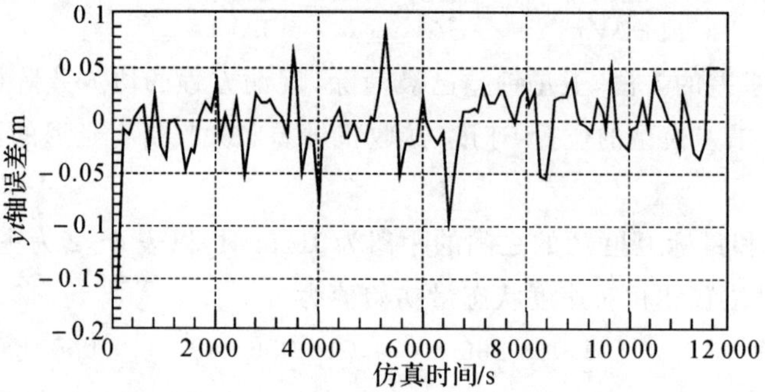

图 6-10　10 m 距离时相对 y 轴的误差曲线

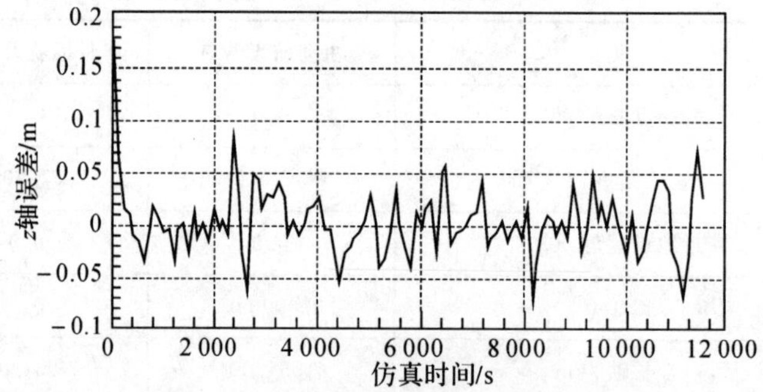

图 6-11　10 m 距离时相对 z 轴的误差曲线

当主动卫星 A 和目标卫星 P 的之间的距离为 500 m 时，以表 6-3 为主卫星 A 和目标卫星的仿真参数，取相对位置和相对速度状态量初始值为

$$\boldsymbol{S}_1 = [0.0 \quad 0.0 \quad 197.427\,253\,946\,04 \quad 0.421\,046 \quad -0.262\,456 \quad 0.0]^{\mathrm{T}}$$

其初始方差分别为 $0.4\boldsymbol{I}_{3\times3}$ m^2，$2\times10^{-11}\boldsymbol{I}_{3\times3}$ (m/s)^2（$\boldsymbol{I}_{3\times3}$ 为单位矩阵），取系统噪声协方差阵 $\boldsymbol{Q}$ 为 $1\times10^{-12}\boldsymbol{I}_{6\times6}$（$\boldsymbol{I}_{6\times6}$ 为单位矩阵），载波相位差分定位的结果如图 6-12 ～ 图 6-14 所示。

表 6-3　卫星 A、P 相距 500 m 时的姿轨参数

	主动航天器 *A*	目标航天器 *P*
升交点赤经 /(°)	0.0	0.0
轨道倾角 /(°)	57.502	57.500
近地点幅角 /(°)	0.0	0.0
偏心率	0.000 028	0.0
半长轴 /km	7 051.004	7 051.004
过近地点时刻 /s	0.0	0.0
初始滚转角 /(°)	0.5	0.5
初始俯仰角 /(°)	0.2	0.2
初始偏航角 /(°)	0.5	0.4
滚转角速率 /[(°) · s^{-1}]	5×10^{-7}	5×10^{-7}
俯仰角速率 /[(°) · s^{-1}]	5×10^{-7}	5×10^{-7}
偏航角速率 /[(°) · s^{-1}]	5×10^{-7}	5×10^{-7}

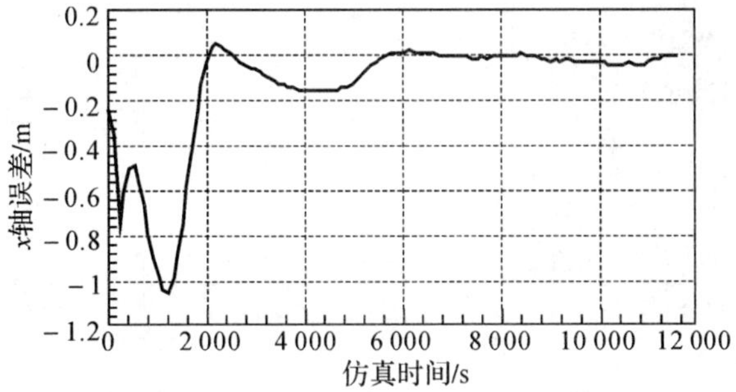

图 6-12　500 m 距离时相对 *x* 轴的误差曲线

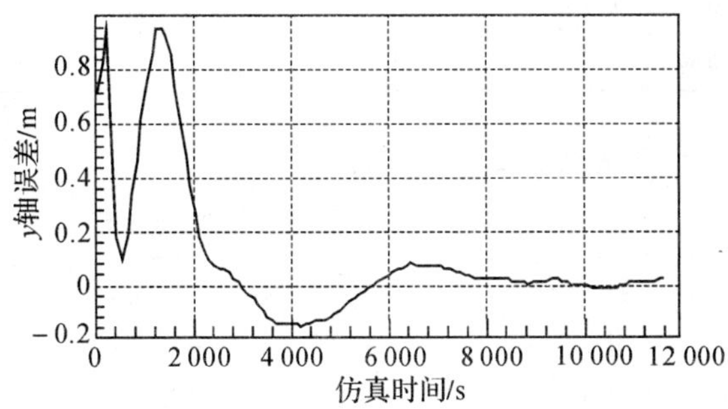

图 6-13　500 m 距离时相对 *y* 轴的误差曲线

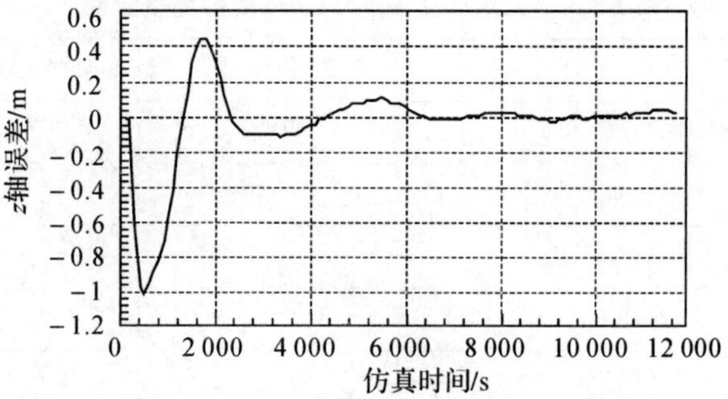

图 6-14 500 m 距离时相对 z 轴的误差曲线

当主动卫星 A 和目标卫星 P 的之间的距离为 1 km 时，以表 6-4 为主卫星 A 和目标卫星的仿真参数，取相对位置和相对速度状态量初始值为

$$\boldsymbol{S}_1=[0.0\quad 0.0\quad 704.900\,063\,807\,51\quad 1.503\,315\quad -2.624\,794\quad 0.0]^{\mathrm{T}}$$

其初始方差分别为 $2.5\boldsymbol{I}_{3\times3}\ \mathrm{m}^2$，$2\times10^{-11}\boldsymbol{I}_{3\times3}\ (\mathrm{m/s})^2$（$\boldsymbol{I}_{3\times3}$ 为单位矩阵），取系统噪声协方差阵 $\boldsymbol{Q}$ 为 $1\times10^{-12}\boldsymbol{I}_{6\times6}$（$\boldsymbol{I}_{6\times6}$ 为单位矩阵），载波相位差分定位的结果如图 6-15 ～ 图 6-17 所示。

表 6-4 卫星 A、P 相距 1 km 时姿轨参数

	主动航天器 A	目标航天器 P
升交点赤经 /(°)	0.0	0.0
轨道倾角 /(°)	57.52	57.500
近地点幅角 /(°)	0.0	0.0
偏心率	0.000 1	0.0
半长轴 /km	7 051.004	7 051.004
过近地点时刻 /s	0.0	0.0
初始滚转角 /(°)	0.5	0.5
初始俯仰角 /(°)	0.2	0.2
初始偏航角 /(°)	0.5	0.4
滚转角速率 /[(°)·s^{-1}]	5×10^{-7}	5×10^{-7}
俯仰角速率 /[(°)·s^{-1}]	5×10^{-7}	5×10^{-7}
偏航角速率 /[(°)·s^{-1}]	5×10^{-7}	5×10^{-7}

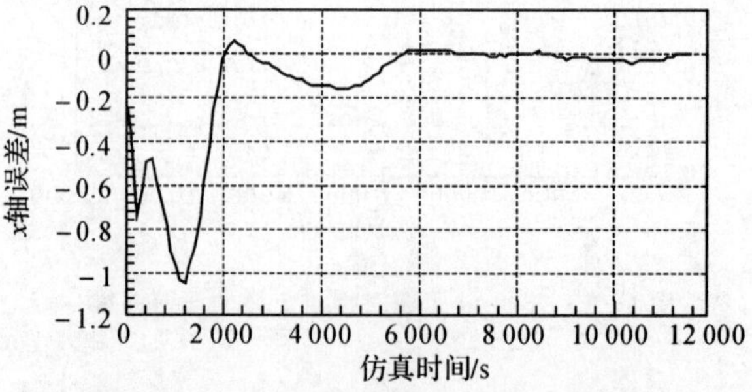

图 6-15 1 km 距离时相对 x 轴的误差曲线

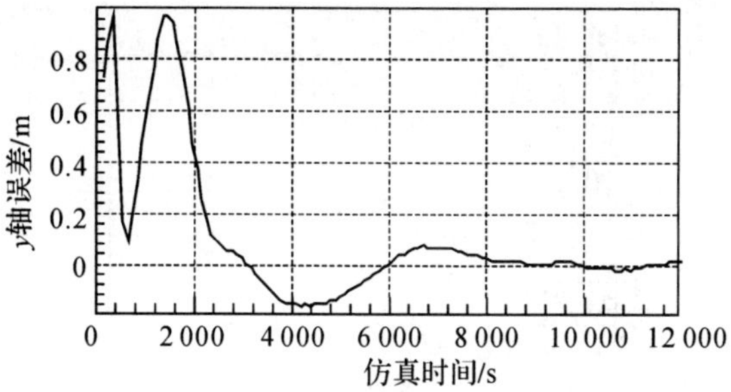

图 6-16　1 km 距离时相对 y 轴的误差曲线

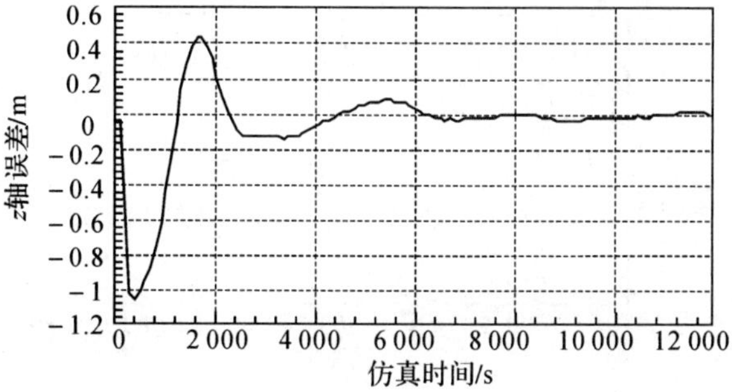

图 6-17　1 km 距离时相对 z 轴的误差曲线

当主动卫星 A 和目标卫星 P 的之间的距离为 5 km 时，以表 6-5 为主卫星 A 和目标卫星的仿真参数，取相对位置和相对速度状态量初始值为

$$\boldsymbol{S}_1 = [0.0 \quad 0.0 \quad 2\,115.243\,643\,176\,8 \quad 4.511\,104 \quad -2.625\,310 \quad 0.0]^{\mathrm{T}}$$

其初始方差分别为 $2.5\boldsymbol{I}_{3\times3}\ \mathrm{m}^2$，$2\times10^{-11}\boldsymbol{I}_{3\times3}\ (\mathrm{m/s})^2$（$\boldsymbol{I}_{3\times3}$ 为单位矩阵），取系统噪声协方差阵 $\boldsymbol{Q}$ 为 $1\times10^{-12}\boldsymbol{I}_{6\times6}$（$\boldsymbol{I}_{6\times6}$ 为单位矩阵），载波相位差分定位的结果如图 6-18 ~ 图 6-20 所示。

表 6-5　卫星 A、P 相距 5 km 时姿轨参数

	主动航天器 A	目标航天器 P
升交点赤经 /(°)	0.0	0.0
轨道倾角 /(°)	57.52	57.500
近地点幅角 /(°)	0.0	0.0
偏心率	0.000 3	0.0
半长轴 /km	7 051.004	7 051.004
过近地点时刻 /s	0.0	0.0
初始滚转角 /(°)	0.5	0.5
初始俯仰角 /(°)	0.2	0.2
初始偏航角 /(°)	0.5	0.4
滚转角速率 /[(°) · s^{-1}]	5×10^{-7}	5×10^{-7}
俯仰角速率 /[(°) · s^{-1}]	5×10^{-7}	5×10^{-7}
偏航角速率 /[(°) · s^{-1}]	5×10^{-7}	5×10^{-7}

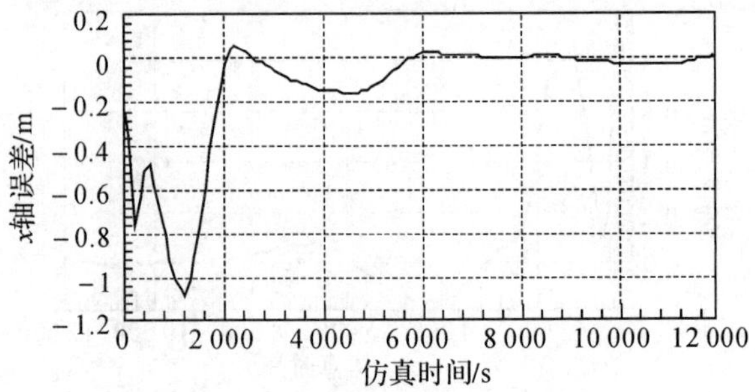

图 6-18　5 km 距离时相对 x 轴的误差曲线

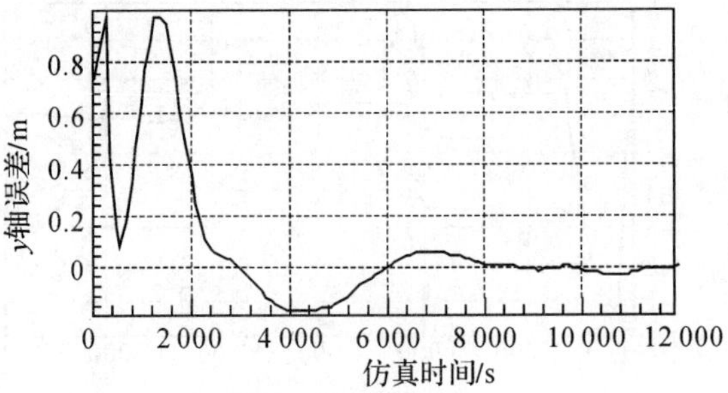

图 6-19　5 km 距离时相对 y 轴的误差曲线

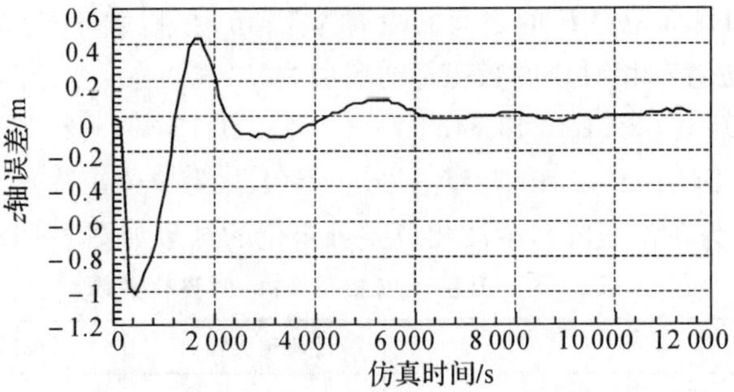

图 6-20　5 km 距离时相对 z 轴的误差曲线

当主动卫星 A 和目标卫星 P 的之间的距离为 10 km 时，以表 6-1 为主卫星 A 和目标卫星的仿真参数，取相对位置和相对速度状态量初始值为

$$\boldsymbol{S}_1=[0.0\quad 0.0\quad 3\,524.319\,324\,751\,8\quad 7.516\,189\quad -7.221\,054\quad 0.0]^{\mathrm{T}}$$

其初始方差分别为 $5\boldsymbol{I}_{3\times 3}\ \mathrm{m}^2$，$2\times 10^{-11}\boldsymbol{I}_{3\times 3}\ (\mathrm{m/s})^2$，($\boldsymbol{I}_{3\times 3}$ 为单位矩阵)，取系统噪声协方差阵 $\boldsymbol{Q}$ 为 $1\times 10^{-12}\boldsymbol{I}_{6\times 6}$($\boldsymbol{I}_{6\times 6}$ 为单位矩阵)，载波相位差分定位的结果如图 6-21 ～ 图 6-23 所示。

从图 6-9～图 6-23 的仿真计算结果可以看出：两卫星相距 10 m 时，其位置动态估计精度在 10 cm 以内；两卫星相距 500 m 时，其位置动态估计精度在 0.6 m 以内，2 000 s 后收敛于 0.1 m 左右；两卫星相距 1 km 时，其位置动态估计精度也在 0.6 m 以内，2 000 s 后收敛于 0.1 m 左右；两卫星相距 5 km 时，其位置精度在 1.2 m 以内，2 000 s 后收敛于 0.2 m 左右；两卫星相距 10 km 时，其位置精度在 3.5 m 以内，2 000 s 后收敛于 1 m 左右。

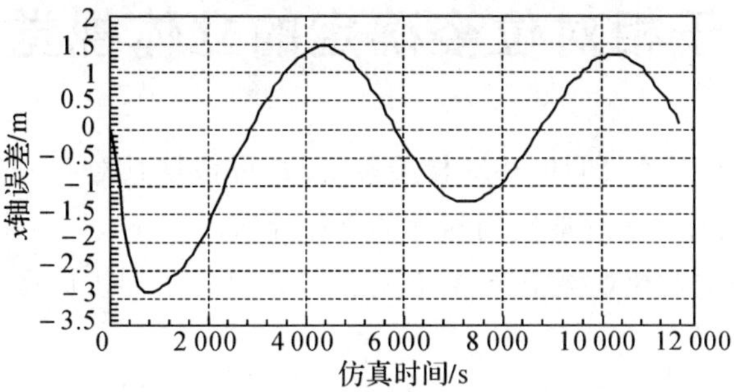

图 6-21　10 km 距离时相对 x 轴的误差曲线

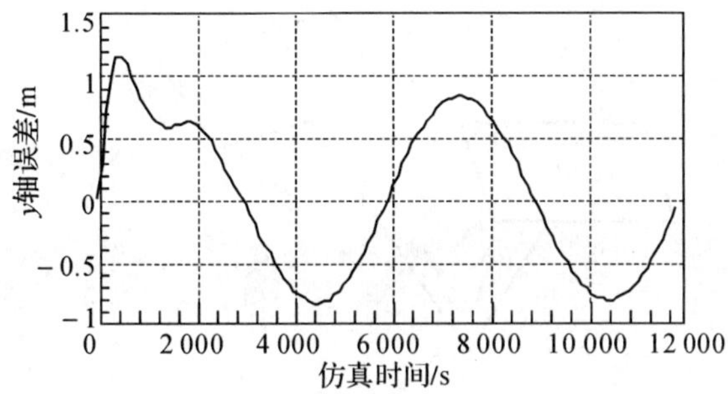

图 6-22　10 km 距离时相对 y 轴的误差曲线

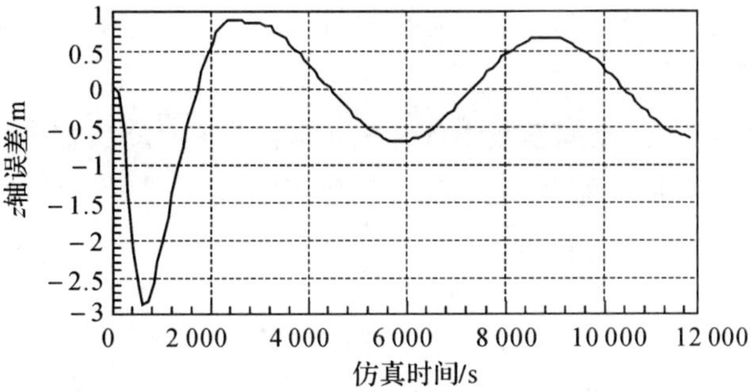

图 6-23　10 km 距离时相对 z 轴的误差曲线

结合 GPS 载波相位动态差分定位的精度约为厘米级的量级分析，当卫星相距 500 m 以内时，视觉导航的精度要高于卫星导航的精度，在组合导航中应以视觉导航为主；当两卫星的距离大于 500 m 时，视觉导航的精度要差于卫星导航的精度，位置估计中以卫星导航为主；当两卫星的距离达到 10 km 后，卫星导航的位置估计误差曲线趋向于发散，这主要是由 C-W 方程适合近距离动态估计所致。

6.3 基于相对位姿确定的立体视觉导航模型

在分布式对地观测卫星之间的相对位姿确定后，可根据其对某一地区目标的同步影像数据构造立体像对，实现对地或近地空间目标的立体导航。

假定 t 时刻，分布式对地观测卫星 A、P 对目标 B 进行了同步成像观测，如图 6－24 所示。

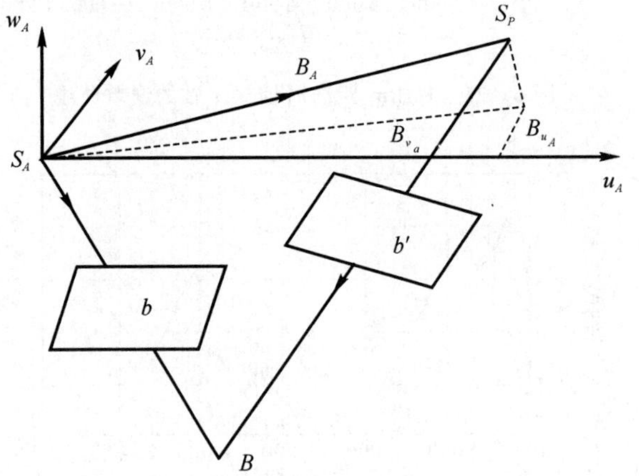

图 6－24　卫星 A、P 对目标 B 同步成像示意图

如图 6－24 所示，设卫星 A、P 获得的影像分别为左、右方像片，在摄影中心 S_A 处建关于目标 B 的目标(物方) 坐标系 $S_Au_Av_Aw_A$，其坐标轴指向与卫星 A 的本体坐标系坐标轴指向一致。

当同名光线对对相交时，空间基线 $\boldsymbol{B}_A(\overrightarrow{S_AS_P})$ 与向量$\overrightarrow{S_AB}(\overrightarrow{S_Ab})$、$\overrightarrow{S_PB}(\overrightarrow{S_Pb})$ 应在同一个平面内，根据向量代数，三向量共面，它们的混合积等于零，即

$$\overrightarrow{S_AS_P}\cdot(\overrightarrow{S_Ab}\times\overrightarrow{S_Pb})=0 \tag{6-10}$$

或

$$\overrightarrow{S_AS_P}\cdot(\overrightarrow{S_AB}\times\overrightarrow{S_PB})=0 \tag{6-11}$$

在卫星 A、P 的相对位姿确定后，即间接完成相对定向后，可得关于待定点 B 的坐标 $[X_B \quad Y_B \quad Z_B]^{\mathrm{T}}$ 的共面条件方程组为

$$\left.\begin{aligned}
x_A&=f_A\frac{a_{A11}X_B+a_{A12}Y_B+a_{A13}Z_B+t_{A1}}{a_{A31}X_B+a_{A32}Y_B+a_{A33}Z_B+t_{A3}}\\
y_A&=f_A\frac{a_{A21}X_B+a_{A22}Y_B+a_{A23}Z_B+t_{A2}}{a_{A31}X_B+a_{A32}Y_B+a_{A33}Z_B+t_{A3}}\\
x_P&=f_P\frac{a_{P11}X_B+a_{P12}Y_B+a_{P13}Z_B+t_{P1}}{a_{P31}X_B+a_{P32}Y_B+a_{P33}Z_B+t_{P3}}\\
y_A&=f_P\frac{a_{P21}X_B+a_{P22}Y_B+a_{P23}Z_B+t_{P2}}{a_{P31}X_B+a_{P32}Y_B+a_{P33}Z_B+t_{P3}}
\end{aligned}\right\} \tag{6-12}$$

$$\boldsymbol{R}_{BAC}=\begin{bmatrix} r_{A11} & r_{A12} & r_{A13} \\ r_{A12} & r_{A22} & r_{A23} \\ r_{A31} & r_{A32} & r_{A33} \end{bmatrix} \tag{6-13}$$

$$\boldsymbol{t}_{BAC}=[t_{A1} \quad t_{A2} \quad t_{A3}]^{\mathrm{T}} \tag{6-14}$$

$$\boldsymbol{R}_{BPC}=\begin{bmatrix} r_{P11} & r_{P12} & r_{P13} \\ r_{P12} & r_{P22} & r_{P23} \\ r_{P31} & r_{P32} & r_{P33} \end{bmatrix} \tag{6-15}$$

$$\boldsymbol{t}_{BPC}=[t_{P1} \quad t_{P2} \quad t_{P3}]^{\mathrm{T}} \tag{6-16}$$

式中　$[x_A \quad y_A]^{\mathrm{T}}$—— 左片的像平面坐标；

$[x_P \quad y_P]^{\mathrm{T}}$—— 右片的像平面坐标；

f_A, f_P—— 分别是左、右摄影站的相机焦距；

$\boldsymbol{R}_{BAC}$—— 目标坐标系到 A 卫星像空间坐标系(摄像机坐标系) 的旋转矩阵；

$\boldsymbol{t}_{BAC}$—— 目标坐标系到 A 卫星像空间坐标系(摄像机坐标系) 的坐标平移量；

$\boldsymbol{R}_{BPC}$—— 目标坐标系到 P 卫星像空间坐标系(摄像机坐标系) 的旋转矩阵；

$\boldsymbol{t}_{BPC}$—— 目标坐标系到 P 卫星像空间坐标系(摄像机坐标系) 的坐标平移量。

当卫星 A、P 完成相对位姿的确定后，其坐标平移量$[\Delta x_{AP} \quad \Delta y_{AP} \quad \Delta z_{AP}]^{\mathrm{T}}$ 及姿态旋转矩阵 $\boldsymbol{R}_{AP}$ 已知，结合上述目标坐标系的选择，有

$$\boldsymbol{t}_{BAC}=[t_{A1} \quad t_{A2} \quad t_{A3}]^{\mathrm{T}}=[0 \quad 0 \quad 0]^{\mathrm{T}} \tag{6-17}$$

$$\boldsymbol{t}_{BPC}=[t_{P1} \quad t_{P2} \quad t_{P3}]^{\mathrm{T}}=[-\Delta x_{AP} \quad -\Delta y_{AP} \quad -\Delta z_{AP}]^{\mathrm{T}}=[-B_{u_A} \quad -B_{v_A} \quad -B_{w_A}]^{\mathrm{T}} \tag{6-18}$$

式中　$[B_{u_A} \quad B_{v_A} \quad B_{w_A}]^{\mathrm{T}}$—— 右摄影站 S_P 在 $S_A u_A v_A w_A$ 坐标系中的坐标。

$$\boldsymbol{R}_{BAC}=\boldsymbol{M}^{-1} \tag{6-19}$$

式中　$\boldsymbol{M}^{-1}$——$\boldsymbol{M}$ 的逆矩阵。

$$\boldsymbol{R}_{BPC}=\boldsymbol{R}_{AP} \cdot \boldsymbol{R}_{PC} \tag{6-20}$$

式中　$\boldsymbol{R}_{PC}$—— 卫星 P 的摄像机坐标系到本体坐标系的旋转矩阵，通过设计或测量得到。

具体解算中，旋转矩阵的计算可采用 Rodrigues 参数，以避免欧拉角函数计算的复杂性。

对式(6-12) 进一步整理得

$$\left.\begin{aligned} x_A &= f_A \frac{\overline{X}_A}{\overline{Z}_A} \\ y_A &= f_A \frac{\overline{Y}_A}{\overline{Z}_A} \\ x_P &= f_A \frac{\overline{X}_P}{\overline{Z}_P} \\ y_P &= f_P \frac{\overline{Y}_P}{\overline{Z}_P} \end{aligned}\right\} \tag{6-21}$$

$$\overline{X}_A=a_{A11}X_B+a_{A12}Y_B+a_{A13}Z_B \tag{6-22}$$

$$\overline{Y}_A=a_{A21}X_B+a_{A22}Y_B+a_{A23}Z_B \tag{6-23}$$

$$\overline{Z}_A=a_{A31}X_B+a_{A32}Y_B+a_{A33}Z_B \tag{6-24}$$

$$\overline{X}_P=a_{P11}X_B+a_{P12}Y_B+a_{P13}Z_B-\Delta x_{AP} \tag{6-25}$$

$$\overline{Y}_P = a_{P21}X_B + a_{P22}Y_B + a_{P23}Z_B - \Delta y_{AP} \tag{6-26}$$

$$\overline{Z}_P = a_{P31}X_B + a_{P32}Y_B + a_{P33}Z_B - \Delta z_{AP} \tag{6-27}$$

显然,式(6-21)是非线性化函数,需要按泰勒级数展开,使之线化可得

$$\left.\begin{aligned} x_A &= F_A x_0 + \Delta F_A x \\ y_A &= F_A y_0 + \Delta F_A y \\ x_P &= F_P x_0 + \Delta F_P x \\ y_P &= F_P y_0 + \Delta F_P y \end{aligned}\right\} \tag{6-28}$$

式(6-28)中的 $F_A x_0$、$F_A y_0$、$F_P x_0$、$F_P y_0$ 是将$[X_B \quad Y_B \quad Z_B]^{\mathrm{T}}$ 的初始值$[X_B \quad Y_B \quad Z_B]_0^{\mathrm{T}}$ 代入式(6-21)所得,$\Delta F_A x$、$\Delta F_A y$、$\Delta F_P x$、$\Delta F_P y$ 为

$$\left.\begin{aligned} \Delta F_A x &= \left.\frac{\partial x_A}{\partial X_B}\right|_0 \Delta X_B + \left.\frac{\partial x_A}{\partial Y_B}\right|_0 \Delta Y_B + \left.\frac{\partial x_A}{\partial Z_B}\right|_0 \Delta Z_B \\ \Delta F_A y &= \left.\frac{\partial y_A}{\partial X_B}\right|_0 \Delta X_B + \left.\frac{\partial y_A}{\partial Y_B}\right|_0 \Delta Y_B + \left.\frac{\partial y_A}{\partial Z_B}\right|_0 \Delta Z_B \\ \Delta F_P x &= \left.\frac{\partial x_P}{\partial X_B}\right|_0 \Delta X_B + \left.\frac{\partial x_P}{\partial Y_B}\right|_0 \Delta Y_B + \left.\frac{\partial x_P}{\partial Z_B}\right|_0 \Delta Z_B \\ \Delta F_P y &= \left.\frac{\partial y_p}{\partial X_B}\right|_0 \Delta X_B + \left.\frac{\partial y_P}{\partial Y_B}\right|_0 \Delta Y_B + \left.\frac{\partial y_P}{\partial Z_B}\right|_0 \Delta Z_B \end{aligned}\right\} \tag{6-29}$$

式(6-29)中$[\Delta X_B \quad \Delta Y_B \quad \Delta Z_B]^{\mathrm{T}} = [X_B \quad Y_B \quad Z_B]^{\mathrm{T}} - [X_B \quad Y_B \quad Z_B]_0^{\mathrm{T}}$;$\frac{\partial x_A}{\partial X_B}$、$\frac{\partial x_A}{\partial Y_B}$、$\frac{\partial x_A}{\partial Z_B}$、$\frac{\partial y_A}{\partial X_B}$、$\frac{\partial y_A}{\partial Y_B}$、$\frac{\partial y_A}{\partial Z_B}$、$\frac{\partial x_P}{\partial X_B}$、$\frac{\partial x_P}{\partial Y_B}$、$\frac{\partial x_P}{\partial Z_B}$、$\frac{\partial y_P}{\partial X_B}$、$\frac{\partial y_P}{\partial Y_B}$、$\frac{\partial y_P}{\partial Z_B}$ 为偏导数;$\left.\frac{\partial x_A}{\partial X_B}\right|_0$、$\left.\frac{\partial x_A}{\partial Y_B}\right|_0$、$\left.\frac{\partial x_A}{\partial Z_B}\right|_0$、$\left.\frac{\partial y_A}{\partial X_B}\right|_0$、$\left.\frac{\partial y_A}{\partial Y_B}\right|_0$、$\left.\frac{\partial y_A}{\partial Z_B}\right|_0$、$\left.\frac{\partial x_P}{\partial X_B}\right|_0$、$\left.\frac{\partial x_P}{\partial Y_B}\right|_0$、$\left.\frac{\partial x_p}{\partial Z_B}\right|_0$、$\left.\frac{\partial y_P}{\partial X_B}\right|_0$、$\left.\frac{\partial y_P}{\partial Y_B}\right|_0$、$\left.\frac{\partial y_P}{\partial Z_B}\right|_0$ 为将$(X_B \quad Y_B \quad Z_B)_0^{\mathrm{T}}$ 代入各偏导数所得值。

各偏导数具体表达式为

$$\frac{\partial x_A}{\partial X_B} = f_A \frac{a_{A11}\overline{Z}_A - \overline{X}_A a_{A31}}{\overline{Z}_A^2} \tag{6-30}$$

$$\frac{\partial x_A}{\partial Y_B} = f_A \frac{a_{A12}\overline{Z}_A - \overline{X}_A a_{A32}}{\overline{Z}_A^2} \tag{6-31}$$

$$\frac{\partial x_A}{\partial Z_B} = f_A \frac{a_{A13}\overline{Z}_A - \overline{X}_A a_{A33}}{\overline{Z}_A^2} \tag{6-32}$$

$$\frac{\partial y_A}{\partial X_B} = f_A \frac{a_{A21}\overline{Z}_A - \overline{Y}_A a_{A31}}{\overline{Z}_A^2} \tag{6-33}$$

$$\frac{\partial y_A}{\partial Y_B} = f_A \frac{a_{A22}\overline{Z}_A - \overline{Y}_A a_{A32}}{\overline{Z}_A^2} \tag{6-34}$$

$$\frac{\partial y_A}{\partial Z_B} = f_A \frac{a_{A23}\overline{Z}_A - \overline{Y}_A a_{A33}}{\overline{Z}_A^2} \tag{6-35}$$

$$\frac{\partial x_P}{\partial X_B} = f_P \frac{a_{P11}\overline{Z}_A - \overline{X}_P a_{P31}}{\overline{Z}_p^2} \tag{6-36}$$

$$\frac{\partial x_P}{\partial Y_B} = f_P \frac{a_{P12}\overline{Z}_P - \overline{X}_P a_{P32}}{\overline{Z}_P^2} \tag{6-37}$$

$$\frac{\partial x_P}{\partial Z_B}=f_P\frac{a_{P13}\bar{Z}_P-\bar{X}_P a_{P33}}{\bar{Z}_P^2}\tag{6-38}$$

$$\frac{\partial y_P}{\partial X_B}=f_P\frac{a_{P21}\bar{Z}_P-\bar{Y}_P a_{P31}}{\bar{Z}_P^2}\tag{6-39}$$

$$\frac{\partial y_P}{\partial Y_B}=f_P\frac{a_{P22}\bar{Z}_P-\bar{Y}_P a_{P32}}{\bar{Z}_P^2}\tag{6-40}$$

$$\frac{\partial y_P}{\partial Z_B}=f_P\frac{a_{P23}\bar{Z}_P-\bar{Y}_P a_{P33}}{\bar{Z}_P^2}\tag{6-41}$$

式(6-28)中方程个数大于未知数个数，求解中应按最小二乘原理计算。求解过程需要反复迭代趋近，直至改正量$[\Delta X_B \quad \Delta Y_B \quad \Delta Z_B]^T$小于某设定阈值。

6.4　实验验证与分析

6.4.1　实验方案设计

实验设备与实验场地的基准数据与 4.6.3 节相同。实验方案的思路如下：

(1)采用 GNSS 接收机观测，为双目立体视觉的 CCD 相机观测提供相对定向参数。

(2)将双目立体视觉的 CCD 相机架设到控制点上对目标特征点进行交向摄影，获取 CCD 影像。

(3)基于分形特征的快速立体像对匹配。利用形态特征的自相似性特性，结合鞍点特征提取方法，分别对 Zj 观测墩(MV-VEM120SM 相机)和 01 观测墩(MV-VEM500SM 相机)同步采集的图像数据进行特征提取，提取目标特征点(见图 6-25)1～16 号的像素坐标，并计算出相应的像平面坐标。

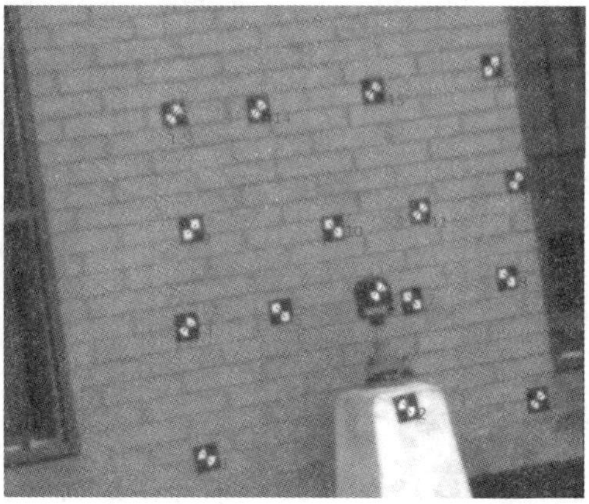

图 6-25　目标点布设示意图

(4)CCD 影像外定向元素的计算。利用基于对偶四元数的全局收敛空间后方交会算法，结合 CCD 影像的内定向影像信息、目标测量点的像平面坐标和物方坐标，迭代求解 CCD 影像的外定向元素。

(5)求解影像目标特征点的物方坐标。利用左、右 CCD 影像的外定向元素、目标特征点的像平面坐标、CCD 影像的内定向影像信息,结合最小二乘原理的空间前方交会算法计算所有特征点的物方坐标。

(6)目标特征点物方坐标的比较。比较通过左、右 CCD 影像计算所得的目标特征点物方坐标与测量机器人测量所得到的目标特征点物方坐标,并进行精度评定,验证文中所推导基于对偶四元数的立体定向算法模型的正确性。

6.4.2 实验结果与分析

6.4.2.1 验证数据的测量与处理

利用测量机器人徕卡 TCA2003,分别架设在观测大墩 01 和 Zj 上,利用前方交会原理连续测量 4 个测回取平均值,交会出 1～16 号目标点的校园坐标系坐标。由于校园坐标系为北京 54 坐标系,其 X 轴向北,Y 轴向东,Z 轴向上,是左手系;而像方坐标系 x 轴向右,y 轴向下,z 轴向前,是右手系。右手系与左手系间的变换不是旋转变换,而是旋转和反射变换的乘积,称为旋转-反射变换。这种情况下,通常要先把物方坐标转换到与摄像机坐标系轴向大致一致的坐标系下。转换过程为,将坐标原点移至 6 号目标点,得到移动后的坐标为 $[X \quad Y \quad Z]^T$,然后将原坐标 $[X \quad Y \quad Z]^T$ 先绕 X 轴逆时针旋转 90°,得到坐标值 $[X \quad -Z \quad +Y]^T$,再将 Y 轴取反后为 $[X \quad -Z \quad -Y]^T$。转换后,就得到了以 6 号目标特征点为原点的右旋坐标系下的物方坐标,其物方坐标结果见表 6-6 所示。

表 6-6　1～16 号目标点的物方坐标

点号	X/m	Y/m	Z/m
1	−0.471 9	0.368 9	−0.202 4
2	0.005 6	0.305 0	0.082 5
3	0.566 5	0.375 5	−0.348 2
4	−0.475 3	0.023 5	−0.201 5
5	−0.197 4	0.025 4	−0.23 99
6	0.000 0	0.000 0	0.000 0
7	0.207 9	0.048 3	−0.297 3
8	0.521 1	0.027 4	−0.340 9
9	−0.425 2	−0.225 8	−0.208 0
10	−0.005 9	−0.176 6	−0.267 1
11	0.271 0	−0.187 8	−0.305 9
12	0.592 5	−0.233 5	−0.349 9
13	−0.428 7	−0.530 3	−0.208 3
14	−0.181 2	−0.515 8	−0.241 9
15	0.174 0	−0.528 6	−0.293 0
16	0.562 6	−0.556 8	−0.348 1

6.4.2.2　CCD 测量数据与处理

下面将地面实验所获得和计算的实验数据及其计算过程进行分析。

1. CCD 影像的获取

在实验场地布设目标物特征点标记，将 MV－YEM 500SM 相机和 MV－YEM 120 SM 相机分别架设在观测墩 Zj 和观测大墩 01 控制点上，对目标特征点进行同步观测，这里假设 MV－YEM 120 SM 相机为左片 CCD 相机，MV－YEM 500SM 相机为右片 CCD 相机，其获取的左、右片 CCD 影像如图 6－26 和图 6－27 所示（左片 CCD 相机 MV－YEM 120SM 在拍摄过程中 5 号目标特征点被遮挡，因此没有 5 号目标特征点信息）

图 6－26　左片 CCD 影像

图 6－27　右片 CCD 影像

2. 左右片 CCD 影像目标特征点像平面坐标的计算

利用形态特征的自相似性特性，结合鞍点特征提取方法，对 MV－VEM 120 SM 相机和 MV－VEM 500SM 相机同步采集的图像数据进行特征提取，提取出 1～16 号目标观测点的像素坐标，其像素坐标结果见表 6－7。

表 6－7　特征点像素坐标

点号	MV－VEM 120SM 相机		MV－VEM 500SM 相机	
	u	v	u	v
1	627.781	465.236	264.919	439.046
2	712.411	456.652	463.113	390.636
3	1 015.28	494.712	593.217	382.451
4	629.846	326.715	246.047	312.819
5	—	—	338.083	298.621
6	735.007	325.131	434.351	278.008
7	879.459	347.676	468.489	286.734
8	1 001.58	344.295	562.952	264.423
9	649.878	226.762	249.854	218.974
10	801.304	250.725	390.045	217.128
11	906.147	248.881	476.336	200.718
12	1 033.190	232.800	572.130	170.930
13	651.596	103.415	232.885	107.331
14	739.946	109.332	316.030	102.559
15	873.030	104.570	429.332	84.475 7
16	1 025.350	92.909	547.580	60.351 3

像素坐标与像平面坐标间的转换关系为

$$\left.\begin{aligned} x &= (u - u_0)\,\Delta x \\ y &= (v - v_0)\,\Delta y \end{aligned}\right\} \tag{6-42}$$

式(6－42)中，x,y 为像平面坐标；u_0,v_0 为像主点的像素坐标；$\Delta x,\Delta y$ 为单位像素的几何尺寸。其中：$u_0=320$，$v_0=240$，左、右片 CCD 影像单位像素的几何尺寸为 $\Delta x=0.01$mm，$\Delta y=0.01$ mm，将各参数数值代入公式，可得其像平面坐标，特征点像平面坐标的计算结果见表 6－8，单位为 mm。

表 6－8　特征点像平面坐标

点号	MV－VEM 120SM 相机		MV－VEM 500SM 相机	
	x/mm	y/mm	x/mm	y/mm
1	−0.11	−0.13	−0.55	1.99
2	0.64	−0.21	1.43	1.51
3	3.34	0.13	2.73	1.42
4	−0.09	−1.36	−0.74	0.73
5	/	/	0.18	0.59
6	0.85	−1.38	1.14	0.38
7	2.13	−1.18	1.48	0.47

续 表

点号	MV - VEM 120SM 相机		MV - VEM 500SM 相机	
	x/mm	y/mm	x/mm	y/mm
8	3.22	−1.21	2.43	0.24
9	0.09	−2.25	−0.70	−0.21
10	1.44	−2.04	0.70	−0.23
11	2.37	−2.06	1.56	−0.39
12	3.50	−2.20	2.52	−0.69
13	0.10	−3.35	−0.87	−1.33
14	0.89	−3.30	−0.04	−1.37
15	2.07	3.34	1.09	−1.56
16	3.43	−3.45	2.28	−1.80

6.4.2.3　结果与分析

1. CCD 相机姿态参数和影像的外方位元素求解

为了更准地确解算影像参数，选取表 6－8 中 1～8 号目标特征点的像平面坐标，结合 CCD 影像的内定向影像信息和表 6－6 中 1～8 号目标特征点的物方坐标，利用基于对偶四元数的全局收敛空间后方交会算法，迭代阈值设置为 10^{-6}，计算可得 CCD 相机的姿态对偶四元数参数和 CCD 影像的外方位元素参数。为方便起见，CCD 相机 MV－VEM 120SM 记为 1 号相机，CCD 相机 MV－VEM 500SM 记为 2 号相机，则 CCD 相机的对偶四元数姿态参数解算结果见表 6－9。

表 6－9　CCD 相机对偶四元数参数

相机	p_0	p_1	p_2	p_3	q_0	q_1	q_2	q_3
1	0.952 0	0.006 8	0.305 6	−0.012 3	0.062 9	−2.741 7	0.576 6	6.510 8
2	0.971 5	0.040 3	−0.222 7	0.071 1	−0.525 5	0.907 1	−0.121 2	7.181 4

计算所得的 CCD 影像的外方位元素参数结果见表 6－10。为方便起见，CCD 相机 MV－VEM 120SM 拍摄的影像记为 1 号影像，CCD 相机 MV－VEM 500SM 拍摄的影像记为 2 号影像。

表 6－10　CCD 影像外方位元素参数

影像	ψ/(°)	θ/(°)	φ/(°)	X/m	Y/m	Z/m
1	−1.350 6	35.599 5	0.387 2	0.241 8	−0.364 3	7.343 3
2	7.684 2	−26.004 6	2.969 4	0.317 4	0.117 9	7.551 6

2. 9～16 号目标特征点物方坐标的求解

结合表 6－10 中 CCD 影像的外方位元素参数、CCD 影像的内定向信息、表 6－8 中 9～16 号目标特征点的像平面坐标，利用 CCD 影像立体定位的前方交会算法，同时利用最小二乘原理求解出最优的解,即可解算出 9～16 号目标特征点物方坐标,其结果见表 6－11。

表 6－11　9～16 号目标特征点物方坐标

点号	X/m	Y/m	Z/m
9	−0.431 4	−0.222 6	−0.200 5
10	0.001 2	−0.185 7	−0.258 7
11	0.276 8	−0.193 4	−0.299 3
12	0.595 6	−0.231 1	−0.343 6
13	−0.433 9	−0.533 8	−0.213 8
14	−0.185 1	−0.509 4	−0.248 7
15	0.179 3	−0.532 2	−0.285 8
16	0.558 8	−0.562 7	−0.341 3

3.9～16 号目标特征点物方坐标的比较

将基于对偶四元数的线阵 CCD 影像立体定位算法模型计算所得的表 6－11 中 9～16 号目标特征点物方坐标与测量机器人测量所得到的表 6－6 中 9～16 号目标特征点物方坐标进行比较,并进行分析,其结果见表 6－12。

表 6－12　9～16 号目标特征点物方坐标误差

点号	ΔX/m	ΔY/m	ΔZ/m
9	0.006 2	−0.003 2	−0.007 5
10	−0.007 1	0.009 1	−0.008 4
11	−0.005 8	0.005 6	−0.006 6
12	−0.003 1	−0.002 4	−0.006 3
13	0.005 2	0.003 5	0.005 5
14	0.003 9	−0.006 4	0.006 8
15	−0.005 3	0.003 6	−0.007 2
16	0.003 8	0.005 9	−0.006 8

从表 6－12 中可以得出,基于对偶四元数的线阵 CCD 影像立体定位算法模型计算所得到的目标特征点物方坐标与测量机器人测量所得到的物方坐标维持为毫米级别,是理想的,可以用于滑坡、开采沉陷区等形变监测以及导航领域。

第 7 章　多传感器融合导航的新技术展望

自古以来，导航技术在人类从事政治、经济和军事活动中都发挥了不可磨灭的重要作用。如今正处于信息化逐步提速的时代，除重大的政治、经济和军事活动外，导航定位技术也已深深地渗透到国计民生的各个领域，成为人工智能、大数据应用和发展的重要关键技术。

7.1　导航技术的当前态势

就目前而言，主要的导航技术有卫星导航、惯性导航、图像导航、地图匹配导航、天文导航、室内及周边的 WiFi 导航、雷达导航、无线电导航、信标台导航、Web 导航以及新型的量子导航等。应用比较普及和广泛的主要导航定位技术为卫星导航、惯性导航、CCD 图像导航及其相互组合导航。

(1)卫星导航技术的盛行。近年来，随着计算机技术、通信技术、卫星定位技术的不断发展和成熟，卫星导航技术已经广泛应用于军事、政治、经济、国计民生的各个领域，如导弹、飞机、舰艇等导航与制导、重点区域的监控、车辆的导航、农业的自动化等领域。随着 GPS/GLONASS 的现代化、Galileo 的建设，尤其是我国北斗三号全球导航卫星系统的即将全球组网运行，进行北斗芯片的应用开发将会是今后一段时间的导航研究和应用热点。

(2)惯性导航研制水平的提高和生产成本的降低，将进一步拓展其应用。惯性导航技术之所以不如卫星导航技术那么应用广泛，其主要原因如下：①误差随时间的增加而累积，主要导致原因是陀螺漂移问题；②生产成本较高，难以广泛推广。随着惯性导航元器件研制水平的不断改进和小型化，在水下、对空不可视的区域，惯性导航技术仍然不可取代。

(3)CCD 图像导航技术在近距离高精度的互操作应用中将会发挥其多维信息优势。随着 CCD 元器件研制水平的不断提升，利用 CCD 视觉导航技术进行空间互操作技术已在空间飞行器交会对接、远程手术操作、机器人操作等领域得到了初步应用。

(4)卫星导航/惯性导航/CCD 图像导航技术的融合已逐步展开。如无人驾驶、空间交会研究与实验测试中，卫星导航解决巡航段的导航问题，CCD 视觉导航解决近距离、超近距离的精确导航问题。

7.2　导航技术的发展趋势及新技术展望

在分析导航技术的当前态势基础上，综合卫星导航、惯性导航、CCD 导航的优缺点，未来导航的发展趋势将是多传感器数据融合，提供实时、高精度、多维度的无缝导航服务。涉及的关键技术有：

(1)多传感器的时空坐标系统一问题。在多传感器融合中,各种导航元器件导航定位的坐标系不一致,如卫星导航采用的是地球协议坐标系,CCD 导航涉及相机坐标系、像素坐标系,惯性导航测量的是运动载体与地平坐标系的相对位姿,并且各种导航系统在时间坐标系上也存在差异。因此,在进行数据综合处理前,必须进行时空坐标系的统一。

(2)多传感器故障的智能化检测与分析技术。在多传感器的组合导航中,各种元器件可能会出现某种故障,导致数据不全或信息失真问题,如何利用其他传感器数据,自动检测、判析出故障传感器也是保证导航定位精度和确保可靠性的关键技术之一。

(3)多传感器数据的信息融合处理技术。实时、准确地进行多传感器数据的信息融合处理,为人工智能和大数据应用提供多元多维度的空间时空信息,是未来导航技术应用的最终目标。

(4)新技术新产品的扩容问题。新的导航元器件的研发与成熟,不会改变导航服务的终极目标,但会改变导航技术的发展格局。比如卫星导航技术的发展与成熟,淘汰了一些陆基无线电导航继续发展与应用。量子罗盘研制水平的不断提高,也许会促进量子导航技术的发展与应用。

参考文献

[1] Wikipedia. Charge - coupled device [EB/OL]. (2018 - 10 - 01) [2018 - 10 - 14]. https://en.wikipedia.org/wiki/Charge-coupled_device.

[2] 孙莉，邓敏. CCD图像传感器的现状及未来发展[J]. 现代制造技术与装备，2017(8)：160 - 161.

[3] SHIN C W, INOKUCHI S, KIM K I. Retina - like visual sensor for fast tracking and navigation robots [J]. Machine Vision and Applications, 1997,10(1):1 - 8.

[4] HO J, MCCLAMROCH N H. A Spacecraft docking problem: Position Estimation Using a Computer Vision Approch [C]. AIAA Guidance, Navigation and Control Conference, Portland, Orcgon, Aug 1990:1313 - 1318.

[5] HO C J, MCCLAMROCH N H. Autonomous spacecraft docking using computer vision system [C]. Proceedings of the 31st Conference on Decision and Control Tucson, Arizons, December 1992: 645 - 650.

[6] LIU B, YU J Z, PENG Q Y. Matching CCD images to a stellar catalog using locality - sensitive hashing [J]. Research in Astronomy and Astrophysics, 2018, 18(2):2 - 22.

[7] JASIOBEDZKI P, GREENSPAN M, ROTH G. Pose determination and tracking for autonomous satellite capture[C]. Proceedings of the 6th International Symposium on Artificial Intelligence and Robotics & Automation in Space: i - SAIRAS 2001, Canadian Space Agency, St - Hubert, Canada, June 18 - 22, 2001:1 - 8.

[8] YANG H L, WANG J, LIU H. Rapid star extraction and identification from star images obtained by drift - scan CCDs [J]. OPTIK, 2017, 132(1): 171 - 182.

[9] TZSCHICHHOLZ T, BOGE T, SCHILLING K. Relative pose estimation of satellites using PMD -/CCD - sensor data fusion [J]. ACTA Astronautica, 2015, 109(1): 25 -33.

[10] LICHTERM D,DUBOWSKY S. Estimation of state, shape, and inertial parameters of space objects from sequences of range images [C]. Proceedings of the 2004 IEEE International Conference on Robotics &Atomation, New Orleans, LA, April 2004: 2974 - 2979.

[11] 罗诗途，王艳玲. 车载图像跟踪系统中复杂场景下目标提取算法的研究 [J]. 应用光学，2008,28(6)：837 - 843.

[12] STONE H S, ORCHARD M T, CHANG E C, et al. A fast direct Fourier - based algorithm for subpixel registration of images[J]. IEEE Transactions on Geoscience and Remote Sensing, 2001,39(10): 2235 - 2243.

[13] MALAN D F. 3D Tracking between satellites using monocular computer vision [D]. Western Cape: University of Stellenbosch,2004.

[14] 周鹏,谭勇,徐守时. 基于角点检测图像配准的一种新算法[J]. 中国科学技术大学学报,2002,32(4):455-461.
[15] 高峰,文贡坚,卢焕章. 结合分形特征及灰度相关的快速样本图像匹配算法[J]. 信号处理,2010,26 (8):1126-1131.
[16] DAI J S. An historical review of the theoretical development of rigid body displacements from Rodrigues parameters to the finite twist[J]. Mechanism and Machine Theory,2006,41(1):41-52.
[17] HORN B K P. Closed-form solution of absolute orientation using unit quaternions [J]. Journal of the Optical Society of America A,1987,4(4):629-642.
[18] 官云兰,程校军,周世健,等. 基于单位四元数的空间后方交会解算[J]. 测绘学报,2008,37 (1):30-35。
[19] 龚辉,姜挺,江刚武,等. 一种基于四元数的空间后方交会全局收敛算法[J]. 测绘学报,2011,40 (5):639-645.
[20] AUSGEFÜHRT. Optical tracking from user motion to 3D interaction [D]. Vienna: Vienna University of Technology,2002.
[21] YANG A T,FREUDENSTEIN F. Application of dual-number quaternion algebra to the analysis of spatial mechanisms[J]. ASME Journal of Applied Mechanics,1964 (6):300-308.
[22] WALKER M W,SHAO L,VOLZ R A. Estimating 3D location parameters using dual number quaternions[J]. CVGIP: Image Understanding,1991,54(3):358-367.
[23] DANIILIDIS K. Hand-eye calibration using dual quaternions[J]. The International Journal of Robotics Research,1999,18(3):286-298.
[24] ANSAR A,DANIILIDIS K. Linear Pose Estimation from Points or Lines [J]. IEEE Transactions on Pattern Analysis and Machine Intelligence,2003,25(4):1-11.
[25] BUTZKE J,DANIILIDIS K,KUSHLEYEV A,et al. The University of Pennsylvania MAGIC 2010 multi-robot unmanned vehicle system [J]. Journal of Field Robotics,2012,29(5);745-761
[26] CONNOLLY T H,PFEIFFER F. Cooperating manipulator control using dual quaternion coordinates[C]. 1994 IEEE,Proceedings of the 33rd Conference on Desion and Control,Lake Buena Vista,FL,December 1994:2417-2418.
[27] PHONG T Q,HORAUD R,YASSINE A,et al. Object pose from 2D to 3D point and line correspondences [J]. International Journal of Computer Vision,1995,15 (3):225-243.
[28] ASPRAGATHOS N A,DIMITROS J K. A comparative study of three methods for robot kinematics [J]. IEEE Transactions on Systems,Man,and Cybernetics — Part B: Cybernetics,1998,28(2):135-145.
[29] GODDARD J S. Pose and motion Estimation from vision using dual quaternion-based extended Kalman filtering [D]. Knoxville: The University of Tennessee,1997.
[30] PEREZ M A. Dual quaternion synthesis of constrained robotic systems [D]. Irvine:

University of California, 2003.

[31] WU Y X, HU X P, HU D, et al. Strapdown inertial navigation system algorithms based on dual quaternions [J]. IEEE Transactions on Aerospace and Electronic Systems, 2005, 41(1): 110 - 132.

[32] LI H B, HESTENES D, ROCKWOOD A. Generalized homogeneous coordinates for computation geometry [M]//SOMMER G. Geometric Computing with Clifford Algebras. Heidelberg: Springer, 2001:27 - 60.

[33] 李洪波. 共形几何代数——几何代数的新理论和计算框架[J]. 计算机辅助设计与图形学学报, 2005, 17(11):2383 - 2393.

[34] Hildenbrand D. Geometric computing in computer graphics using conformal geometric algebra [J]. Computers & Graphics, 2005, 29(1): 795 - 803.

[35] HILDENBRAND D. Foundations of geometric algebra computing [M]. Heidelberg: Springer, 2013:27 - 116.

[36] LÓPEZ - GONZÁLEZ G, ALTAMIRANO - GÓMEZ G, BAYRO - CORROCHANO E. Geometric entities voting schemes in the conformal geometric algebra framework [J]. Adv. Appl. Clifford Algebras, 2016, 26 (1):1045 - 1059.

[37] ROSENHAHN B, SOMMER G. Pose estimation in conformal geometric algebra — part ⅰ: the stratification of mathematical spaces [J]. Journal of Mathematical Imaging and Vision, 2005, 22(1):27 - 48.

[38] GONZÁLEZ - JIMÉNEZ L, CARBAJAL - ESPINOSA O, LOUKIANOV A, et al. Robust pose control of robot manipulators using conformal geometric algebra [J]. Adv. Appl. Cliff ord Algebras, 2014, 24 (1): 533 - 552.

[39] 曹文明, 刘辉, 徐晨,等. 基于共形几何代数的 3D 医学图像配准[J]. 中国科学:信息科学, 2013, 43(2): 254 - 274.

[40] 李克昭. 飞行器形态特征提取与相对导航算法研究[D]. 西安:西北工业大学, 2007.

[41] 陈明. 共形几何代数支持下的时空拓扑关系表达与计算研究[D]. 杭州:浙江大学, 2014.

[42] YUAN L W, YU Z Y, LUO W, et al. A 3D GIS spatial data model based on conformal geometric algebra [J]. Science China: Earth Sciences, 2011, 54(1): 101 - 112.

[43] 刘建辉. 基于几何代数的空间后方交会理论与方法[D]. 郑州: 解放军信息工程大学, 2011.

[44] 张勤,李家权. GPS 测量原理及应用[M]. 北京:科学出版社, 2005.

[45] 李克昭, 杨力, 柴霖,等. GNSS 定位原理[M]. 北京:煤炭工业出版社, 2014.

[46] MCDONALD K D. The modernization of GPS: plans, new capabilities and the future relationship to Galileo [J]. Positioning, 2002, 1(3):1 - 10.

[47] 北斗传媒. 美国第 50 太空联队接管最新 GPS Block IIF 卫星[EB/OL]. (2012 - 08 - 30) [2018 - 10 - 12]. http://www. beidou. gov. cn/2011/09/05/20110905ec1f08e70859481e97591e7deb21775d. html.

[48] Wikipedia. Differential GPS [EB/OL]. (2012-10-12) [2018-9-26]. https://en.wikipedia.org/wiki/Differential_GPS.

[49] TILL R D, WANNER W. Wide Area Augmentation System (WAAS) test and evaluation concepts [J]. Aerospace & Electronics Conference, 1995, 1(1):169-174.

[50] JONES J, FENTON P, SMITH B. Theory and performance of the pulse aperture correlator [R]. Calgary: NovAtel Inc., 2004:1-13.

[51] SUN Q, ODOLINSKI R, XIA J H, et al. Validating the efficacy of GPS tracking vehicle movement for driving behaviour assessment [J]. Travel Behaviour and Society, 2017, 6:32-43.

[52] 刘经南，刘晖. 连续卫星定位服务系统——城市空间数据的基础设施[J]. 武汉大学学报(信息版)，2003,28 (3)：259-264.

[53] 朱国锋. 连续运行 GPS 定位服务系统的探讨[J]. 测绘与空间地理信息，2008，31(2)：108-110.

[54] 佚名. GNSS 和北斗卫星导航系统的高精度应用——访中国工程院院士刘经南[EB/OL]. (2014-12-01) [2018-10-20]. http://blog.sciencenet.cn/blog-594908-847610.html.

[55] LANGLEY R B. Dilution of precision[J]. GPS World, 1999, 10(5): 52-59.

[56] YARLAGADDA R, ALI I, AL-DHAHIR N, et al. GPS GDOP metric[J]. IEEE Proceedings — Radar, Sonar and Navigation, 2000, 147(5): 259-264.

[57] 李建文，李作虎，周巍，等. 卫星导航中几何精度衰减因子最小值分析及应用[J]. 测绘学报，2011，40(S1)：85-94.

[58] XUE S, YANG Y. Positioning configurations with the lowest GDOP and their classification [J]. Journal of Geodesy, 2015, 89(1):49-71.

[59] 陈灿辉，张晓林. 卫星定位和精度因子的改进方法[J]. 北京航空航天大学学报，2011，37(4):472-477.

[60] 郑作亚，黄珹，冯初刚，等. 4 颗卫星情况的几何优化法修正[J]. 天文学报，2003，44(3):310-317.

[61] 金玲，黄智刚，李锐，等. 多卫导组合系统的快速选星算法研究[J]. 电子学报，2009，37(9)：1931-1936.

[62] BLANCO-DELGADO N, NUNES F D. Satellite selection method for multi-constellation GNSS using convex geometry [J]. IEEE Transactions on Vehicular Technology, 2010, 59(9): 4289-4297.

[63] 刘慧娟，党亚民，王潜心. 多星座实时导航中一种快速次优的选星方法[J]. 测绘科学，2013，38(1):20-22.

[64] 陈驵，赖际舟，刘建业，等. 一种针对北斗异质星座特性的快速选星算法[C]//第五届中国卫星导航学术年会论文集. 南京：中国卫星导航学术年会组委会，2014:1-4.

[65] TENG Y L, WANG J L. A closed-form formula to calculate geometric dilution of precision (GDOP) for multi-GNSS constellations [J]. GPS Solutions, 2016, 20: 331-339.

[66] WON D H, AHN J, LEE S W, et al. Weighted DOP with consideration on elevation-dependent range errors of GNSS satellites[J]. Instrumentation and Measurement, IEEE Transactions on, 2012, 61(12): 3241－3250.

[67] 范龙,柴洪洲. 北斗二代卫星导航系统定位精度分析方法研究[J]. 海洋测绘,2009, 29(1): 25－27.

[68] 田安红,付承彪,董德春,等. 一种改进的选星算法在GPS定位系统中的应用[J]. 海军工程大学学报, 2014, 26(2):45－48.

[69] SIMON D, EL－SHERIEF H. Navigation satellite selection using neural networks [J]. Neurocomputing, 1995, 7(3): 247－258.

[70] JWO D J, LAI C C. Neural network － based GPS GDOP approximation and classification [J]. GPS Solutions, 2007, 11(1): 51－60.

[71] 李显. 区域混合星座卫星导航系统差分定位与星座间组合导航研究[D]. 长沙:国防科学技术大学,2008.

[72] AZARBADB M, AZAMI H, SANEI S, et al. New neural network － based approaches for GPS GDOP classification based on neuro － fuzzy inference system, radial basis function, and improved bee algorithm [J]. Applied Soft Computing, 2014,25(1):285－292.

[73] WEI J B, DING A M, LI K Z, et al. The satellite selection algorithm of GNSS based on neural network [C]//SUN J, et al. China Satellite Navigation Conference(CSNC) 2016 Proceedings — Volume Ⅰ: Lecture Notes in Electrical Engineering 388. Singapore: Springer, 2016:115－123.

[74] WU C H, HO Y W. Genetic Programming for the Approximation of GPS GDOP [C]. Proceedings of the Ninth International Conference on Machine Learning and Cybernetics, Qingdao, 11－14 July 2010:2944－2949.

[75] WU C H, HO Y W, Chen L W, et al. Discovering approximate expressions of GPS geometric dilution of precision using genetic programming [J]. Advances in Engineering Software, 2012, 45(1): 332－340.

[76] 许其凤. 卫星大地测量学——卫星导航与精密定位[M]. 北京:解放军出版社,2001.

[77] XU G C. GPS Theory, Algorithms and Applications [M]. Berlin: Springer－Verlag, 2007.

[78] HOFMANN－WELLENHOF B, LICHTENEGGER H, WASLE E. GNSS — global navigation satellite Systems: GPS, GLONASS, Galileo, and more [M]. New York: Springer-Verlag Wien, 2008.

[79] COCARD M, BOURGON S, KAMALI O, et al. A systematic investigation of optimal carrier － phase combinations for modernized triple － frequency GPS [J]. Journal of Geodesy, 2008, 82(9):555－564.

[80] FENG Y. GNSS three carrier ambiguity resolution using ionosphere－reduced virtual signals [J]. Journal of Geodesy, 2008, 82(12): 847－862.

[81] FREI E, BEUTLER G. Rapid static positioning based on the fast ambiguity

resolution approach “FARA”: theory, and first results [J]. Manuscripta Geodaetica, 1990, 15(4):325 - 356.

[82] 黄丁发，熊永良，周乐韬，等. GPS 卫星导航定位技术与方法 [M]. 北京：科学出版社，2009.

[83] HILDENBRAND D. Foundations of geometric algebra computing [M]. Heidelberg: Springer, 2012.

[84] QUINTANA X A. Modelling stereoscopic vision systems for robotic applications [D]. Girona: University de Girona, 2003.

[85] 肖业伦. 航空航天器运动的建模——飞行动力学的理论基础[M]. 北京：北京航空航天大学出版社. 2003.

[86] 秦永元，张洪钺，汪叔华. 卡尔曼滤波与组合导航原理[M]. 西安：西北工业大学出版社，1998.

[87] BROIDA T J, CHANDRASHEKHAR S, CHAELLAPPA R. Recursive 3D motion estimation from a monocular image sequence [J]. IEEE Transactions on Aerospace and Electronic Systems, 1990, 26(4): 639 - 656.

[88] 周江华，苗育红，王明海. 姿态运动的 Rodrigues 参数描述[J]. 宇航学报，2004，25(5)：514 - 519.

[89] LIU Y, HUANG T S, FAUGERAS O D. Determination of camera location from 2D to 3D line and point correspondences [J]. IEEE Transactions on pattern Analysis and Machine Intelligence, 1990, 12(1): 28 - 37.

[90] LAI J Z C. Sensitivity analysis of line correspondence [J]. IEEE Transactions on Systems, Man, and Cybernetics, 1955, 25(6): 1016 - 1023.

[91] 中国卫星[EB/OL]. (2018 - 07 - 03) [2018 - 10 - 12]. http://baike.baidu.com/view/118930.htm.

[92] 北斗卫星导航系统空间信号接口控制文件 公开服务信号 B1I(1.0 版)[S]. 北京：中国卫星导航系统管理办公室. 2012.

[93] 朱俊，廖瑛，文援兰. 基于星间测距和地面发射源的导航星座整网自主定轨[J]. 国防科技大学学报，2009，31(2)：15 - 18.

[94] 刘雁雨，何峰，邱巍巍，等. 转发式测距数据支持的 GEO 导航卫星精密定轨[J]. 测绘科学技术学报，2010，27(5)：332 - 336.

[95] 刘吉华，欧吉坤，孙保琪，等. 基于星间单差法的 GEO 卫星精密定轨 [J]. 武汉大学学报(信息科学版)，2011，36(1)：24 - 28.

[96] 刘基余，刘仲谋. 海洋测高卫星的激光定轨[J]. 海洋测绘，2010，30(1)：76 - 78.

[97] 施闯，赵齐乐，李敏，等. 北斗卫星导航系统的精密定轨与定位研究[J]. 中国科学：地球科学，2012，42(6)：854 - 861.

[98] 潘晓刚，周海银，王炯琦. 基于天基测控的同步轨道卫星联合定轨方法研究[J]. 宇航学报，2009，30(5)：1854 - 1860.

[99] 耿涛，刘经南，赵齐乐，等. 星地监测网下的北斗导航卫星轨道确定[J]. 测绘学报，2011，40(S1)：46 - 51.

[100] 秦显平，杨元喜．自适应滤波在 LEO 星载 GPS 实时定轨中的应用 [J]．测绘科学技术学报，2009，26(4)：238－244.

[101] 王威，董绪荣，柳丽，等．基于全球导航卫星系统的高轨卫星定轨理论研究及仿真实现[J]．测绘学报，2011，40(S1)：6－10.

[102] 文援兰，柳期许，朱俊．测控站布局对区域卫星导航系统的影响[J]．国防科技大学学报，2007，29(1)：1－6.

[103] 石磊玉，欧钢，顾青海．基于星上天线仰角约束的星间可视卫星集解析算法[J]．国防科技大学学报，2011，33(4)：97－101.

[104] 申俊飞，何海波，郭海荣，等．三频观测量线性组合在北斗导航中的应用[J]．全球定位系统，2012，37(6)：37－40.

[105] 唐桂芬，许雪晴，曹纪东，等．基于通用钟差模型的北斗卫星钟预报精度分析[J]．中国科学：物理学 力学 天文学，2015，45(7)：1－6.

[106] STEIGENBERGER P，HUGENTOBLER U，HAUSCHILD A，et al. Orbit and clock analysis of Compass GEO and IGSO satellites[J]. Journal of Geodesy，2013，87(6)：515－525.

[107] MARC C，STEPHANIE B，OMID K. A systematic investigation of optimal carrier-phase combinations for modernized triple－frequency GPS[J]. Journal of Geodesy，2008，82(9)：555－564.

[108] Guo H，He H，Li J，et al. Estimation and mitigation of the main erros for centimeter level compass RTK solutions over medium－long base lines[J]. The Journal of Navigation，2011，64(S)：113－126.

[109] 北斗卫星导航系统空间信号接口控制文件 公开服务信号(2.0 版)[S]．北京：中国卫星导航系统管理办公室，2013.

[110] PAZIEWSKI J，WIELGOSZ P. Accounting for Galileo－GPS inter－system biases in precise satellite positioning[J]. Journal of Geodesy，2015，89(1)：81－93.

[111] 郑作亚，黄城，冯初刚，等．4 颗卫星情况的几何优化法修正[J]．天文学报，2003，44(3)：310－317.

[112] YARLAGADDA R，ALI I，AL－DHAHIR N，et al. GPS GDOP metric[J]. IEEE Proceedings — Radar，Sonar and Navigation，2000，147(5)：259－264.

[113] 汪文雯，黄彬．多星座卫星导航系统选星算法的研究[C]//第五届中国卫星导航学术年会论文集．南京：中国卫星导航学术年会组委会，2014：11－15.

[114] 张学工．关于统计学习理论与支持向量机[J]．自动化学报，2000，26(1)：36－46.